世界料理解構聖經

Keda Black, Abi Fawcett, Marianne Magnier-Moreno, Vania Nikolcic, Orathay Souksisavanh, Jody Vassallo, Laura Zavan ／著

Clive Bozzard–Hill, Pierre Javelle, James Lindsay, Frédéric Lucano, Deirdre Rooney ／攝影

林雅芬／譯

蘇彥彰／審訂

積木文化

本書使用說明

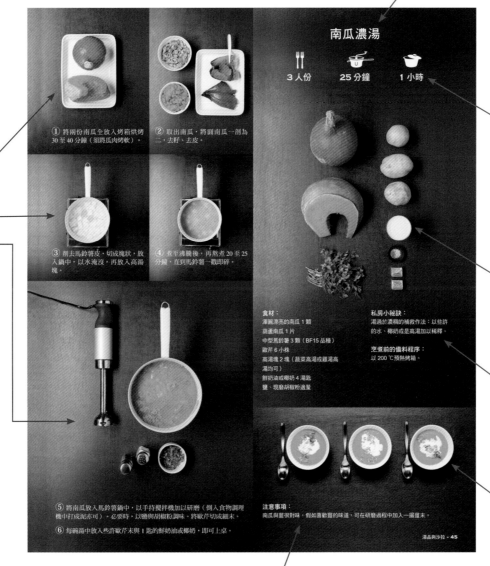

料理名稱

南瓜濃湯

3 人份　25 分鐘　1 小時

① 將兩份南瓜全放入烤箱烘烤 30 至 40 分鐘（須將瓜肉烤軟）。

② 取出南瓜，將圓南瓜一剖為二，去籽、去皮。

③ 削去馬鈴薯皮，切成塊狀，放入鍋中，以水淹沒，再放入高湯塊。

④ 煮至沸騰後，再熬煮 20 至 25 分鐘，直到馬鈴薯一戳即碎。

⑤ 將南瓜放入馬鈴薯鍋中，以手持攪拌機加以研磨（倒入食物調理機中打成泥亦可）。必要時，以鹽與胡椒粉調味。將歐芹切成細末。

⑥ 每碗湯中放入些許歐芹末與 1 匙的鮮奶油或椰奶，即可上桌。

食材：
澤醫漂亮的南瓜 1 顆
葫蘆南瓜 1 片
中型馬鈴薯 3 顆（BF15 品種）
歐芹 6 小株
高湯塊 2 塊（蔬菜高湯或雞湯高湯均可）
鮮奶油或椰奶 4 湯匙
鹽、現磨胡椒粉適量

私房小祕訣：
湯過於濃稠的補救作法：以些許的水、椰奶或是高湯加以稀釋。

烹煮前的備料程序：
以 200 ℃ 預熱烤箱。

注意事項：
南瓜與薑很對味，假如喜歡薑的味道，可在研磨過程中加入一撮薑末。

湯品與沙拉 · 45

創新式全俯瞰料理步驟分解圖：
按部就班完整呈現每個步驟的過程，圖片精美清晰，文字說明簡明扼要。文圖相輔相成，讓所有人都能輕鬆上手。

分量、備料時間、烹煮時間：
讓料理者者便於掌握分量，並有效評估烹調時間。

食材全圖示：
料理食材一目瞭然，準備起來更方便。

私房小祕訣：
提供超實用料理小訣竅，讓料理更完美。

精緻完成圖

貼心小提示：
提供料理過程須注意的小細節與實用建議。

基本單位換算表

茶匙（小匙）=5 公克
湯匙（大匙）=15 公克
1 湯匙 =3 茶匙
杯 =240 公克
1 杯 =16 湯匙 =48 茶匙
1 公升 =1000c.c.

水 1 杯 =240c.c.
高筋麵粉 1 杯 =120 公克
低筋麵粉 1 杯 =100 公克
粗砂糖 1 杯 =220 公克
細砂糖 1 杯 =200 公克
糖粉 1 杯 =130 公克

水 1 湯匙 =15c.c.
糖 1 湯匙 =13 公克
鹽 1 湯匙 =15 公克
泡打粉 1 湯匙 =12 公克
乾酵母 1 湯匙 =9 公克

水 1 茶匙 =5c.c.
糖 1 茶匙 =4 公克
鹽 1 茶匙 =5 公克
泡打粉 1 茶匙 =4 公克
乾酵母 1 茶匙 =3 公克

目錄

前菜

希臘黃瓜優格醬

4 人份　　10 分鐘　　一

食材：
大黃瓜半根
薄荷葉 2 湯匙
希臘優格醬 500c.c.

蒜頭 1 瓣
海鹽適量
檸檬汁 1 湯匙
乾燥薄荷葉 1 茶匙

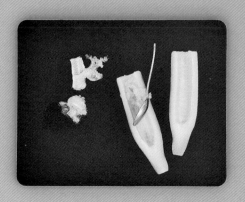

❶ 削去大黃瓜外皮，用湯匙挖除瓜籽。

❷ 將大黃瓜切成薄片，薄荷葉與蒜頭切成細末。將黃瓜片放於網篩中壓擠，除去多餘水分（網篩下可放置容器，以免汁液四流）。

❸ 將黃瓜片放入沙拉盆中，加入優格醬、蒜末、鹽、檸檬汁、新鮮與乾燥的薄荷葉，充分拌勻。

❹ 佐以冷盤食用。

① 切下土司麵包邊，迅速將土司放入鮮奶後取出，徒手用力將土司壓乾。

② 將鱈魚卵從袋中取出，與檸檬汁、土司一起放入食物調理機中，拌打成麵糊狀。

③ 拌打過程中，倒入些許的油。

④ 將麵糊倒入器皿中，蓋上蓋子，放入冰箱冷藏，食用前再取出。冷藏過後的鱈魚子醬會變得較為扎實。可搭配麵包一起食用。

鱈魚子醬

700 公克

15 分鐘

—

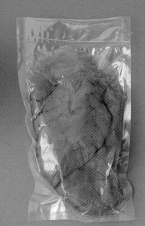

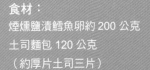

食材：
煙燻鹽漬鱈魚卵約 200 公克
土司麵包 120 公克
（約厚片土司三片）

檸檬汁 90c.c.
沙拉油 320c.c.
鮮奶 100c.c.

鷹嘴豆芝麻醬

600 公克　　15 分鐘　　1 至 3 小時

食材：
鷹嘴豆 150 公克
鹽 1 茶匙
蒜頭 1 瓣
檸檬 100c.c.(約 3 顆)
芝麻醬 4 湯匙
橄欖油 4 湯匙

烹煮前的備料程序：
前一晚，將鷹嘴豆洗淨，剔除有缺損且皮皺的豆子。
將鷹嘴豆放入添加半茶匙小蘇打粉的水中浸泡，放至冰箱冷藏。

❶ 將鷹嘴豆洗淨瀝乾，放入平底鍋中，加水至淹沒，再煮到沸騰。

❷ 蓋上鍋蓋，以文火烹煮（依照豆種不同，烹煮 1 至 3 小時不等）。煮至豆子熟透後，加入些許鹽，再煮 5 分鐘。

❸ 剔除蒜皮、去芽，切成細末。榨取檸檬汁。

❹ 將鷹嘴豆瀝乾（煮豆水保留備用）。將所有的食材（油和煮豆水除外）放入食物調理機中。

❺ 研磨成乳霜狀，必要時加入一些煮豆水。

❻ 將鷹嘴豆芝麻醬放入盤中，淋上些許橄欖油，搭配口袋餅一起品嚐。

① 以中火熱油，倒入洋蔥與蒜末，爆香 10 分鐘，使其上色。

② 將菠菜與一小撮鹽拌勻，蓋上鍋蓋，以中火烹煮 5 分鐘。

③ 把薑黃粉倒入洋蔥鍋中拌勻。留取一半的蒜香洋蔥在小碗中。

④ 將菠菜倒入洋蔥鍋中，續以中火掀蓋烹煮 10 分鐘，需不時拌炒。

⑤ 將洋蔥菠菜倒入盆中，放涼。中東酸奶酪加入已降溫的菠菜裡，充分拌勻。

⑥ 將留置備用的蒜香洋蔥擺在菠菜上，一起放入冰箱冷藏 15 分鐘以上。上菜前，灑些肉桂粉。

菠菜醬

🍴 4 人份　　🥄 20 分鐘　　🍲 25 分鐘

食材：
解凍且切成細末的菠菜 250 公克
薑黃粉 1 茶匙
中東酸奶酪（labné）250 公克
洋蔥 1 顆
油 1 湯匙
蒜頭 1 瓣
肉桂粉半茶匙
鹽適量

烹煮前的備料程序：
菠菜放入網篩中瀝出水分。
剝去蒜皮、拍扁，切成細末。
剝去洋蔥外皮、切成細末。

菜色變化：
若想提高備料速度，可用希臘酸奶酪替代中東酸奶酪。但濃稠度會變得比較稀。

注意事項：
若以新鮮菠菜葉為食材，則需準備 500 公克菠菜，去除菜梗後切碎。煮熟後，先將菠菜緊壓住鍋壁，擠壓出水分，將鍋中菠菜水倒掉，再加入洋蔥。

中東風味茄子醬

 4 人份　　 15 分鐘　　1 小時

❶ 以 200℃ 預熱烤箱，烘烤茄子 1 小時後，放入袋中 15 分鐘，待其降溫後剝除外皮。

食材：
中型茄子 1 顆（500 公克）
檸檬汁 1 湯匙
蒜頭（拍扁）2 瓣
白芝麻醬 1 湯匙
海鹽適量

佐餐用食材：
匈牙利紅椒粉（paprika）些許
初榨橄欖油些許
切成三角形的黎巴嫩麵包些許

❷ 將茄肉切成大塊狀，放入調理盆中，加入檸檬汁、蒜頭、鹽、白芝麻醬，充分拌勻。

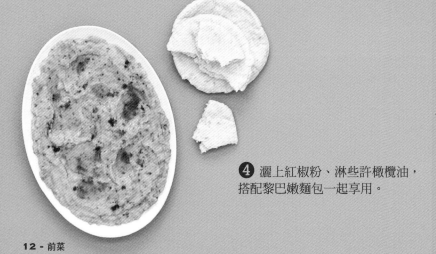

❹ 灑上紅椒粉、淋些許橄欖油，搭配黎巴嫩麵包一起享用。

❸ 研磨成光滑泥狀，再用湯匙舀進盤子。

① 酪梨一剖為二，去籽。

② 檸檬汁與酪梨拌勻，攪拌成光滑乳霜泥狀。

③ 加入蒜頭、辣椒醬、紫洋蔥末、番茄丁，充分拌勻。

④ 以鹽和胡椒粉調味。放入碗中，佐以玉米薯片一起享用。

酪梨莎莎醬

 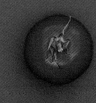

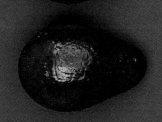  

6 人份　　10 分鐘　　—

食材：

熟度足的酪梨 2 顆
青檸檬汁 1 湯匙
蒜頭（拍扁）1 瓣
塔巴斯克辣椒醬（tabasco）數滴

紫皮洋蔥（切細末）半顆
番茄（切小丁）1 顆
海鹽、黑胡椒適量
佐餐用玉米薯片適量

義式魚型薄餅

 12 片　　 30 分鐘　　 10 分鐘 X2

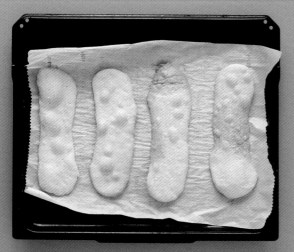

食材：
高筋麵粉（T65）250 公克
麵包用酵母 5 公克（或是乾性酵母
粉 2.5 公克）
溫水 100-150c.c.
鹽之花或細鹽 1 茶匙
橄欖油適量

烹煮前的備料程序：
請參閱 494 頁製造披薩麵皮的
方式，但須遵守魚型薄餅的食材
比例。揉麵 5 分鐘後，覆蓋一條
布，靜置醒麵一小時後，再次揉
麵，再次靜置醒麵 30 分鐘。以
240℃預熱烤箱。

❶ 將麵團搓成兩條厚 3 公分的條狀後，切成 12 塊小麵團。

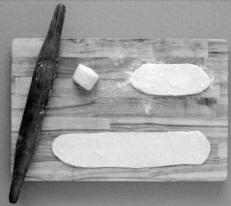

❷ 以擀麵棍將小麵團擀成 20x7 公分的長方形片狀，加點麵粉，避免
麵餅黏住擀麵棍。

❸ 將烤盤鋪上烘焙紙，再擺上長條麵皮，在麵皮上塗抹橄欖油，灑
點鹽之花，並用叉子在麵皮表面上戳幾個孔洞。

❹ 在烤箱裡先灑點水，再將烤盤放入，烘烤 7 至 10 分鐘。當薄片變
得金黃，即可出爐。假如表面出現氣泡，請用細針戳破。

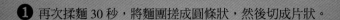

❶ 再次揉麵 30 秒，將麵團搓成圓條狀，然後切成片狀。

❷ 用手掌搓麵片，搓成直徑 1.5 公分、10 公分長的棍狀。

義式脆棒

30 根　　　40 分鐘　　　15 分鐘
　　　　　+1 小時 30 分

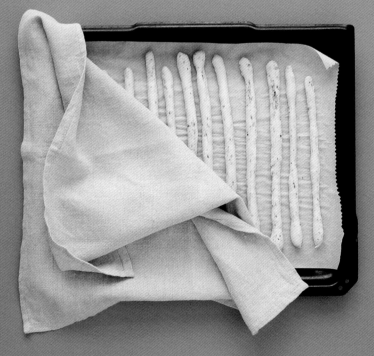

❸ 將烤盤鋪上烘焙紙，再擺上長條麵棍，取一塊濕布覆蓋麵棍，再次靜置醒麵 30 分鐘。

❹ 將麵棍送入烤箱，以 200℃ 烘烤 15 分鐘。

食材：
高筋麵粉（T65）500 公克
麵包用酵母 20 公克（或是乾性
酵母粉 10 公克）
溫水 200-250c.c.
橄欖油 6 湯匙
細鹽 2 茶匙
糖 1 茶匙

烹煮前的備料程序：
請參閱 494 頁製造披薩麵皮的
方式，但須遵守義式脆棒的食材
比例。將麵團切成三等分，每團
麵團以乾燥奧勒岡草、芝麻或是
核桃仁加以裝飾。取一塊布覆蓋
麵團，於常溫下靜置醒麵 1 小
時。

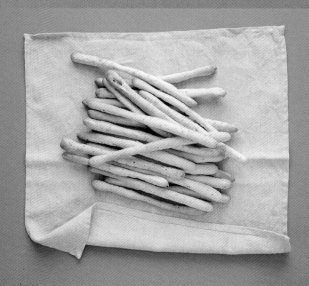

蔬菜咖哩餃

12 顆　　**30 分鐘**　　**1 小時**

麵皮食材：
麵粉 125 公克
細小麥粉 2 茶匙
鹽 1 小撮
葵花籽油 1 湯匙
炸油大量

內餡食材：
葵花籽油 2 湯匙
豌豆仁 50 公克
薑黃粉半茶匙
小茴香籽 1 茶匙
芫荽粉 1 茶匙
印度什香粉（garam masala）1 茶匙
印度芒果粉（amchoor）1 茶匙
辣椒粉 1/4 茶匙（可有可無）
削皮、壓成泥狀的清蒸馬鈴薯 2 顆
印度豆腐乳酪（paneer）100 公克（參
見 478 頁）

① 麵皮部分：將麵粉、小麥細粒粉、鹽放入盆中，並在盆中挖個小洞。

② 加入油、約 60c.c. 的溫水，用雙手攪拌，直到麵團成型。

③ 將麵團揉至均質後，蓋一塊布，靜置醒麵 20 分鐘。將麵團等分成 6 球。

④ 內餡部分：將豌豆仁、薑黃粉、小茴香籽倒入熱油中炒香，直到豌豆仁變軟。

⑤ 將其餘的香料粉與馬鈴薯倒入熱油鍋中加熱，直到食材變熱後，再加入印度豆腐乳酪。

⑥ 將小麵團擀成直徑 15 公分的麵皮,一切為二,並在麵皮邊緣塗點
水,捏折成雙角狀。

⑦ 將馬鈴薯內餡填入麵皮後,將上方開口下折,加以封口。以同樣
步驟完成包餃動作。

私房小祕訣:
可先做好咖哩餃,放入密封保鮮盒中,放進冷凍庫保存。油炸前需先解凍。若
是時間有限,也可使用市售的糕點酥麵皮當做咖哩餃皮。

希臘羊奶乳酪捲

20 根　　　**40 分鐘**　　　**5 分鐘**

食材：
薄荷葉 20 公克
菲達羊奶乳酪 250 公克
蛋 1 顆
薄麵皮 10 張
奶油 60 公克 + 20 公克
橄欖油 2 湯匙

烹煮前的備料程序：
薄荷洗淨，擦乾水分，摘下葉
子。再將薄荷葉疊放，用力捲
起，切成細末。

❶ 在平底鍋加熱奶油至融化。以叉子拌勻薄荷葉與羊奶乳酪，然後
加入蛋汁。

❷ 將薄麵皮疊放，一切為二，切除邊角。

❸ 每片薄麵皮抹上奶油後，在麵皮中心位置放上 1 茶匙內餡。將麵
皮縱向邊緣折進 1 公分，再橫向折至中央處後緊緊捲起。

❹ 在平底鍋以大火熱油（奶油與橄欖油）。將羊奶乳酪捲放入酥炸 2
至 3 分鐘，須不時翻面，炸至酥脆後放至吸油紙巾上吸除油分，即可
食用。

❶ 將菠菜葉完全浸入滾水中，直到菜葉下沉。

❷ 將菠菜葉的水分擰乾後切碎。

❸ 以熱油爆香蔥花 2 分鐘，放入料理盆中。

❹ 加入菠菜、薄荷細末、小茴香末、糖、胡椒、乳酪與蛋汁，充分拌勻。

❺ 以混合油塗抹一整張油酥薄麵皮後，取另一張油酥薄麵皮覆蓋其上。再重複此步驟一次。

❻ 將麵皮切成等寬的長條狀 2 條或 4 條，並在一端放入內餡。

❼ 將麵皮沿著對角折成三角形，重複同樣動作數次，直到三角形完整成型

❽ 將三角餡餅放在已鋪上烘焙紙的烤盤上。

❾ 以烤箱烘烤 15-20 分鐘，至餡餅酥脆金黃即可。

菠菜餡餅

16 塊　　　30 分鐘　　　30 分鐘

食材：
洗淨備妥的菠菜葉或甜菜葉 1 公斤
橄欖油 1 湯匙
切成蔥花的青蔥 8 根
薄荷葉末 2 茶匙
切成末的小茴香 2 茶匙
糖 1 茶匙
黑胡椒 1 茶匙
瑞可塔乳酪（ricotta）150 公克
菲達羊奶乳酪碎屑 250 公克

莫札瑞拉乳酪絲 125 公克
略微拌打成蛋汁的雞蛋 2 顆
油酥薄麵皮（filo）500 公克
橄欖油 2 茶匙混合已融化的奶油 75 公克

烹煮前的備料程序：
以 200℃預熱烤箱。

菜色變化：
若想做餐前下酒菜的小尺寸餡餅，可將麵皮切窄一些。
也可將未烘烤的餡餅加以冷凍，食用時，無須退冰，直接烘烤即可。

櫛瓜煎餅

4 人份　　**20 分鐘**　　**30 分鐘**

食材：

櫛瓜 350 公克
海鹽適量
鷹嘴豆粉或糙米粉 140 公克
小茴香粉 1 茶匙
牙買加胡椒粉 1 茶匙
小蘇打粉 1/4 茶匙
芫荽細末 3 湯匙

薄荷葉末 3 湯匙
茴香末 2 湯匙
切成蔥花的嫩青蔥 3 根
菲達羊奶乳酪碎屑 150 公克
橄欖油 60c.c.
小柳橙 1 小顆
切成小圓片的櫻桃蘿蔔 6 顆
切成小薄片的紫皮洋蔥 1/4 顆

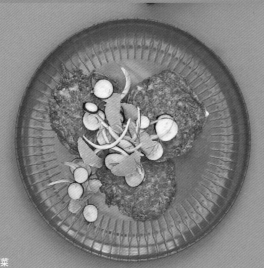

① 將櫛瓜刨成絲狀，灑點鹽，靜置 20 分鐘。

② 讓櫛瓜出水，擠出水分。

③ 在 185c.c. 的水中加入豆粉、小茴香粉、牙買加胡椒粉、小蘇打粉，攪拌成濃稠麵糊。將櫛瓜絲、香草料、蔥花以及菲達羊乳酪，放入麵糊中，輕輕攪拌。

④ 在大平底鍋放入 3 湯匙油後，開火熱鍋。放入 2 湯匙的麵糊，油煎 2 分鐘，底面金黃上色後，翻面再煎。陸續煎製其他煎餅，但已完成的煎餅必須保持熱度。

⑤ 取出 1/4 的柳橙果肉，與櫻桃蘿蔔和洋蔥一起拌勻。搭配煎餅一起擺盤。

注意事項：
煎餅可當作郊遊點心，冷熱食用皆宜。也可搭配多種沙拉一起享用，例如：番茄洋蔥薄荷沙拉。

菜色變化：
可依照個人口味，將櫛瓜換成紅蘿蔔或是西芹蘿蔔。

① 修剪秋葵兩端，於中心部位縱剖出一道縫隙。

② 將芒果粉、辣椒粉、海鹽、芫荽籽粉拌勻。

③ 用湯匙將作法②的餡料填入秋葵中。

食材：
秋葵 24 根
芒果粉（amchoor）1 茶匙
辣椒粉 1/4 茶匙
海鹽半茶匙
芫荽籽粉 1 茶匙

葵花籽油 3 湯匙

注意事項：
加入幾滴綠檸檬汁或醋汁，增添秋葵脆度。

④ 以熱油煎煮秋葵，直到秋葵表面變成棕色。

⑤ 煎煮過程中，翻面 2 至 3 次，將秋葵煮軟。

⑥ 可當作雞尾酒小餐點或是咖哩飯的配菜。

日式天婦羅

 4 人份　　 20 分鐘　　 2 分鐘

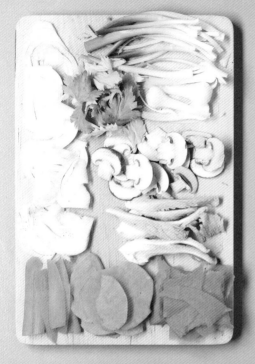

食材：
麵粉 225 公克
泡打粉半茶匙
冰水 250c.c.
炸油
鹽之花適量
蔬菜：芹菜嫩葉、白洋菇、秀珍菇、
青蔥、番薯薄片、南瓜薄片、櫛瓜
花等

烹煮前的備料程序：
將蔬菜切成薄片，拭乾水分。熱
油。

❶ 在沙拉盆中倒點水，加入麵粉
和泡打粉。

❷ 稍微攪拌即可：必須讓麵糊殘
留麵粉顆粒。

❸ 將蔬菜浸入麵糊當中。並一邊
熱油。

❹ 把沾裹麵糊的蔬菜放入炸油
中。別同時放入太多蔬菜油炸。

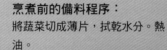

❺ 油炸數秒，即須翻面，表面略
微金黃，即可離鍋。

❻ 放至吸油紙巾上，吸除油脂。
灑上鹽之花，立刻享用。

❶ 串燒醬作法：以微火加熱醬油、味酥、清酒與糖，不斷攪拌，直到糖完全溶解。煮至沸騰，讓汁液變得濃稠。

❷ 以事先泡過水的竹籤將蔬菜食材串起。並灑點鹽。

❸ 放至烤架上或炙熱的鑄鐵平底鍋烘烤，直到蔬菜變得軟嫩，烘烤過程中，塗抹醬汁兩次。

燒烤洋菇串

2 至 4 人份　　　15 分鐘　　　10 分鐘

食材：
醬油 3 湯匙
味酥 1 湯匙
日本清酒 1 湯匙
糖粉 2 茶匙
白洋菇 500 公克
切成 5 公分小段的嫩青蔥 6 根
海鹽適量

注意事項：
若是使用竹籤串叉食物，使用前，請先將竹籤泡入水中，以免烘烤時燒毀。

❹ 將燒烤串完全浸入串燒醬後，擺盤上桌。

豬肉燒賣

 20 顆　　 40 分鐘　　 5 分鐘

食材：
豬絞肉 500 公克
荸薺 100 公克
洋蔥 1 顆
薑 20 公克
青蔥 6 根
米酒 2 湯匙

醬油 2 湯匙
麻油 1 湯匙
鹽半茶匙
太白粉或玉米粉 2 湯匙
蛋白 1 顆
餛飩皮適量

① 先細切所有的蔬菜（參見 29 頁）。

② 將所有的食材拌合，放置備用。

③ 用直徑 8 公分的壓模器將餛飩皮切成圓形，一張張分開。

④ 將約 15 公克重的內餡填入餛飩皮中。

⑤ 取一支小刷子，沾點水，塗抹餛飩皮邊緣再折起，輕壓沾黏。

⑥ 放入已抹上油的蒸籠蒸煮 5 至 7 分鐘。以燒賣沾取醬油與越南蒜蓉辣椒醬（sriracha）一起食用。

菜色變化：
以 250 公克的蝦仁取代 250 公克的豬絞肉，攪拌內餡，讓內餡產生黏度，再放入其他食材（蔬菜與調味料）。

注意事項：
以冷凍方式保存燒賣，效果極佳，因此可多做一些。食用前取出，無須解凍，蒸 10 至 15 分鐘即可。

迷你酥炸披薩餃

 16 顆　　 45 分鐘　　 15 分鐘

① 將麵團等分成直徑 3 公分的長條狀,再將每根粗麵條切成四等分,擀成直徑 10 公分的餅皮。

② 將番茄醬、莫札瑞拉乳酪、羅勒葉加以拌勻,舀一茶匙的內餡,放在餅皮上,壓緊邊緣,包成餃狀。

食材:
市售現成披薩麵團 1 顆(或參見 494 頁)
番茄醬 300 公克
切成小丁的莫札瑞拉乳酪 250 公克
羅勒葉 10 幾片
橄欖油 1 或 2 公升(或是炸油)

烹煮前的備料程序:
將莫札瑞拉滴乾水分,略切羅勒葉。

菜色變化:
加點臘肉細末:火腿、香腸、義式豬牛混肉大香腸。

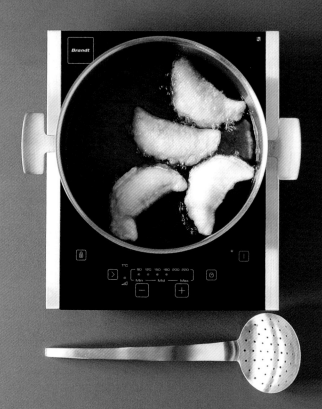

③ 立即以大量的油酥炸,直到雙面表皮金黃。

④ 將迷你酥炸披薩餃放至吸油紙巾上,趁熱上桌。

① 去除番茄籽，將番茄切成小丁狀。將番茄丁放入濾網中，放點鹽（可去除番茄水分，增添風味）。靜置 30 分鐘。

② 以橄欖油幫番茄調味，加入兩瓣蒜頭（上桌前，再將蒜頭取出）與羅勒葉。嚐嚐味道，必要時，再加點鹽。靜置 30 分鐘。

③ 烤麵包，拿取蒜頭塗抹麵包表層。灑點鹽與胡椒粉後，再淋些橄欖油。

④ 將醃漬後的番茄丁擺在麵包片上，馬上食用。

菜色變化：
可放一片油漬鰻魚、鹽漬鰻魚或莫札瑞拉小水牛乳酪，以取代塗抹於麵包上的蒜香，而後再放番茄丁。

番茄香蒜麵包

4 人份　　20 分鐘 + 靜置 1 小時　　5 分鐘

食材：
厚度 1 公分的鄉村麵包 8 至 10 片
熟度適中的番茄 800 公克
蒜頭 4 瓣
羅勒葉 1 把
橄欖油 100c.c.
鹽、胡椒粉適量

烹煮前的備料程序：
粗切羅勒葉。
番茄皮若較厚，請先去皮：在番茄表皮上劃幾刀，再將番茄浸入滾水中 30 秒。

蝦仁內餡

300 公克　　**15 分鐘**　　—

食材：

蝦仁 250 公克　　　　蠔油 1 湯匙（25 公克）

筍片 50 公克　　　　　糖 1 茶匙

荸薺 30 公克　　　　　米酒 2 湯匙

蛋白 1 顆　　　　　　　醬油 1 湯匙

太白粉 1 湯匙（8 公克）　鹽半茶匙

　　　　　　　　　　　　胡椒粉適量

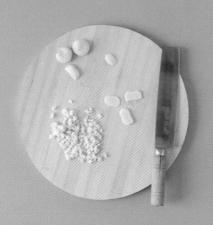

❶ 將荸薺切小丁或用食物調理機打成粗粒狀。

❷ 將筍片與半量的蝦仁切大丁。

❸ 將剩下的蝦仁與所有的調味料、蛋白、米酒、太白粉一起放入食物調理機中拌勻。

❹ 將所有的食材調勻。蓋上保鮮膜，靜置 15 分鐘後再使用。此內餡可於使用前事先備妥。

① 將荸薺切成小丁狀或放入食物調理機中打成粗粒狀。

② 細切洋蔥末，細切蔥末，研磨薑末。

③ 將所有的食材放入盆中。

④ 放入冰箱，靜置 10 至 15 分鐘後再使用。

豬肉內餡

500 公克　　　　15 分鐘　　　　—

食材：
豬絞肉 500 公克
荸薺 100 公克
洋蔥 1 顆
薑 20 公克
細蔥 6 根
米酒 2 湯匙

醬油 2 湯匙
麻油 1 湯匙
鹽半茶匙
太白粉或玉米粉 2 湯匙
蛋白 1 顆

蝦仁蒸餃

 40 顆　　 40 分鐘　　 5 分鐘

透明水餃皮食材：
小麥澱粉（澄粉）145 公克
太白粉 35 公克
滾水 200c.c.
鹽 1 小撮
植物油 2 湯匙

內餡食材：
蝦仁內餡 300 公克（參見 28 頁）

替代作法：
也可將餃皮一折為二，無須做出縐折，做出半月型餃子即可。

食用建議：
可將蒸餃沾取辣椒醬（越南蒜蓉辣椒醬）或是醬油食用。

① 將粉類食材與鹽調勻。倒入滾水，加入油菜籽油。用木杓拌勻。

② 熱麵團倒在砧板上，搓揉 5 分鐘，直到麵團變得光滑、柔軟、不黏手。

③ 將麵團捲成條狀後，切成約 10 公克的段狀。以保鮮膜包裹覆蓋，以免麵團變乾。

④ 麵團放在兩張烘焙紙中擀平，並用直徑 8 公分的壓模器將餃皮裁成圓形。

⑤ 舀一茶匙的內餡放至餃皮中。從左邊開始折起 8 道縐折後（慣用右手者），將水餃沾黏收口。

⑥ 放入已抹油的蒸籠蒸煮 5 分鐘。

❶ 將餛飩皮邊緣沾濕（包好一顆，再塗抹下一張皮）。將些許內餡（15 公克）放至餛飩皮中心位置。留足夠的邊緣，用以折邊。

❷ 折起邊緣部分，塗點水，讓麵皮相黏，並折出邊緣縐折。

❸ 放入已抹油的蒸籠中，以大火蒸煮 6 至 7 分鐘。

❹ 大功告成！沾取越南蒜蓉辣椒醬食用。

蝦仁薄皮蒸餃

20 顆　　　　30 分鐘　　　6 至 7 分鐘

食材：
蝦仁內餡 300 公克（參見 28 頁）
餛飩皮 20 張

重要提示：
可任意將蒸餃塑型。對角折起可做成三角形或是收邊做成束口小錢袋也行。

珍珠丸子

20 顆　　**2 小時 30 分**　　**8 分鐘**

食材：
豬肉內餡 200 公克（參見 29 頁）
糯米 100 公克
乾香菇 5 朵

烹煮前的備料程序：
以冷水浸泡糯米至少 2 小時。
將乾香菇放入冷水中 15 分鐘泡軟。

❶ 以米篩瀝乾糯米水分，並放置晾乾 10 至 15 分鐘。

❷ 擰乾香菇，切成粗粒狀。

❸ 香菇粗粒拌入內餡中，將內餡做成小圓球狀，放在糯米中滾動。

❹ 將裹滿糯米的丸子，放入蒸籠，以大火蒸煮 8 分鐘。

❶ 將豬肉、大白菜、蔥花、薑末、醬油、味醂、日本清酒、玉米粉以及麻油拌勻。

❷ 煎餃皮放至砧板上，舀兩茶匙的內餡放至餃皮中央。

❸ 用水稍微塗抹餃皮邊緣，折起餃皮，略微加壓沾黏。

❹ 以平底鍋熱油，油量須淹滿煎餃底部，煎至餃皮底部酥脆。倒入 125c.c. 的水，蓋上鍋蓋，再煮5 分鐘或煮到水分完全蒸發為止。

❺ 將醬油與米醋調和，放入小碟中，搭配煎餃食用。

菜色變化：
也可用雞肉、魚肉、蝦仁或充分瀝乾水分的豆腐末取代豬絞肉。

注意事項：
煎餃可事先備妥，冷凍儲存，烹煮前請先解凍。

豬肉煎餃

🍴 30 顆　　🥘 30 分鐘　　🍲 15 分鐘

食材：
豬絞肉 250 公克
切成細絲、瀝乾水分的大白菜
（或高麗菜）150 公克
切成蔥花的青蔥 2 根
薑末 2 湯匙
醬油 1 湯匙
味醂 2 茶匙
日本清酒 2 茶匙
玉米粉 1-2 茶匙
麻油 1/4 茶匙
煎餃皮 30 張或是足量
烹調用植物油 2 湯匙

醬汁：
醬油 2 湯匙
米醋 2 湯匙

越南炸春捲

🍴 8 捲　　🥘 30 分鐘　　🍲 20 分鐘

食材：
冬粉粉絲 80 公克
乾香菇 6 朵
刨成絲的紅蘿蔔 1 根
豬絞肉 150 公克
芫荽細末 1 湯匙
直徑 22 公分的米餅皮 8 張
煎煮用花生油些許
當作配菜的大白菜絲些許（可有可無）

醬料：
魚露 1 湯匙
青檸檬汁 3 湯匙
切成細末的蒜頭 1 瓣
去籽且切成細末的小紅辣椒 1 根
糖粉 1 茶匙

❶ 粉絲浸泡熱水 5 分鐘後，清洗、晾乾。再用剪刀切成段狀。

❷ 香菇浸泡滾水中 10 分鐘，軟化後，濾除水分。切除菇柄，再將香菇切成薄片。

❸ 將粉絲、香菇片、紅蘿蔔絲、絞肉與芫荽細末放入沙拉盆中充分攪拌。

醬料作法：
將所有的醬料食材放入碗中調勻，再平均倒入醬料小碟中。

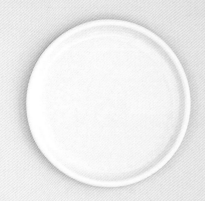

❹ 米餅皮浸入些許的熱水中軟化。

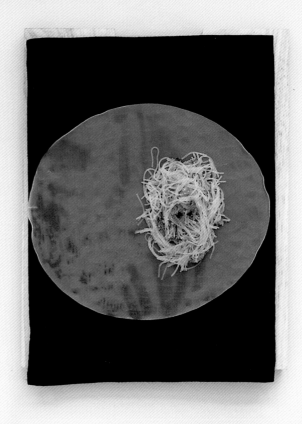

❺ 將米餅皮放在一張乾淨的餐巾紙上,再將豬肉內餡放至餅皮一端。

❻ 餅皮折起,包裹內餡,捲成小捲狀。用相同步驟,將春捲包完。

❼ 春捲放入熱度十足的熱油中,炸得金黃酥脆後,放至吸油紙巾上吸除油分。

❽ 將炸春捲擺盤,放點大白菜絲當配菜(可有可無)。搭配醬汁一起食用。

食用建議:
可將越南炸春捲切成三等分,搭配河粉一起食用,也可用越南炸春捲取代乾拌越南牛肉河粉(參見 98 頁)中的牛肉。

菜色變化:
可用去皮雞絞肉取代豬絞肉。

東洋風味紅蘿蔔

🍴 4 人份　　🥘 15 分鐘　　🍲 20 分鐘

食材：
紅蘿蔔 1 公斤
蒜頭 3 瓣
哈里沙辣椒醬（harissa）3 茶匙
小茴香粉 1 茶匙

蜂蜜 1 湯匙
檸檬 1 顆
橄欖油 3 湯匙
芫荽半把
鹽、胡椒粉適量

食用建議：
搭配清蒸魚一起享用。

❶ 紅蘿蔔洗淨、去皮、切成厚圓片狀。

❷ 將紅蘿蔔圓片與蒜頭放入蒸籠中，蒸煮 20 分鐘。

❸ 小茴香粉、蜂蜜、半顆量的檸檬汁與哈里沙辣椒醬拌勻，加點鹽與胡椒粉做成醬汁。

❹ 10 分鐘後，從蒸籠中取出蒜頭，將蒜壓扁，放入醋醬中。

❺ 紅蘿蔔蒸熟後，淋上醬汁，充分拌勻。必要時，再略微調味。

❻ 灑上芫荽末，溫食或冷食皆宜。

菜色變化：
清蒸馬鈴薯，削去外皮，切成小丁狀。
以半顆量的檸檬汁、鹽、3 湯匙橄欖油與 1 大湯匙的哈里沙辣椒醬調勻，拌成醬汁。將醬汁淋在仍然溫熱的馬鈴薯上。降溫後冷食。

① 以大量滾水烹煮毛豆 5 分鐘。

② 當毛豆變軟，以冷水沖洗後，瀝乾水分。

③ 醬油、米醋、薑末放入碗中，調製醬汁。

④ 將連莢毛豆搭配醬汁，一起上桌。

毛豆

4 人份　　　5 分鐘　　　10 分鐘

食材：
冷凍毛豆 500 公克
醬油 2 湯匙

米醋 2 湯匙
現磨薑末 1 茶匙

越南春捲

 8 捲　　 30 分鐘　　 5 分鐘

❶ 粉絲浸泡滾水中 5 分鐘。

❷ 米餅皮浸入些許熱水中軟化。　　❸ 將粉絲洗淨，瀝乾水分。

食材：
冬粉粉絲 50 公克
直徑 22 公分的米餅皮 8 張
切成細絲的小萵苣生菜心 20 公克
新鮮薄荷葉 16 片
蝦仁 16 尾

沾醬：
魚露 2 湯匙
青檸檬汁 1 湯匙
泰式甜辣醬 2 湯匙

❹ 米餅皮放在餐巾紙上，粉絲、萵苣生菜與薄荷葉放至餅皮中央。

❺ 將兩尾蝦仁放在粉絲內餡旁，捲起餅皮。

❻ 餅皮上、下兩端折起，完整包裹內餡。

❼ 捲好的春捲放至盤中，用沾溼餐巾紙覆蓋。繼續完成其他春捲。

❽ 將所有的醬汁食材倒入碗中調勻。倒入醬汁小碟中，搭配春捲一起食用。

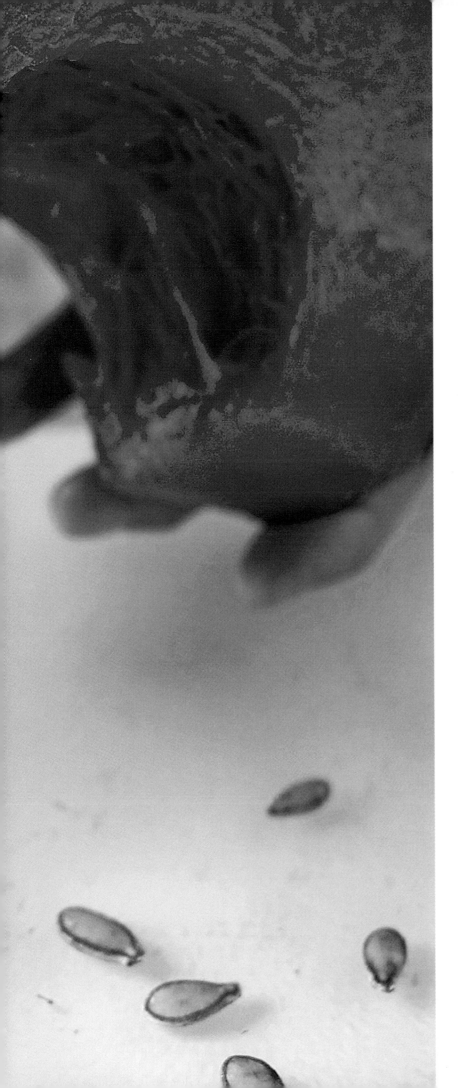

湯品與沙拉

椰奶紅蘿蔔湯

4 人份　　　30 分鐘　　　50 分鐘

食材：

印度酥油 3 湯匙

切成薄片的紫皮洋蔥 1 顆

薑蒜泥 2 湯匙（參見 476 頁）

紅蘿蔔 750 公克

蔬菜高湯 1 公升

椰奶 250c.c.

刨成絲的印度豆腐乳酪 100 公克（參見 478 頁）

薄荷葉細末 2 湯匙

① 在平底鍋加熱印度酥油，炒香洋蔥與薑蒜泥，直到洋蔥變黃。

② 加入紅蘿蔔繼續烹煮，直到紅蘿蔔變軟，倒入蔬菜高湯與椰奶，加以拌煮。

③ 平底鍋離火，以手持攪拌棒將湯品食材研磨成均勻泥狀。

④ 將湯品平均倒入碗中，灑上印度豆腐乳酪絲與薄荷葉末，即可食用。

菊芋濃湯

 4 人份　　 30 分鐘　　 45 分鐘

① 洋蔥切成薄片,用奶油炒,勿將洋蔥炒至金黃。

② 削去菊芋外皮,放入平底鍋。

③ 倒入高湯,煮至微滾,熬煮 25 至 30 分鐘後,再以手持攪拌棒加以研磨。並調味。

④ 將無花果、榛果及核桃切成細末狀,將麵包剝小塊,全部淋上橄欖油,再加入半茶匙的檸檬皮細末。

食材:

小牛肉高湯 750c.c.
洋蔥 1 顆
奶油 15 公克
菊芋(topinambours)400 公克
乾燥無花果 2 顆

烤過的榛果 8 顆
核桃 4 顆
隔夜法國長棍麵包 4 至 5 片
檸檬 1 顆
橄欖油 1 湯匙
鹽、胡椒粉適量

⑤ 將作法④放在鐵板上,以 190℃烘烤 6 至 7 分鐘。

⑥ 將作法⑤放至湯碗碗底,濃湯加點胡椒粉後倒入碗中。

奶油南瓜濃湯

🍴 4 人份　　🥘 20 分鐘　　🍲 50 分鐘

① 以 200℃預熱烤箱。將南瓜、洋蔥、蒜頭與迷迭香放入烤盤中，淋上一點油，放入烤箱烘烤變軟。

② 剝去蒜頭外膜。從盤中取出迷迭香丟棄。

食材：
去皮切成塊的奶油南瓜 750 公克
切成大塊的紫皮洋蔥 1 顆
蒜頭 1 顆
迷迭香 3 小株
橄欖油 1 湯匙
雞高湯 1 公升
海鹽、胡椒粉適量

肉豆蔻粉適量
鮮奶油 125c.c.
細香蔥末 2 湯匙

注意事項：
利用此道基礎湯底可變化出不同的風味，例如添加 1 湯匙的紅咖哩泥或是 1 湯匙的薑末。

④ 以鹽、胡椒粉、肉豆蔻粉調味。將湯倒入碗中，放入 1 匙的鮮奶油與些許細香蔥末。

③ 將南瓜、洋蔥、蒜頭與高湯放入鍋中，煮至沸騰，後以小火煨煮 15 分鐘，再用果汁機打成泥。

① 將兩份南瓜全放入烤箱烘烤 30 至 40 分鐘（須將瓜肉烤軟）。

② 取出南瓜，將圓南瓜一剖為二，去籽、去皮。

③ 削去馬鈴薯皮，切成塊狀，放入鍋中，以水淹沒，再放入高湯塊。

④ 煮至沸騰後，再熬煮 20 至 25 分鐘，直到馬鈴薯一戳即碎。

⑤ 將南瓜放入馬鈴薯鍋中，以手持攪拌機加以研磨（倒入食物調理機中打成泥亦可）。必要時，以鹽與胡椒粉調味。將歐芹切成細末。

⑥ 每碗湯中放入些許歐芹末與 1 匙的鮮奶油或椰奶，即可上桌。

南瓜濃湯

🍴 3 人份　　🥄 25 分鐘　　🍲 1 小時

食材：
渾圓漂亮的南瓜 1 顆
葫蘆南瓜 1 片
中型馬鈴薯 3 顆（BF15 品種）
歐芹 6 小株
高湯塊 2 塊（蔬菜高湯或雞湯高湯均可）
鮮奶油或椰奶 4 湯匙
鹽、現磨胡椒粉適量

私房小祕訣：
湯過於濃稠的補救作法：以些許的水、椰奶或是高湯加以稀釋。

烹煮前的備料程序：
以 200 ℃預熱烤箱。

注意事項：
南瓜與薑很對味，假如喜歡薑的味道，可在研磨過程中加入一撮薑末。

蘑菇湯

4 人份　　　20 分鐘　　　30 分鐘

食材：

橄欖油 1 湯匙
奶油 50 公克
拭淨水分、除去菇柄、切成片狀
的大朵野地蘑菇 500 公克
切成薄片的韭蔥 1 根

切成細末的蒜頭 2 瓣
低筋麵粉 2 茶匙
雞高湯 1 公升
鮮奶油 250c.c.
海鹽、黑胡椒粉適量

❶ 加熱橄欖油與奶油，將韭蔥炒至金黃，再加入蒜末炒 1 分鐘後，放入蘑菇炒香。

❷ 從鍋中取出 45 公克的蘑菇，放置備用。再加入麵粉，拌炒約 2 分鐘。

❹ 用鹽與胡椒粉調味，將湯倒入碗中後，放入備用蘑菇即可。

❸ 加入高湯，煮至沸騰。以微火熬煮 10 分鐘後加入鮮奶油。打成泥後再以微火加熱。

❶ 以平底鍋加熱奶油，中火香煎韭蔥，使韭蔥變軟。

❷ 放入馬鈴薯，煮 5 分鐘，直到馬鈴薯變軟。

❸ 倒入高湯，煮至沸騰，以小火繼續熬煮 30 分鐘。待溫度略降後，打成泥並以鹽調味。

韭蔥湯

6 人份　　　20 分鐘　　　40 分鐘

食材：
奶油 60 公克
切成薄片的韭蔥 4 根
去皮、切成塊的中型馬鈴薯 5 顆

雞高湯 1 公升
鮮奶油 125c.c.
細香蔥末 1 湯匙
海鹽適量

❹ 放入些許鮮奶油攪拌，上桌前再灑點細香蔥末。冷食熱飲皆宜。

摩洛哥哈利拉濃湯

6 至 8 人份　　35 分鐘　　1 小時 15 分

① 將番茄一剖為四，去籽切成小丁狀。洗淨西洋芹，縱切為二，並切成丁。磨取檸檬皮細末。細切洋蔥。

② 將羊肉切小塊（邊長約 2 公分的小塊狀）。

③ 炒鍋以中火加熱橄欖油，將羊肉表面炒至金黃。

④ 放入洋蔥與西洋芹，翻炒 2 至 3 分鐘，上色後充分拌勻。

食材：
羊腿肉 400 公克
番茄 4 顆（或是番茄糊 1 湯匙）
洋蔥 2 顆
西洋芹梗 3 株
新鮮檸檬 1 顆
黃扁豆 100 公克
煮熟的鷹嘴豆 200 公克
細香芹 2 小株
芫荽 1 小株

肉桂粉 1 茶匙
雞高湯 3 公升（雞湯塊 5 塊）
番紅花粉 1 份（0.1 公克）
橄欖油 2 湯匙
胡椒粉適量

烹煮前的備料程序：
將雞高湯煮至微滾。黃扁豆洗淨，剝除番茄與洋蔥外皮。

⑤ 放入番茄丁（或是濃縮番茄糊）、檸檬皮細末與肉桂粉，加以攪拌。

⑥ 倒入微滾的高湯，加入番紅花粉與小扁豆。煮至沸騰後，掀蓋以中火熬煮 1 小時。不時要撈除表面浮渣。

⑦ 關火前 5 分鐘，加入洗淨且瀝乾水分的鷹嘴豆。

⑧ 將細香芹與芫荽洗淨擦乾，切除梗的部位，將葉子切成細末狀。

⑨ 上桌前，灑上胡椒粉（假如您喜歡胡椒味的話）與提香食材（香芹、芫荽）。

私房小祕訣：
湯若是不夠濃稠，可用 60c.c. 的冷水溶解 50 公克的玉米粉，倒入湯中，充分攪拌並加熱勾芡。

注意事項：
若沒有優質的番紅花粉，可在加入肉桂粉的同時，加入 1 茶匙的薑粉，增添香氣。

小扁豆湯

 4 人份　 **15 分鐘**　 **25 分鐘**

食材：
綠扁豆 250 公克
洋蔥 1 顆
奶油 25 公克

肉桂棒 2 根
雞高湯 1 公升（或雞湯塊 1 塊）
鹽 1 茶匙
胡椒粉適量

❶ 將扁豆洗淨，瀝乾水分。剝除洋蔥外皮，細切。

❷ 以中火融化奶油，加入洋蔥，炒至洋蔥變軟，放入扁豆，拌勻。

❸ 倒入高湯，加入肉桂棒，熬煮 25 分鐘，熬煮過程中要將浮渣撈除。最後再以鹽與胡椒粉調味。

❻ 趁熱食用

❹ 取出肉桂棒丟棄不用，取半量的湯打成泥。

❺ 將泥狀的湯倒回鍋裡，必要時，再加熱幾分鐘。

❶ 將洋蔥切成薄片狀，放入奶油與橄欖油炒到焦糖色。

❷ 倒入牛肉高湯、白酒與月桂葉，沸騰滾煮 5 分鐘後，轉小火熬煮 20 分鐘。

❸ 麵包切片單面烤黃，灑上乳酪絲，再烤至乳酪絲融化為止。

洋蔥湯

4 至 6 人份　　20 分鐘　　40 分鐘

食材：
洋蔥 1 公斤
奶油 50 公克
橄欖油 3 湯匙
牛肉高湯 1 公升

白酒 125c.c.
月桂葉 1 片
法國細棍麵包 1 根
刨成絲的葛律耶爾乳酪或艾曼塔
乳酪 70 公克

❹ 將麵包放進碗底，倒入湯，連同乳酪塊一起上桌（讓賓客研磨乳酪加入湯中）。

越南河粉

4 至 6 人份　　20 分鐘　　1 小時

❶ 用薑片、洋蔥、香料食材及魚露為牛肉高湯增添香氣,將高湯煮至沸騰。蓋上鍋蓋,以微火候熬煮 30 分鐘。

❷ 過濾高湯,將固態食材丟棄。高湯重新倒回鍋中,再次煮至沸騰。

食材:

牛肉高湯 1.5 公升
現切薑片 50 公克
剖半的洋蔥 2 顆
肉桂棒 2 根
八角 2 顆
乾燥丁香 3 朵
黑胡椒粒 1 茶匙

魚露 3 湯匙
新鮮河粉條 600 公克
豆芽 100 公克
切成薄片的牛菲力 225 公克
切成蔥花的青蔥 2 根
新鮮芫荽 2 湯匙
青檸檬數瓣
佐餐用的研磨黑胡椒粒些許

❸ 將河粉、豆芽、牛肉片平均放入碗中,倒入滾熱的高湯覆蓋。

❹ 以蔥花與芫荽點綴。搭配檸檬瓣與粗粒黑胡椒上桌,趁熱食用。

① 豆腐切小丁。

② 昆布海帶放入冷水浸泡 10 分鐘後，充分瀝乾水分。

③ 柴魚粉與昆布海帶放入 1 公升滾水中滾煮 10 分鐘。

④ 以些許熱湯融化味噌後倒入鍋中。

⑤ 將豆腐丁平均分配放入四個碗中。重新加熱高湯，無須煮至沸騰。

味噌湯

4 人份　　　**20 分鐘**　　　**10 分鐘**

食材：
質地略硬的豆腐 100 公克
昆布海帶 1 湯匙

顆粒狀柴魚粉 1 茶匙
紅味噌（shiro miso）3 湯匙
切成蔥花的青蔥 2 根

⑥ 趁熱將湯倒在豆腐丁上頭。上桌前，灑點蔥花點綴。

奶油南瓜印度扁豆醬

4 人份　　　**30 分鐘**　　　**30 分鐘**

食材：

綠豆篁 185 公克

去皮、切成片的奶油南瓜 200 公克

切成薄塊的番茄 2 顆

葵花籽油 1 湯匙

切成細末的紫皮洋蔥 2 小顆

切成細末的蒜頭 2 瓣

黑芥末籽 1 茶匙

現磨薑末 1 湯匙

印度扁豆粉 1 湯匙

羅望子水 250c.c.

阿魏草根粉（asafoetida）1 湯匙

芫荽細末 2 湯匙

鹽適量

⑥ 灑點芫荽，佐以米飯一起食用。

① 以 1.5 公升的水熬煮綠豆篁 30 分鐘，將綠豆篁煮軟。

② 放入南瓜與番茄繼續熬煮，必要時加點水。

③ 用葵花籽油爆香芥末籽後，加入洋蔥、蒜末與薑末炒香。

④ 加入粉末食材，翻煮 1 分鐘，倒入羅望子水，煮至沸騰。

⑤ 將爆香後的食材與阿魏草根粉倒入豆糊中。以鹽調味，重新加熱。

❶ 將麵包撕小塊，放入裝滿冷水的容器中浸泡 15 分鐘，直到麵包塊變軟。

❷ 將滴除水分的麵包與番茄、青椒、蒜頭、3/4 的蔥花、大黃瓜丁（保留一些備用）一起放入大容器中。

❸ 將食材打成泥，倒入紅酒醋與半量橄欖油，再以鹽與胡椒粉調味。

西班牙蔬菜冷湯

🍴 **4 至 6 人份**　　🍲 **20 分鐘**　　🍲 **一**

食材：

切成片狀的隔夜麵包 50 公克
切成厚塊的熟番茄 1 公斤
切成蔥花的白玉青蔥 1 根
切成細末的蒜頭 2 瓣
切成細末的青椒 1 顆

去皮去籽切成丁的大黃瓜 1 條
紅酒醋 1 湯匙
特級初榨橄欖油 60c.c.
海鹽、黑胡椒粉適量
點綴用薄荷葉數片

❹ 將蔥花與保留備用的大黃瓜丁、青椒細末及薄荷葉放至冷湯上，再淋上剩餘的橄欖油。

泰式酸辣湯

 4 人份　　　 20 分鐘　　　15 分鐘

食材：

大蝦 8 至 10 尾	切成厚片的熟番茄 2 顆
拍扁的蒜頭 4 瓣	對半剖開的小辣椒 3 根
切成細末的檸檬香茅 3 根	泰國青檸檬葉 5 片
對半剖開的白洋菇（切除菇柄）	魚露 3 湯匙
200 公克	佐餐用青檸檬汁 2 湯匙（可有可
	無）

① 剝除蝦殼，勿折斷蝦尾。保留蝦殼備用。

② 將蝦殼放入裝有 750 c.c. 水的鍋中，煮至沸騰。

③ 當蝦殼變紅，濾除蝦殼，將高湯倒回鍋中。

④ 將其餘的食材全放入湯中，煮至沸騰，再以微滾火候熬煮 5 分鐘。

⑤ 最後放入蝦子煮 3 分鐘。鍋子離火。

⑥ 加入檸檬汁調味，隨即食用。

義大利三色沙拉

4 人份　　30 分鐘　　15 分鐘

食材：
貝殼麵 400 公克
橢圓小番茄 600 公克
莫札瑞拉水牛乳酪（小球狀）
250 公克

去芽的蒜頭 2 瓣
羅勒醬 200 公克（參見 462 頁）
橄欖油適量
鹽巴、胡椒粉適量

① 剝除番茄外皮，去籽，切小丁，以鹽、蒜片、橄欖油調味，靜置
醃漬 30 分鐘。

② 水煮貝殼麵（參見 271 頁），煮至彈牙口感，瀝乾貝殼麵水分，
迅速用冷水沖涼。將貝殼麵攤在平盤上，淋點橄欖油，避免沾黏。

③ 以 50c.c. 的煮麵水溶解羅勒醬。取出番茄中的蒜片，以醃漬番茄
與羅勒醬為貝殼麵調味。

④ 放上莫札瑞拉乳酪、灑點胡椒粉，即可上桌。

芝麻菜沙拉

4 人份　　**5 分鐘**　　**一**

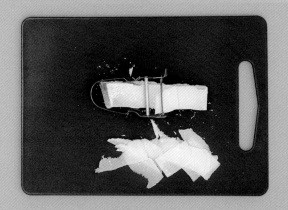

❶ 洗淨芝麻菜，用吸水紙巾以按壓方式拭乾水分。

❷ 用銳利的削果皮刀，將帕馬森乳酪刨成薄片。

食材：
芝麻菜 250 公克
帕馬森乳酪 100 公克

巴薩米克醋 1 湯匙
橄欖油 2 湯匙

❸ 將醋與橄欖油倒入小碗中，拌打均勻。

❹ 將芝麻菜擺入盤中，放上帕馬森乳酪薄片，淋上醋汁即可。

托斯卡尼麵包沙拉

4 人份　　　20 分鐘 +　　　—
　　　　　　靜置 1 小時

食材：
隔夜硬質麵包 8 片
櫻桃小番茄 500 公克
去皮去籽的小黃瓜 1 根
西洋芹 2 根
紫皮洋蔥 1 顆
去籽黑橄欖 100 公克
去除鹽分且切成細末的鹽漬酸豆
50 公克
優質紅酒醋 4 湯匙

羅勒葉 1 把
橄欖油 100c.c.
鹽、胡椒粉適量

烹煮前的備料程序：
將麵包片放入沙拉碗中。

私房小祕訣：
以新鮮麵包片取代隔夜麵包。

① 將 250c.c. 的水、半量的醋、100c.c. 橄欖油、鹽、胡椒粉加以拌勻。

② 將作法①的醬汁淋在麵包上，使麵包膨脹。若是醬汁不夠，可再加點水。

③ 洋蔥切成薄片，蔬菜切成塊狀。

④ 加入酸豆、橄欖、羅勒葉末、橄欖油、酒醋。以鹽與胡椒粉調味。

⑥ 靜置 1 小時，上桌前，淋上些許橄欖油。

⑤ 在大沙拉碗中將麵包與蔬菜交替疊放。

① 用刀子切除朝鮮薊頂端兩公分的部位，切除莖部，剔除較老的葉子。

② 洗淨後，將朝鮮薊逐一放入檸檬水中，以免變黑。

朝鮮薊沙拉

6 人份　　　15 分鐘　　　—

食材：
淡紫朝鮮薊 6 棵
檸檬 2 顆
橄欖油 6 湯匙
刨成薄片的帕馬森乳酪 100 公克
洋香菜半把
鹽之花、胡椒粉適量

食用建議：
佐以煙燻牛肉薄片或檸檬風味小牛肉薄片，將會是一道很棒的前菜。

③ 朝鮮薊切成細片狀。芹菜切細末。

④ 將橄欖油、半顆檸檬汁及芹菜細末加以拌勻。以鹽和胡椒粉調味。將醬汁淋在朝鮮薊上，以帕馬森乳酪薄片點綴，即可上桌。

希臘風味沙拉

6 人份　　　25 分鐘　　　—

① 將沙拉葉疊放捲起，切成片狀。菲達乳酪切小塊，櫻桃蘿蔔與洋蔥切成圓片，青椒切成條狀，小番茄對半切開。

食材：
沙拉生菜 1 顆
青椒、紅椒或黃椒 1 顆
聖女小番茄或櫻桃小番茄 8 顆
櫻桃蘿蔔 8 顆
菲達羊奶乳酪 100 公克
紫皮洋蔥 1 顆
蒜頭 1 瓣
黑橄欖 8 顆

奧勒岡草 1 茶匙
檸檬汁 2 湯匙
橄欖油 100c.c.
鹽半茶匙、胡椒粉適量

烹煮前的備料程序：
沙拉生菜洗淨、拭乾。青椒、番茄、櫻桃蘿蔔洗淨。剝除洋蔥皮。

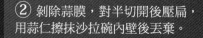

② 剝除蒜膜，對半切開後壓扁，用蒜仁擦抹沙拉碗內壁後丟棄。

③ 將蔬菜、菲達乳酪、橄欖、奧勒岡草放入沙拉碗中，淋上檸檬汁，灑上鹽與胡椒粉，充分拌勻。

④ 淋上橄欖油，再次攪拌。隨即上桌食用。

① 在鮪魚上抹一點油，並灑上鹽與胡椒粉。

② 將鮪魚放至烤架上，每一面烤 1 分鐘後，置一旁放涼 5 分鐘。

③ 除了水煮蛋與萵苣葉之外，將其餘的食材放入沙拉盆中。

④ 以小碗拌打醋汁食材，並以鹽與胡椒粉調味。

⑤ 把水煮蛋與萵苣葉放入沙拉盆中，倒入醋汁，拌勻。

尼斯風味鮪魚沙拉

4 人份　　　10 至 15 分鐘　　　10 分鐘

食材：
橄欖油 1 湯匙
100 公克重的鮪魚塊 2 塊
煮熟且對半切開的馬鈴薯 250 公克
煮熟的四季豆 100 公克
剖半的櫻桃小番茄 100 公克
剖半的黑橄欖 50 公克
酸豆 2 湯匙
鹽漬鯷魚薄片 25 公克
剖半的水煮蛋 2 顆
萵苣葉 2 小顆
鹽、黑胡椒粉適量

醋汁：
橄欖油 3 湯匙
白酒醋 1 湯匙
迪戎黃芥末醬半湯匙

烹煮前的備料程序：
以大火烤熱鑄鐵烤架。

⑥ 將鮪魚切成長條薄片狀，擺在蔬菜上，立即上桌。

法式開胃前菜

4 人份　　25 分鐘　　10 分鐘

① 依各人口味，決定番茄去皮與否，將番茄切成塊狀。

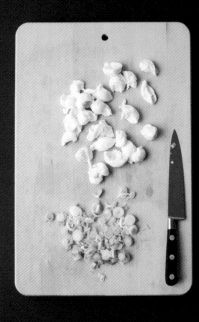

② 將莫札瑞拉乳酪切塊或用手剝成小塊。青蔥切成蔥花，提香食材切成細末。

莫札瑞拉番茄食材：
莫札瑞拉水牛乳酪 150 公克
各式番茄約 350 公克
嫩青蔥 2 根

醋味韭蔥食材：
韭蔥 3 至 4 根
石榴半顆

醋味酪梨食材：
酪梨 1 顆
細香蔥半把

芥末蒜味根芹沙拉食材：
根芹半顆
蛋黃 1 顆
洋香菜 4 小株

醬汁：
葵花籽油 75c.c.
橄欖油 50c.c.
雪莉油醋（vinaigre de Xérès）1 茶匙
法式芥末醬 1 茶匙
威士忌或白蘭地少許
番茄糊半茶匙（或哈里沙辣椒醬少許）
檸檬半顆
鹽、胡椒粉適量

③ 將韭蔥放入沸騰的鹽水中燙煮或清蒸 5 至 10 分鐘，直到韭蔥變軟。

④ 調製美乃滋醬：將蛋黃、數滴檸檬汁、半量的芥末醬、25c.c.的橄欖油、75c.c.的葵花籽油、鹽與胡椒粉拌勻。

⑤ 將1湯匙的橄欖油、2茶匙的石榴汁、醋汁與剩餘的芥末醬、鹽與胡椒粉一起拌勻。

⑥ 剖開酪梨，去籽，抹點檸檬汁，避免變黑。

⑦ 取出1/3的芥末醬，加入番茄糊與酒。

⑧ 根芹去皮，刨成絲狀。

⑨ 將番茄、莫札瑞拉乳酪、洋蔥放在一起，淋上剩餘的橄欖油，灑點鹽與胡椒粉。將粉紅美乃滋放在對半剖開的酪梨上，再灑點細香蔥末。用石榴醋汁替韭蔥調味，放上幾顆石榴籽。將根芹絲與原味美乃滋拌勻，灑上洋香菜末。

橄欖風味芝麻菜

4 人份   15 分鐘   ─

食材：
芝麻菜 200 公克
黑橄欖 140 公克
嫩青蔥 4 根
檸檬 2 顆
橄欖油 60c.c.
鹽、胡椒粉適量

注意事項：
也可使用去籽橄欖，但那種橄欖
較不好吃。

① 將芝麻菜洗淨、拭乾。橄欖去籽。切除青蔥綠色部位，並切成細末狀。

② 切除檸檬兩端，用銳利的刀剝除檸檬皮，保留完整果肉。

④ 把所有食材放入沙拉碗中，淋上橄欖油，灑上足量鹽與胡椒粉。拌勻後即可食用。

③ 將檸檬切成薄片狀，再將每片切成四等分，或六等分。

① 將芹菜葉切細末。薄荷葉疊放，緊緊捲起切碎即可。

② 細切青蔥蔥白部位，番茄去籽切小丁。

③ 在大碗中放入小米、番茄丁、蔥花、芹菜末、薄荷葉末、檸檬汁、橄欖油與鹽。充分攪拌均勻。

蔬菜小米沙拉

| 6 人份 | 30 分鐘 +靜置 1 小時 | — |

食材：
洋香菜 240 公克
薄荷葉 40 公克
嫩青蔥 3 根
番茄 3 顆
小米 2 湯匙
檸檬 4 顆（用來榨取 150c.c. 的檸檬汁）
橄欖油 100c.c.
鹽 1 茶匙

烹煮前的備料程序：
將洋香菜與薄荷葉洗淨。拭乾薄荷葉，摘取葉片。將洋香菜擺成一把，細切，葉梗部位棄置不用。榨取檸檬汁。

④ 以保鮮膜覆蓋，放入冰箱冷藏至少 1 小時後再上桌。

洋蔥番茄沙拉

4 人份 | **15 分鐘 +**
 靜置 1 小時 | **—**

食材：
洋蔥 1 顆
番茄 4 顆
鹽 1 茶匙

紅酒醋 2 湯匙
沙拉油 4 湯匙
胡椒粉適量

① 剝除洋蔥外皮，剖半，切細末。番茄洗淨，切成四等分，去籽後切小丁。

② 在小沙拉碗中倒入紅酒醋、鹽與胡椒粉，充分攪拌，使鹽溶解於醋中。

④ 加入番茄丁與洋蔥細末，充分拌攪。以保鮮膜覆蓋，放入冰箱冷藏至少 1 小時後再上桌。

③ 再把油倒入拌勻。

① 所有蔬菜去籽，切除甜椒白膜部位與果蒂。青蔥的尾部切除。摘取洋香菜葉，切成細末狀。

② 將青蔥綠色部位切成蔥花，蔥白部分切成四等分後，再切小段。其他蔬菜切成約 5 公釐大小的小丁。

③ 刨取檸檬皮細末後，榨取檸檬汁。

④ 將檸檬汁與橄欖油淋在生菜上，再灑上檸檬皮末、鹽、胡椒粉、芹菜末，充分拌勻。放入冷藏至少 1 小時後再上桌。

猶太風味蔬菜沙拉—冷盤沙拉

4 人份　　20 分鐘 +　　—
　　　　　靜置 1 小時

食材：
紅甜椒半顆
青椒半顆
嫩青蔥 4 根
洗淨且拭乾的洋香菜 15 公克
番茄 2 顆
大黃瓜半條
新鮮檸檬 1 顆

橄欖油 1 湯匙
鹽 2 小撮
胡椒粉適量

烹煮前的備料程序：
將所有蔬菜洗淨，無須去皮。

根莖蔬菜沙拉

4 人份　　**20 分鐘**　　**20 分鐘**

食材：

生甜菜根 1 小顆
番薯 1 小顆
大根蘿蔔 1/4 顆
紅皮白蘿蔔 1 顆
菊芋 1 顆
紅蘿蔔 1 根
橄欖油 3 湯匙
水芥菜苗數小株

柳橙 1 顆
紅酒醋 1 湯匙
小茴香粉 1 小撮
茴香球根 1 小顆
新鮮且狀態良好的根莖蔬菜葉數片
鹽、胡椒粉適量
山羊乳酪與鉤巴火腿（coppa）

❶ 以醋、油、半顆橙汁與小茴香粉調製醋汁。

❷ 用刨刀將（充分刷洗過或去皮的）根莖蔬菜刨成麵條狀或薄片狀。

❸ 蒸煮半數的蔬菜約 7 分鐘（讓蔬菜薄片變軟，具彈牙口感）。

❻ 灑上水芥菜苗。將乳酪與火腿放置兩旁。

❹ 將生蔬菜與熟蔬菜加以調味，小心拌勻。

❺ 雙手抓起一把的蔬菜量，略微甩動，雙手緊捏後，將蔬菜放至盤中。

茴香沙拉

4 人份　　20 分鐘　　—

① 取一顆柳橙，切取果肉部位。

② 刨取另一顆柳橙皮末與檸檬皮末後，榨取汁液備用。細切茴香球根。

食材：
柳橙 2 顆
檸檬 2 顆
帶葉的茴香球根 4 小顆
迪戎黃芥末醬 1 茶匙

特級初榨橄欖油 50c.c.
帕馬森乳酪 75 公克（一半刨成細末、一半刨成片狀）
烘烤過的杏仁片 50 公克

③ 將橙汁、檸檬汁、芥末醬與橄欖油放入小碗中拌打均勻。

④ 將茴香片、茴香葉、柳橙果肉擺盤，灑上橙皮細末、帕馬森乳酪，淋上醬汁後再灑上杏仁片。

芝麻風味牛肉沙拉

4 人份　　　10 分鐘 +　　　5 分鐘
　　　　　　 10 分鐘

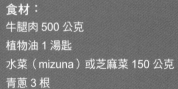

① 將所有的醬汁食材放入玻璃碗中，攪拌均勻。

食材：
牛腿肉 500 公克
植物油 1 湯匙
水菜（mizuna）或芝麻菜 150 公克
青蔥 3 根
炒香過的芝麻 2 匙

醬汁：
淡色醬油 3 湯匙
檸檬汁 3 湯匙
細砂糖 1 茶匙
切成細末蒜頭 1 瓣
麻油半茶匙
現磨薑泥 1 茶匙

② 在牛肉表面抹點油，放在烤盤上，每面烤 3 分鐘。

③ 覆蓋一張鋁箔紙，靜置 10 分鐘。

④ 將牛肉切成長條薄片。

⑤ 將生菜與青蔥平均分配擺在餐盤中。

⑥ 擺上牛肉與芝麻，淋上醬汁。

高麗菜沙拉

 4 人份　 10 分鐘　 10 分鐘

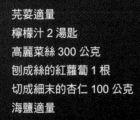

食材：

葵花籽油半湯匙
黑芥末籽 1 茶匙
阿魏草根粉（asafoetida）1 茶匙
咖哩葉 6 片
剖半的青辣椒 2 根

芫荽適量
檸檬汁 2 湯匙
高麗菜絲 300 公克
刨成絲的紅蘿蔔 1 根
切成細末的杏仁 100 公克
海鹽適量

⑤ 上桌前撒上芫荽末。

① 熱油，爆香芥末籽。加入阿魏草根粉。

② 加入咖哩葉、辣椒與檸檬汁。

③ 加入高麗菜、紅蘿蔔與杏仁。以鹽調味。

④ 翻動熱炒。搭配檸檬片，溫熱上桌。

4 人份　　**10 分鐘**　　**40 分鐘**

① 以 200℃ 預熱烤箱。將甜菜根放入烤盤中,送入烤箱烘烤 40 分鐘,直到甜菜根變軟。

食材:
已洗淨的小甜菜根 500 公克
山羊乳酪 150 公克
去籽大椰棗 6 顆
嫩芝麻菜 200 公克
核桃 50 公克

醬汁:
橄欖油 3 湯匙
切成細末的蒜頭 1 瓣
白酒醋 2 湯匙
蜂蜜 2 茶匙

② 將甜菜根切成塊狀,山羊乳酪與大椰棗切成片狀。

③ 橄欖油、蒜末、醋與蜂蜜放入碗中,拌打均勻。

④ 將甜菜根、山羊乳酪、椰棗片與芝麻菜擺盤,淋上醋汁,灑上核桃。

菠菜沙拉

4 人份　　　20 分鐘　　　15 分鐘

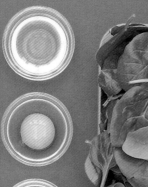

食材：
昆布海帶 10 公克
四季豆 200 公克
波菜嫩葉 300 公克

醬汁：
蛋黃 1 顆
烤過的芝麻 2 湯匙
白味噌 3 湯匙
日本清酒 2 湯匙
細砂糖半湯匙
味醂 1 湯匙

① 將昆布放入溫水中浸泡 15 分鐘後，瀝乾水分。

② 清蒸四季豆與菠菜，清洗乾淨後，對半切開。

③ 將芝麻放入研缽中略微研磨。

④ 將半量的芝麻拌入醬汁中。保留一半備用。

⑥ 淋上些許醬汁，灑上剩餘的芝麻。

⑤ 將昆布、菠菜與四季豆平均分配放入盤中。

① 用剪刀將口袋餅剪成小方塊狀，兩面拉開。放在烤盤上，送入烤箱烘烤 10 分鐘。

② 摘取提香蔬菜葉。番茄對半剖開，櫻桃蘿蔔切成 5 片，蔥白切成蔥花，大黃瓜剖半，再切成片狀。萵苣生菜切成長條狀。

③ 將橄欖油與 1 滿茶匙的鹽膚木加以調勻，將酥脆的口袋餅放入浸泡。

鹽膚木風味櫻桃蘿蔔沙拉

4 人份　　15 分鐘　　10 分鐘

食材：
口袋餅 2 個（可買現成品或參照
495 頁製作）
薄荷葉 15 公克與洋香菜 30 公克
聖女小番茄或櫻桃小番茄 150 公克
櫻桃蘿蔔 150 公克
大黃瓜半條
嫩青蔥 3 根
萵苣生菜 1 顆

橄欖油 100c.c.
鹽膚木 2 茶匙
紅酒醋 30c.c.
鹽適量

烹煮前的備料程序：
以 150℃ 預熱烤箱。將蔬菜與提香蔬菜洗淨拭乾。去除櫻桃蘿蔔的細莖，切除青蔥綠梗。

④ 所有的食材淋上醋汁，拌勻後，灑上 1 滿茶匙的鹽膚木，即可上桌。

茴香柳橙沙拉

4 人份　　20 分鐘　　—

食材：
柳橙 2 顆
茴香球根 2 顆
煙燻旗魚肉 150 公克至 200 公克
（可有可無）
紫皮洋蔥 1 顆
綠橄欖 60 公克

橄欖油 6 湯匙
鹽、胡椒粉適量

菜色變化：
也可用烏魚子薄片取代煙燻旗魚
肉。

① 削去柳橙外皮，將果肉切成塊狀。茴香球根切成薄片。旗魚肉切
小丁。

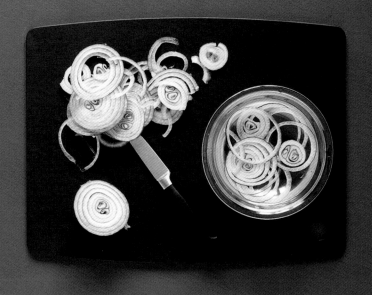

② 洋蔥切成圓薄片，水洗數次，去除嗆辣味後瀝乾水分。

④ 以橄欖油、鹽、現磨胡椒粉調味，就大功告成囉！

③ 將洋蔥片、柳橙果肉、茴香片、橄欖及旗魚丁全放入沙拉盆中。

① 將番茄與甜椒放在烤架上。烘烤番茄 5 分鐘（番茄皮會裂開），烘烤甜椒 30 分鐘（甜椒皮會變黑），烘烤過程中，要不斷翻面。

② 剝除番茄皮，剔除果蒂，去籽，切成八等分。將甜椒放涼，剝除外皮後，剖半，去除籽與白膜部位，切成長條狀。

③ 將番茄、甜椒、酸豆、蒜末、橄欖油、檸檬汁放入沙拉碗中。輕輕攪拌。置冰箱中冷藏。

美蔬伊亞沙拉

4 人份　　15 分鐘　　20 分鐘

食材：
番茄 6 顆
紅甜椒 1 顆
黃甜椒 1 顆
蒜頭 1 瓣
檸檬半顆
酸豆 1 茶匙
橄欖油 50c.c.
洗淨晾乾的芫荽 2 小株

紅酒醋 20c.c.
鹽 1 大撮
胡椒粉適量

烹煮前的備料程序：
烤熱烤架。去除蒜膜後，去芽、壓扁、切細末。榨取檸檬汁。將鋁箔紙鋪在烤架上。

④ 上桌前，摘取芫荽葉，粗切後與醋加入沙拉碗中。灑點鹽與胡椒粉，充分拌勻。就可上菜囉！

越南沙拉

4 人份　　　15 分鐘 +　　　20 分鐘
　　　　　　靜置時間

❶ 將糖溶於米醋，放入洋蔥，以鹽、胡椒粉調味。靜置 30 分鐘。

食材：

米醋 125c.c.

細砂糖 2 湯匙

切成薄片的紫皮洋蔥 1 顆

去皮雞胸肉 2 塊

細切後的大白菜 250 公克

切成條狀的紅蘿蔔 1 根

新鮮越南薄荷葉 20 公克

油蔥酥 50 公克

❷ 雞胸肉放入鍋中，以水淹沒，文火煨煮 20 分鐘。

❸ 雞胸肉取出放涼，用兩根叉子將雞肉拉成雞絲。

❹ 將雞絲與大白菜、紅蘿蔔及薄荷葉拌勻。

❺ 倒入洋蔥醋汁加以調味並攪拌。

❻ 放入些許油蔥酥，隨即上桌享用。

杏仁番茄車輪麵

🍴 4 人份　　🍲 20 分鐘　　🍲 20 分鐘

① 新鮮番茄去皮去籽、切小丁。加入橄欖油、去芽壓扁的蒜仁及奧勒岡草。以鹽與胡椒粉調味。

食材：
車輪麵或短麵條 350 公克
羅馬小番茄 5 顆
油漬番茄乾 100 公克
乾燥奧勒岡草 1 湯匙
蒜頭 1 瓣
特選完整杏仁 100 公克
橄欖油 6 至 8 湯匙

佩克里諾乳酪（pecorino romano）或帕馬森乳酪 60 公克
去梗的芝麻菜 1 小把
鹽、現磨胡椒粉適量

烹煮前的備料程序：
烹煮彈牙麵條（參見 271 頁）。

② 杏仁研磨成粗粒狀，以菜刀細切芝麻菜與番茄乾。將乳酪刨成粉狀。

④ 將車輪麵瀝乾水分，與作法③混合。以些許橄欖油為番茄車輪麵調味，灑上剩餘的杏仁粉即可。

③ 將番茄丁、番茄乾末、2/3 的杏仁粉、乳酪粉及芝麻菜放入沙拉碗中。

西西里風味筆尖麺

🍴 6 人份　　🥘 10 分鐘　　🍲 6 分鐘

❶ 將櫻桃小番茄剖半，以鹽醃漬。粗切番茄乾、橄欖與酸豆。羅勒與歐芹去梗，葉子切碎。

❷ 將 4 湯匙的橄欖油、奧勒岡草、鹽、胡椒粉與作法❶食材拌勻。

食材：

筆管麵或筆尖麵 350 公克
橄欖油漬鮪魚肚肉 200 公克
（或罐裝橄欖油漬白鮪魚肚肉）
油漬香料去籽黑橄欖 50 公克
橄欖油漬番茄乾 50 公克
羅勒一把

歐芹一把
洗去鹽分的鹽漬酸豆 30 公克
乾燥奧勒岡草 2 湯匙
櫻桃小番茄 250 公克
特級初榨橄欖油適量
鹽、現磨胡椒粉適量

❸ 將麵條煮至彈牙口感後，以冷水漂洗，瀝乾水分。將麵條放至盤中，淋點油，避免沾黏。

❹ 將麵條與作法❷的蔬菜拌攪。加入大塊的鮪魚肉，必要時再加些許橄欖油。略微調味。

主菜

中式蛋餅

 2 人份　　 **15 分鐘**　　 **10 分鐘**

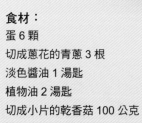

❶ 蔥花與醬油加入蛋中，拌打。

❷ 將半量的油放入中式炒菜鍋中加熱，爆香香菇片，5 分鐘後取出香菇片。

❸ 倒入剩餘的油繼續加熱，再倒入蛋汁，略微轉動炒鍋，讓蛋汁平均布滿整個鍋底。

❹ 當蛋餅成型，將香菇片、番茄丁、青江菜與豆芽菜放在蛋餅上。

食材：
蛋 6 顆
切成蔥花的青蔥 3 根
淡色醬油 1 湯匙
植物油 2 湯匙
切成小片的乾香菇 100 公克

切成小丁的番茄 1 顆
切成小片的青江菜 1 小把
豆芽菜 50 公克
甜醬油膏（kecap manis）1 湯匙

菜色變化：
最後調味時，可用蠔油取代甜醬油膏。

❺ 蛋餅皮對折，包住餡料。

❻ 蛋餅放入餐盤中，淋上甜醬油膏，隨即上桌食用。

❶ 乳酪與香料拌入略微降溫後的白醬中。

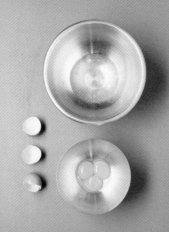

❷ 將蛋白與蛋黃分開。

❸ 均勻拌打蛋黃後,將蛋黃加入乳酪醬中。

❹ 將蛋白打成紮實的雪霜狀。

❺ 舀 2 湯匙的蛋白霜放入乳酪醬中攪拌均勻。然後用大金屬湯杓或濾杓將其餘的蛋白霜緩緩加入乳酪醬中,讓醬料體積膨脹。

❻ 把乳酪霜醬倒入烤模中,送進烤箱烘烤 35 分鐘。佐以生菜沙拉一起食用。

乳酪舒芙蕾

2 人份　　　　15 分鐘　　　　35 分鐘

食材:
白醬 300c.c.(參見 458 頁)
塗抹烤模用的奶油些許
乳酪粉 75 公克(米摩雷特乳酪 [mimolette]、康塔爾乳酪 [cantal] 或羊奶多姆乳酪 [tomme de brebis])
壓碎的香芹籽(carvi)或小茴香籽 1 小撮(可有可無)

卡宴辣椒粉(piment de Cayenne)1 小撮
蛋 3 顆

烹煮前的備料程序:
將容量 1 公升的舒芙蕾烤模抹上奶油。以 190℃ 預熱烤箱。

廚房用具使用建議:
濾杓是用來將蛋白霜加入醬料(無論鹹醬或甜醬均可)的實用好工具。它可「切割挖取」蛋白霜醬料,而不壓垮總體積。

韭蔥餡餅

 6 人份　 20 分鐘　 50 分鐘

食材：

橄欖油 1 湯匙
奶油 30 公克
韭蔥 1 公斤
低筋麵粉 2-3 湯匙

鮮奶油 150c.c.
海鹽、黑胡椒碎粒適量
肉豆蔻粉 1 小撮
千層派皮 2 捲
加入 1 茶匙水的蛋黃 1 顆

① 以 200℃ 預熱烤箱。在平底鍋加熱橄欖油與奶油，將韭蔥炒得金黃油亮。

② 鍋子離火，放入麵粉，充分攪拌。再放回火上，炒香麵粉後再離火。

③ 倒入鮮奶油、鹽、胡椒粒、肉豆蔻粉，充分拌勻。放回火上，不斷攪拌，濃縮熬煮醬汁後，放置一旁冷卻降溫。

④ 攤開派皮，將韭蔥醬均勻鋪上，四邊各留 2 公分的間距。在派皮邊上塗抹蛋液。

⑤ 將另一張派皮切成長條狀，將長餅條以格狀編織的方式鋪在餡料上。

⑥ 在派皮上塗抹蛋液，放至已鋪上烘焙紙的烤盤，送入烤箱烘烤 30 分鐘。請務必將餡餅烤得金黃酥脆。

注意事項：
可將烤盤放入預熱的烤箱中，如此一來，派皮可均勻受熱，會更加金黃酥脆。

① 剝去洋蔥外皮，剖半後，切成片狀，勿切太薄。

4 人份　　　15 分鐘　　　1 小時

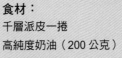

② 將洋蔥片、奶油（或橄欖油）放入炒鍋，以文火翻炒 30 至 35 分鐘，將洋蔥片炒軟。

食材：
千層派皮一捲
高純度奶油（200 公克）
小洋蔥 10 顆
橄欖油 3 湯匙或奶油 40 公克
鹽漬鯷魚 4-8 尾（依個人口味增減）

鹽、胡椒粉適量
奧勒岡草粉末 1 茶匙

烹煮前的備料程序：
以 220℃ 預熱烤箱。將鯷魚切成長條狀。

③ 將派皮攤平，用叉子在派皮上叉洞。留 1 公分的邊，將洋蔥均勻鋪上，灑上奧勒岡草細末，再擺上鯷魚條。

④ 放入烤箱中約烘烤 20 分鐘，將派皮烤得金黃。佐以生菜沙拉一起食用。

瑪格麗特披薩

10 至 14 片　　20 分鐘 +　　20 分鐘
　　　　　　　　靜置 2 小時

食材：
披薩餅皮 1 塊（參見 494 頁）
番茄碎 400 公克
奧勒岡草粉 1 湯匙
羅勒葉 10 幾片
莫札瑞拉水牛乳酪 250 公克
（若無水牛乳酪，以優質的莫札
瑞拉牛奶乳酪或淡味多姆乳酪替
代亦可）

去芽壓扁的蒜頭 1 瓣
橄欖油 3 湯匙
鹽適量

烹煮前的備料程序：
先用手揉麵 1 分鐘，擀平麵皮
後，放入抹油的烤盤裡。以濕布
覆蓋麵皮，放置醒麵 30 分鐘。

① 莫札瑞拉乳酪切小丁，放置
在濾網上瀝乾。

② 番茄碎、蒜末、奧勒岡草粉
末、半數的羅勒葉及 2 湯匙的
橄欖油拌勻。以鹽調味。

④ 繼續烘烤 6 分鐘，讓披薩表面與餅皮邊緣變得金黃。放上剩餘的
羅勒葉，即可食用。

③ 將番茄醬料塗抹在餅皮上，淋些許橄欖油，放入烤箱，以 240℃烘
烤，12 分鐘後，擺上莫札瑞拉乳酪丁。

① 奶油與麵粉拌勻，攪拌成類似麵包粉的顆粒狀。

② 加入蛋黃與 2 湯匙冰水，揉成一小球麵團。

③ 將麵團擀平，放入 23 公分的烤模中，放入冰箱冷藏 20 分鐘。用橄欖油將洋蔥炒黃。

④ 用擀麵棍壓過烤模邊緣，將多餘的派皮切除。

派皮食材：
切成塊的奶油 125 公克
低筋麵粉 250 公克
蛋黃 1 顆

餡料食材：
切成圓薄片的洋蔥 6 顆
橄欖油 2 湯匙
略打成蛋汁的全蛋 3 顆

鮮奶油 125c.c.
肉豆蔻粉適量
海鹽、黑胡椒粉適量
羊奶乳酪 150 公克
百里香細末 1 湯匙

烹煮前的備料程序：
以 200℃預熱烤箱。

⑤ 在派皮底部鋪上一張烘焙紙，再填滿米粒，送入烤箱中烘烤 15 分鐘，將派皮烤得金黃。

⑥ 倒出米粒，取下烘焙紙，用叉子在餅皮上戳小洞後，再放入烤箱中烤至餅皮變乾為止。

⑦ 將蛋汁、鮮奶油與肉豆蔻粉拌勻，以鹽與胡椒粉調味。

⑧ 將洋蔥餡平鋪在已烤好的派皮上，倒入鮮奶油蛋液，灑上羊奶乳酪與百里香末。放入烤箱烤 10 至 15 分鐘至表面金黃即可。

蔬菜派

 6 至 8 片　 50 分鐘 +
靜置時間　　45 分鐘

派皮食材：
麵粉 250 公克
奶油 1 小球
溫水約 100c.c.
橄欖油 3 湯匙
鹽適量

內餡食材：
菠菜 500 公克
甜菜 600 公克
嫩青蔥半把
去芽蒜頭 2 瓣

切成細末的洋香菜半把
切成小丁的煙燻豬肉 80 公克
帕馬森乳酪 50 公克
現磨帕馬森乳酪粉 30 公克
橄欖油與奶油 50 公克
鹽、胡椒粉與肉豆蔻適量

烹煮前的備料程序：
蔬菜洗乾淨、蒜頭細切成蒜末、
青蔥蔥白與半截蔥綠部分切成蔥
花。

❶ 將麵粉、橄欖油放入沙拉盆中
攪拌，放入奶油與 2 撮鹽，用手
拌勻。

❷ 多次加入溫水，讓麵團變得不
黏手。

❸ 把麵團放到桌上，揉麵數分
鐘。

❹ 取一條乾淨的布，蓋住麵團，
靜置 30 分鐘。

❺ 清蒸甜菜：白菜梗部分清蒸 7 分鐘，綠葉部分清蒸 5 分鐘，瀝乾
水分後放涼，待溫度降至溫熱。

❻ 以平底鍋加熱 1 湯匙橄欖油，
炒香煙燻豬肉。

❼ 加入洋蔥與蒜末，以微火煮 5
分鐘。

❽ 用手擠乾菠菜與甜菜的水分，再用菜刀切成細末（切勿使用食物調理機處理！）

❾ 將蔬菜倒入平底鍋中，炒乾水分。以鹽與胡椒粉調味。現磨 3 撮肉豆蔻粉加入鍋中。

❿ 將煮好的蔬菜放涼，待溫度降至溫熱後，加入洋香菜末與 50 公克的帕馬森乳酪。視狀況再調味。

⓭ 將另一塊麵團　成極薄薄片，覆蓋在內餡上，並折出幾道縐折，壓緊派皮邊緣，用叉子在派皮上戳幾個小洞。

⓫ 在砧板上灑點麵粉，將半塊麵團擀成非常薄的派皮，再將派皮放進已抹油的烤模中。

⓬ 在派皮底部灑上 30 公克的帕馬森乳酪末，再倒入蔬菜內餡。

⓮ 送入烤箱，以 180℃ 烘烤 30 分鐘。時間一到，在派皮上塗點橄欖油，再放入烤箱中，讓餘溫把表面烤得更金黃。

食用建議：
放涼，待溫度降至微溫，即可將蔬菜派切片，搭配沙拉一起享用，或切成 16 塊小丁，可當作餐前開胃酒餐點。

義式櫛瓜蛋餅

 6 人份　　 20 分鐘　　15 分鐘

① 加熱些許橄欖油，放入蒜頭與櫛瓜，烹煮 5 分鐘。拿掉蒜頭，以鹽與胡椒粉調味。

② 用叉子拌打蛋汁，加入帕馬森乳酪粉、提香蔬菜細末、鹽與胡椒粉。

③ 將蛋汁倒在櫛瓜上，以大火烹煮，烹煮過程中需經常晃動平底鍋。

④ 當蛋餅邊緣開始微焦，即往中心撥。

食材：
蛋 12 顆
中型櫛瓜 3 條
蒜頭 1 瓣
薄荷葉半把
羅勒葉半把

磨成粉的帕馬森乳酪 50 公克
橄欖油適量
鹽、胡椒粉適量

烹煮前的備料程序：
將蔬菜切細末，櫛瓜切成薄片。

菜色變化：
可用任何一種自己愛吃的蔬菜來製作蛋餅，例如：朝鮮薊、豌豆仁、綠蘆筍、青椒……。

⑤ 當蛋餅底部成型，以大餐盤倒扣在平底鍋上，迅速將蛋餅翻轉放至盤中。

⑥ 在平底鍋中放入 1 湯匙橄欖油，再將蛋餅滑入，把另一面也煎得金黃。義式蛋餅必須外層金黃，內層軟嫩。

① 橄欖油與奶油以平底鍋（可放進烤箱）加熱，以大火香煎馬鈴薯片、蒜片與蝦仁 30 秒。

② 將蛋、帕馬森乳酪粉、細香蔥末、1 小撮鹽與 1 小撮胡椒粉放入大碗中，攪拌。

食材：
橄欖油 1 湯匙
奶油 25 公克
煮熟且切成片狀的馬鈴薯 100 公克
切成片狀的蒜頭 1 瓣
蝦仁 150 公克
蛋 5 顆

磨成粉的帕馬森乳酪 30 公克
細香蔥末 1 湯匙
鹽、胡椒粉適量

烹煮前的備料程序：
以 200℃ 預熱烤箱。

③ 將蛋汁倒入平底鍋中，當蛋餅開始成型，便放入烤箱裡。

④ 烘烤 6 至 8 分鐘，讓蛋餅表面變得十分金黃。佐以蔬菜一起食用。

佛來福口袋餅

4 人份　　**15 分鐘**　　**—**

食材：
佛來福丸子 25 顆（參見 330 頁）
薄荷葉 12 公克
洋香菜 12 公克
櫻桃小番茄或聖女小番茄 10 顆
櫻桃蘿蔔 300 公克（1 把）
口袋餅（可買現成品或參照 495
頁製作）

塔哈朵檸檬芝麻醬（參見 455 頁）

烹煮前的備料程序：
將佛來福丸子放到平底鍋中或放
入烤箱以 200℃ 預熱幾分鐘。

❶ 蔬菜洗淨拭乾，摘取葉片，粗切成大片狀。

❷ 將番茄洗淨，切成塊狀。將櫻桃蘿蔔的莖葉切除、洗淨，每顆切成 3 或 4 塊圓片狀。

❹ 生菜拌勻。將生菜餡料與佛來福丸子輪流填入口袋餅中。每個口袋餅中再加入 2 湯匙塔哈朵檸檬芝麻醬。

❸ 用鋸齒刀把口袋餅剖開，剖至一半位置即可。

❶ 雞肉切成一口量的小丁狀。

❷ 將印度坦都里香粉、檸檬汁、辛香料、糖、薑蒜泥、芫荽末與優格拌勻。

❸ 把雞肉丁淹沒至作法❷的醬汁中，放入冰箱冷藏 4 小時或是一個晚上。

印度堤卡雞肉捲

4 人份　　20 分鐘 +　　20 分鐘
　　　　　靜置 4 小時

食材：

去骨雞腿肉 1 公斤
印度坦都里香粉（tandoori masala）1 湯匙
檸檬汁 1 湯匙
小茴香粉 1 茶匙
印度什香粉（garam masala）半茶匙
芫荽末 2 湯匙

棕櫚糖粉或赤砂糖 1 湯匙
原味優格 250c.c.
印度薄餅 6 片（參見 497 頁）
薑蒜泥 2 湯匙（參見 476 頁）
切成小薄片的萵苣葉 75 公克
切成片狀的番茄 2 顆
切成細薄片的紫皮洋蔥 1 小顆（可有可無）

❹ 以 180℃ 預熱烤箱，將雞肉放至烤箱中層烘烤 15 分鐘，烘烤過程中需不時翻轉雞肉，將肉烤軟。

❺ 用鋁箔紙包裹印度烤餅，放入烤箱中烤 10 分鐘。

❻ 將印度烤餅包裹雞肉、萵苣生菜、番茄、洋蔥，搭配任何口味的糖醋醬一起食用。

乾拌越南牛肉河粉

4 人份 　　 15 分鐘 + 　　 10 分鐘
　　　　　 30 分鐘

❶ 加熱魚露，放入 2 湯匙的水與糖，充分攪拌後，放涼。

❷ 滾水滾煮粉絲 3 至 5 分鐘，瀝乾水分後，浸入冷水中。

❸ 把醬油、蠔油、咖哩粉、蒜頭與檸檬香茅薄片拌勻後，放入牛肉片攪拌，讓醬汁淹沒牛肉，醃漬 30 分鐘。

❹ 用中式炒鍋以大火熱油香炒作法❸的肉片數次，讓肉片均勻上色。

食材：

魚露 4 湯匙
棕櫚糖粉 3 湯匙
乾粉絲 200 公克
醬油 2 湯匙
蠔油 2 湯匙
咖哩粉 2 茶匙
壓扁的蒜頭 1 瓣
將白梗部位切成薄片的檸檬香茅 2 根

切成薄片的牛菲力 500 公克
植物油 2 湯匙
切成絲的紅蘿蔔 1 根
切成絲的大黃瓜半條
豆芽 100 公克
新鮮薄荷葉 10 公克
新鮮芫荽 15 公克
烘烤過且切成粗粒狀的原味花生 100 公克

❺ 充分瀝乾粉絲絲後，將粉絲平均放入 4 個餐盤中，擺上紅蘿蔔絲與黃瓜絲、豆芽、薄荷葉與芫荽末。

❻ 將牛肉放入盤中，灑上花生粒。再淋上魚露與糖調和的醬汁即可。

❶ 以文火加熱魚露，放入糖，溶解後放涼。

❷ 將作法❶的醬汁、蒜末、紅蔥頭與絞肉放入沙拉碗中拌勻，醃漬4小時。

❸ 將絞肉捏成約2湯匙量的橢圓形小肉球。

❹ 將小肉球放至鑄鐵烤架上烤至金黃上色。

❺ 調好醬汁，煮好並瀝乾河粉，蔬菜洗淨瀝乾。將烤肉、萵苣生菜、香菜放至河粉上，佐以醬汁上桌。

烤豬肉河粉

 4 人份   20 分鐘 + 靜置時間   20 分鐘

食材：
棕櫚糖粉 1 湯匙
魚露 2 湯匙
切成細末的蒜頭 2 瓣
切成細末的紅蔥頭 2 顆
豬絞肉 500 公克
乾河粉條 200 公克
豆芽 100 公克

芫荽與新鮮薄荷葉些許
萵苣生菜數片

醃漬用醬汁：
魚露 4 湯匙
青檸檬汁 6 湯匙
細砂糖 2 茶匙
去籽切成末的紅辣椒 2 根

印度羊肉炒飯

4 人份　　　30 分鐘 +　　1 小時 30 分
　　　　　　12 小時

食材：
切成塊的羊腿肉 500 公克
印度什香粉（garam masala）
2 茶匙
黑胡椒粉半茶匙
薑黃粉半茶匙
薑蒜泥 3 湯匙（參見 476 頁）
剖半的青辣椒 1 根
原味優格 250c.c.

葵花籽油 3 湯匙
切成圖片的洋蔥 2 顆
印度香米 300 公克（riz
basmati）
已融化的印度酥油 2 湯匙
番紅花絲 1 小撮
烘烤過的杏仁片 30 公克
葡萄乾 2 湯匙

① 將羊肉、印度什香粉、胡椒
粉、薑黃粉、辣椒、薑蒜泥與優
格一起拌勻，醃漬一個晚上。

② 180℃預熱烤箱。以熱油將洋
蔥炒得略微焦黃。取出 1/3 的量放
置一旁備用。

③ 將羊肉塊放入炒鍋中，加入
250c.c 的水，煮至沸騰後，蓋上鍋
蓋，燉煮 1 小時，直到羊肉變軟。

④ 拿另一個鍋子，放入香米，倒
入足量的水淹沒，將香米煮軟。

⑧ 灑上備用洋蔥、杏仁與葡萄乾。

⑤ 以些許酥油幫大燉鍋抹上油，放入半量的香米飯。

⑥ 將羊肉鋪滿後，再放入剩餘的香米飯。

⑦ 將番紅花浸入 1 湯匙的熱水後，放至奶油香米飯上。蓋上鍋蓋，放入烤箱烘烤 30 分鐘。

⑨ 佐以調味料與印度酸奶醬（raïta）一起食用。

注意事項：
此道料理最好一煮好就趁熱食用。遇上宴客大場合時，佐以優格、印度香料乳酪、數片檸檬瓣，就可讓這道美味佳餚豐盛上桌了。

印度黑扁豆泥

4 人份　　　**20 分鐘**　　　**50 分鐘**

❶ 將浸泡過且瀝乾水分的扁豆放入裝有 1 公升水的鍋子中。

❷ 再放入辣椒、薑黃粉、棕豆蔻、肉桂棒，煮至辣椒變軟。

❸ 取出棕豆蔻與肉桂棒，將扁豆稍微壓碎。

❹ 放入番茄丁、丁香、鮮奶油、薑末，小火煮 20 分鐘。

食材：

黑扁豆 140 公克（帶殼黑扁豆）
剖半的青辣椒 1 根
薑黃粉 1/4 茶匙
壓碎的棕豆蔻 1 顆
肉桂棒 1 根

切成小丁的番茄 300 公克
鮮奶油 125c.c.
丁香 2 朵
薑粉半茶匙
印度酥油 50 公克
小茴香籽 1 茶匙

❺ 以平底鍋加熱印度酥油，再放入小茴香籽爆香。

❻ 把小茴香酥油加入豆泥。佐以沙拉與印度酸奶醬（raïta）一起食用。

① 以冷水洗綠豆篁與扁豆仁，至少三次，直到洗豆水澄淨。

② 把上述豆子放入裝有 1 公升水的鍋子，煮至沸騰，加入薑黃粉與鹽後，再熬煮 20 分鐘。

③ 以平底鍋加熱印度酥油，再放入洋蔥，翻炒 5 分鐘，讓洋蔥變得金黃油亮。

④ 加入番茄、蒜片、辣椒、小茴香籽，拌炒。

⑤ 菠菜放入豆糊中，熬煮 5 分鐘，直到菜葉變軟。

⑥ 把番茄洋蔥醬料拌入豆糊中，再舀些許豆糊放進平底鍋，把鍋底殘留的醬料一起倒回波菜鍋。以鹽調味後，即可食用。

印度蔬菜扁豆泥

🍴 4 人份　　🥘 15 分鐘　　🍲 40 分鐘

食材：
綠豆篁 120 公克
珊瑚扁豆仁 100 公克
薑黃粉 1 茶匙
海鹽半茶匙
印度酥油 1 湯匙
切成細末的紫皮洋蔥 1 小顆

切成小丁的熟番茄 1 顆
切成片狀的蒜頭 1 瓣
切成小環狀的青辣椒 1 根（可有可無）
小茴香籽 1 茶匙
細切後的菠菜 100 公克

私房小祕訣：
豆糊好吃的祕訣在於調味。調製塔卡醬料（tarka，什錦香料醬）時，要拌炒至辛香料釋出香氣、洋蔥變軟甜為止，最後再灑上一大撮優質好鹽。熬煮豆糊，直到豆子變成乳霜般軟嫩。

印度五彩豆泥

🍴 4 人份　　🥘 20 分鐘 +　　🍲 1 小時
　　　　　　　靜置 2 小時

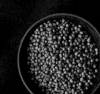

食材：
鷹嘴豆 100 公克
綠豆篁 120 公克
珊瑚扁豆仁 100 公克
黑扁豆仁 100 公克
印度黃豆（toor dhal）120 公克
薑黃粉半茶匙
鹽半茶匙
印度什香粉（garam masala）
1 小撮

葫蘆巴葉（feuille de fenugrec）
數片

塔卡醬料：
切成細末的蒜頭 3 瓣
切成細末的紫皮洋蔥 1 顆
印度酥油 2 湯匙
小茴香籽 1 茶匙
紅辣椒乾 2 大根
切成小丁的熟番茄 2 顆

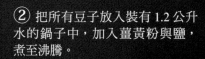

① 將鷹嘴豆放入冷水中浸泡 2 小時後洗淨，瀝乾水分。

② 把所有豆子放入裝有 1.2 公升水的鍋子中，加入薑黃粉與鹽，煮至沸騰。

③ 塔卡醬料：將蒜末與洋蔥末放入熱酥油中拌炒 5 分鐘，至金黃油亮。

④ 加入小茴香籽、辣椒後，再放入番茄丁香煎。

⑥ 放入印度什香粉與葫蘆巴葉，蓋上鍋蓋，悶 5 分鐘，即可上桌。

⑤ 把塔卡醬放入豆糊中，充分拌勻。

① 將煮熟去皮後的馬鈴薯搗碎，放涼。

② 在馬鈴薯泥中挖個小洞，倒入 3/4 的麵粉、蛋、鹽及一小撮的現磨肉豆蔻粉。

③ 將所有的食材從中心往外攪拌後，再放入剩餘的麵粉。

④ 雙手抹上麵粉，搓揉出 1.5 公分厚度的麵捲，然後切成 2 公分的小段狀。

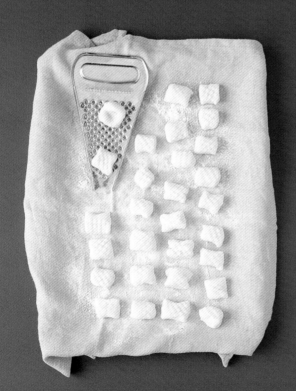

⑤ 把麵疙瘩放至刨刀背面，用指尖略微加壓，壓出凹痕（有助於沾附醬汁），再放到略灑了麵粉的布上。

⑥ 將大量的鹽水煮滾，麵疙瘩分兩批放入滾水中，一旦麵疙瘩浮出表面，就可用湯杓撈起。

義式馬鈴薯麵疙瘩

6 人份　　　　20 分鐘　　　　5 分鐘

食材：
煮熟搗成泥的馬鈴薯 1 公斤
麵粉 250 公克
蛋 1 顆
鹽、肉豆蔻適量

烹煮前的備料程序：
馬鈴薯洗淨，放入沸騰的鹽水中滾煮或清蒸 40 分鐘後，去皮。

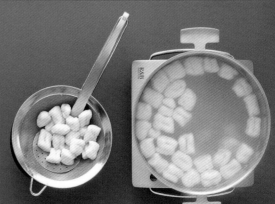

注意事項：
不要太早準備麵疙瘩（4 小時前為限），否則麵疙瘩會變得黏手且軟！若有剩，先煮起來，放至抹好油的盤子上，放入冰箱冷藏。食用前再放入滾水中過水即可。（可保存 24 小時）

羅馬風味焗烤麵疙瘩

 6 人份　 **50 分鐘**　**40 分鐘**

食材：

細小麥粉 250 公克
蛋黃 2 顆
現磨帕馬森乳酪粉 80 公克

奶油 140 公克
鮮奶 1 公升
鹽適量

① 將鮮奶煮沸，小麥粉倒入鮮奶中，不斷攪拌。

② 加入 20 公克的奶油與鹽，攪拌續煮 20 分鐘。

③ 將鍋子離火，加入 50 公克的奶油與 50 公克的帕馬森乳酪粉後，再拌入蛋黃。

⑥ 烤盤上再鋪滿帕馬森乳酪與融化的奶油，放入烤箱，以 200℃ 烘烤 15 分鐘。

④ 將麵糊倒在一張沾濕的烘焙紙上，均勻攤平。

⑤ 用沾水的圓形壓模，壓出直徑 5 至 6 公分的麵皮。把圓麵皮放在已抹油的烤盤上。

義式菠菜丸子

6 人份　　　**40 分鐘**　　　**20 分鐘**

① 用 20 公克的奶油炒紅蔥頭末 5 分鐘。加入菠菜後繼續炒，現磨一些肉豆蔻粉加入，以鹽調味。

② 用叉子壓碎瑞可塔乳酪後，拌入蛋、帕馬森乳酪粉、麵粉以及微溫的菠菜。

食材：
新鮮的瑞可塔乳酪（ricotta）或布羅秋山羊乳酪（brocciu）500 公克
煮熟的菠菜 250 公克
麵粉 130 公克
紅蔥頭 2 顆
蛋 1 大顆（或 2 小顆）
現磨帕馬森起司粉 60 公克 + 40 公克

奶油 20 公克 + 80 公克
鼠尾草 12 片
肉豆蔻適量
鹽、胡椒粉適量

烹煮前的備料程序：
將紅蔥頭切成極細末。用菜刀細切已煮熟且瀝乾水分的菠菜。

③ 用兩支湯匙做出丸子，放入略微加鹽的水中，煮 1 分鐘，直到丸子浮出水面（假如菠菜丸子太軟，無法成型，請再多加點麵粉）。

④ 瀝乾菠菜丸子，以鼠尾草奶油醬調味。灑點帕馬森乳酪粉。

鼠尾草奶油醬作法：
80 公克的奶油加鼠尾草，以小火加熱，逼出香味即可。

蔬菜小米飯

6 人份　　25 分鐘　　45 分鐘

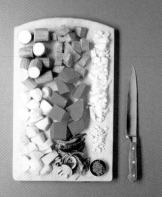

❶ 將蔬菜洗淨、去皮、切成大塊狀。細切蒜頭，磨取柳橙皮細末。

❷ 把洋蔥放入油中炒香 5 分鐘，加入蒜末與薑拌炒。再加入摩洛哥綜合香料拌勻。

❸ 加入蔬菜塊，拌煮 5 分鐘。

❹ 倒入高湯與番茄泥，煮至沸騰。

食材：
紅蘿蔔 3 根與白蘿蔔 1 根
櫛瓜 4 根
南瓜（或奶油南瓜）1 片
馬鈴薯 3 顆
番薯 1 條
洋蔥 3 顆與蒜頭 1 瓣
橄欖油 3 湯匙
肉桂棒 1 根與番紅花 1 小撮
摩洛哥綜合香料（ras-el-hanout）
1 茶匙

高湯 1 公升（高湯塊 2 或 3 塊）
優質番茄罐頭 2 罐
柳橙 1 顆
鷹嘴豆罐頭 1 小罐
葡萄乾 6 湯匙
哈里沙辣椒醬（harissa）些許
洋香菜半把
中型小米 500 公克
松子 6 湯匙
奶油 30 公克

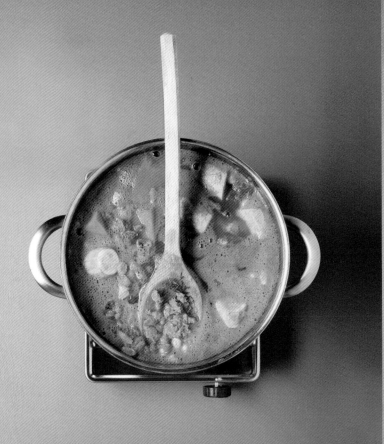

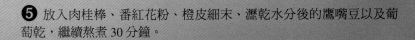

❺ 放入肉桂棒、番紅花粉、橙皮細末、瀝乾水分後的鷹嘴豆以及葡萄乾，繼續熬煮 30 分鐘。

❻ 料理小米：將小米放入深盤中，以冷水淹沒，浸泡 10 分鐘，然後瀝乾水分。

❼ 將蒸網放至蔬菜塊上方，把小米倒入蒸網中，鋪上奶油。

❽ 蓋上鍋蓋，蒸煮 20 分鐘。

❾ 將松子（乾烤過的）灑在小米飯上，佐以蔬菜湯一起食用，加點哈里沙辣椒醬提升整體辣度香氣。

西班牙海鮮燉飯

4 至 6 人份　　10 至 15 分鐘　　20 至 25 分鐘

① 以平底鍋加熱橄欖油，放入大蝦，以文火緩煎 2 至 3 分鐘，煮好放置一旁備用。

② 把西班牙辣味香腸片、蒜末、洋蔥放入平底鍋中炒香 1 至 2 分鐘。

③ 放入花枝圈、番茄丁與米，續煮 2 分鐘。

④ 放入番紅花絲、倒入魚高湯，煮至沸騰後，轉小火，繼續熬煮 10 至 15 分鐘。

食材：
橄欖油 2 湯匙
大蝦 8 隻
切成厚片的西班牙辣味香腸
　（Chorizo）200 公克
切成細末的蒜頭 2 瓣
切成小薄片的洋蔥 1 顆

切成圓環的小花枝 100 公克
切成大丁的番茄 2 顆
海鮮飯用圓米 400 公克
番紅花絲 1 小撮
魚高湯 1 公升
洗淨的淡菜 250 公克
鹽、黑胡椒適量

⑤ 最後放入淡菜與大蝦，續煮 4 至 5 分鐘，讓淡菜殼全開。必要時調整鹹淡。

⑥ 盛入盤中，灑上芹菜末，馬上食用。

4 至 6 人份	1 小時	1 小時

① 以橄欖油炒香洋蔥與蒜末後，放入番茄泥與白酒。20 分鐘後，放入羅勒葉末。

② 削去茄皮，切成薄片狀。

③ 沾上以麵包屑、香料粉與乳酪粉拌勻的粉料。

④ 將茄片放入熱油中炸得金黃，再以吸油紙巾吸去多餘油脂。在烤模底部覆蓋一層番茄醬料，再覆蓋一層茄片，再鋪上佩克里諾乳酪粉，重複同樣程序，直到食材用盡。

食材：
切成薄片的洋蔥 1 顆
切成細末的蒜頭 2 瓣
橄欖油 1 湯匙
烹飪加熱用橄欖油些許
罐頭裝的番茄泥 400 公克
白酒 125c.c.
羅勒葉末 2 湯匙
茄子 500 公克
新鮮麵包粉 240 公克
乾燥奧勒岡草半茶匙

現磨佩克里諾乳酪（pecorino）
60 公克
低筋麵粉適量
蛋 3 顆

配菜食材：
現磨佩克里諾乳酪粉 90 公克
片狀莫札瑞拉乳酪 200 公克

烹煮前的備料程序：
以 180℃ 預熱烤箱。

⑤ 最後灑上莫札瑞拉乳酪片，送入烤箱烘烤 40 分鐘，直到表面烤得金黃。佐以沙拉一起食用。

焗烤花椰菜

 4 人份　　 20 分鐘　　 20 分鐘

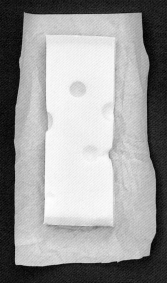

食材：
花椰菜 1 公斤
奶油 50 公克
低筋麵粉 3 湯匙
鮮奶 600c.c.

迪戎黃芥末醬 2 茶匙
磨成粉的艾曼塔乳酪或
巧達乳酪 125 公克
海鹽、黑胡椒適量

① 以 220℃預熱烤箱。將花椰菜切成大束狀，以清蒸方式煮軟。

② 以奶油、麵粉與鮮奶調製白醬（參見 458 頁），加入芥末醬與半量的乳酪，熬煮 5 分鐘。

④ 放入烤箱烘烤 15 分鐘，直到醬汁滾燙，焗烤成金黃色，即可上桌。

③ 將花椰菜放入容量 1.5 公升的烤盤中，倒入調好味道的醬汁，將剩餘的乳酪灑在花椰菜上。

① 高麗菜葉剝下，滾煮 5 分鐘，讓菜葉變軟後，瀝乾水分。

② 麵包浸入牛奶中。

③ 香腸肉挖出。

④ 把擰乾的麵包與香腸肉一起攪拌，再加入蒜末、百里香末、迷迭香末與帕馬森乳酪粉。以鹽與胡椒粉調味。

⑤ 切除菜葉中間的菜梗，把些許肉餡放至菜葉中央部位，折起菜葉，包裹住肉餡，並以棉線綑綁成小包捲。

綑綁高麗菜捲：
將高麗菜捲放在棉線上，先打一個結，再交叉綁起，翻轉高麗菜捲，再打另一個結。

小高麗菜捲

| 6 人份 | 40 分鐘 | 15 分鐘 |

食材：
高麗菜 1 小顆
新鮮香腸 400 公克
鮮奶 150c.c.
隔夜麵包 60 公克
蒜頭 1 瓣
帕馬森乳酪 40 公克

迷迭香 1 小株
百里香 1 小株
鹽、胡椒粉適量

烹煮前的備料程序：
蒜頭與迷迭香切成細末。帕馬森乳酪刨成粉。

⑥ 放入蒸籠中，清蒸 10 至 15 分鐘。可佐米飯與小番茄丁一起食用。

印度什錦小米飯

🍴 4 人份　　🥘 15 分鐘　　🍲 20 分鐘

食材：

印度酥油 2 湯匙
中型小米 150 公克
肉桂粉半茶匙
小豆蔻粉半茶匙
丁香粉半茶匙
全脂鮮奶 500c.c.

棕櫚糖粉或赤砂糖 45 公克
芥末籽 1 茶匙
咖哩葉 6 片
切成小丁的番茄 1 顆
綠豆篁 2 湯匙
腰果 50 公克

❶ 加熱半量的酥油，放入半量的小米與香料粉，將小米炒黃。

❷ 加入半量的鮮奶與糖，不斷攪拌，加以熬煮，直到溶為一體。

❸ 持續拌攪小米飯，煮至沸騰，呈現厚餅狀，完全不沾鍋子。

❹ 加入剩餘的糖，加以攪拌，直到糖溶解。然後將小米飯緊實壓入圓模中。

❺ 在平底鍋放入酥油，爆香咖哩葉與香料籽。

❻ 加入剩餘的小米與豆子，以中火拌炒。

❾ 將小米飯脫膜倒出。兩球小米飯並排放入餐盤。在這兩球甜味小米飯上淋些許的酥油、肉桂粉與小豆蔻粉。

❼ 倒入剩餘的鮮奶。不斷攪拌，直到小米飯變得厚實，完全不沾鍋子。

❽ 放入番茄丁與腰果拌勻，再將小米飯緊實壓入圓模中。

① 將橄欖油抹在牛肉上，灑點迷迭香。把牛肉放在盤上，以保鮮膜覆蓋，在室溫下醃漬 1 小時。

② 將烤架或平底鍋烤熱，牛肉正反兩面各烤 2 分鐘（可依個人喜好調整烤肉時間），以鹽與胡椒粉充分調味。保持肉品熱度備用。

③ 加 1 或 2 湯匙的水進平底鍋底，燴煮鍋中肉汁。

義式塔利亞塔烤牛肉

2 人份　　　10 分鐘 +　　　5 分鐘
　　　　　　靜置 1 小時

食材：
牛菲力 300 公克（1.5 公分厚度）
迷迭香 3 小株
洗淨的芝麻菜 100 公克
帕馬森乳酪薄片 20 公克
橄欖油適量
巴薩米克醋適量

鹽之花、現磨胡椒粉適量

烹煮前的備料程序：
將 4 湯匙的巴薩米克醋以文火熬煮濃縮成漿。

④ 將牛肉切成八塊，放入盤中，佐以調味後的芝麻菜、肉汁、巴薩米克醋與帕馬森乳酪片一起食用。

摩洛哥巴斯蒂亞雞肉餡派

4 人份　　　30 分鐘　　　40 至 45 分鐘

食材：
去皮雞胸肉 4 塊
洋蔥 400 公克與杏仁 120 公克
芫荽 10 公克與芹菜 20 公克
奶油 70 公克
橄欖油 1 湯匙
摩洛哥綜合香料（ras-el-
hanout）1 茶匙
肉桂粉 2 茶匙與橙花水 2 湯匙

水 100c.c. 與糖 40 公克
蛋 2 顆與糖粉 1 湯匙
薄餅皮（brick）6 張
鹽適量

烹煮前的備料程序：
洋蔥去皮，切成細末。芫荽與芹
菜洗淨拭乾，摘取葉片，層疊葉
片，緊緊捲起，切成細末。

❶ 以中大火熱鍋，不加任何油
脂，乾炒杏仁，使杏仁上色。

❷ 加熱融化 25 公克奶油與橄欖
油，在雞肉上灑點鹽，煎至金黃
上色。取出雞肉，將火轉小。

❸ 把洋蔥與鹽放入鍋子，炒至
金黃，放入香料食材、橙花水及
水，煮至沸騰。

❹ 將雞胸肉再放回鍋中，以文火
烹煮 10 分鐘（烹煮過程中要將雞
肉翻面）。

❺ 糖倒入鍋中，調製焦糖。

❻ 將杏仁放入，使焦糖包裹住杏
仁。取出杏仁，放涼。

❼ 從鍋中取出雞肉，留下配料繼
續熬煮收汁，將醬料倒入碗中。

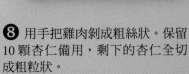

❽ 用手把雞肉剝成粗絲狀。保留
10 顆杏仁備用，剩下的杏仁全切
成粗粒狀。

⑨ 拌打蛋汁，放入洋蔥與提香蔬菜，充分拌勻。以 200℃ 預熱烤箱。

⑩ 加熱融化奶油，將粉薄餅皮疊起，在第一張餅皮抹上奶油。

⑪ 把第 1 張餅皮放入蛋糕烤模中央位置，再放入抹好奶油的第 2 張餅皮。

⑫ 把第 3 張抹好奶油的餅皮一半放進烤模中，一半置於烤模外。

⑬ 上述方式把剩下的 3 張餅皮沿著烤模擺出花瓣圖樣。

⑭ 把半量的洋蔥醬料倒入派餅中，用湯匙把表面抹平。

⑮ 再灑上半量的杏仁。

⑯ 把雞肉絲均勻擺上後，倒入剩餘的洋蔥醬料，最後鋪上一層杏仁碎粒。

⑰ 將派餅皮包起來，把烤模外的餅皮邊緣塞入餡餅下方。在表面灑點水，放入烤箱烘烤 10 至 15 分鐘。

⑱ 把烤箱上層烤架烤熱，利用網篩，在派餅上灑點糖粉，讓表面烤出一層焦糖。

⑲ 放上整顆的杏仁當作裝飾，雞肉餡派就可上桌了。

私房小祕訣：
將雞肉餡派送入烤箱前，一定要灑點水，薄餅皮才不會在烘烤過程中扭曲變形。

蛋香牛肉丸子

🍴 4 人份　🥘 30 分鐘　🍲 8 分鐘

食材：

牛絞肉 500 公克
芫荽 10 公克與芹菜 20 公克
洋蔥 1 顆
奶油 50 公克
蛋 8 顆
小茴香粉 1 茶匙
匈牙利辣椒粉（paprika）2 茶匙

卡宴辣椒粉（piment de Cayenne）3 小撮
鹽 1 茶匙＋1 小撮
水 1 至 2 湯匙
油 1 至 3 湯匙（加 2 或 3 湯匙抹手用）
胡椒粉適量

❶ 將芫荽與芹菜洗淨拭乾，摘取葉片，層疊葉片，緊緊捲起，切成細末狀。

❷ 洋蔥去皮，切成細末狀。

❸ 把牛絞肉、洋蔥、提香蔬菜、辛香料、一茶匙的鹽放入大碗中攪拌均勻。倒入油與水後，加以搓揉，揉出柔軟質地。

❻ 小心地把蛋打入鍋中，置於牛肉丸之間，直到蛋白變熟即可（讓蛋黃保持液態狀）。灑上一小撮辣椒粉與鹽，就可上桌了。

❹ 將雙手抹點油，捏出小牛肉丸子。

❺ 用大平底鍋，以大火融化奶油，把牛肉丸子煎得金黃。

① 洋蔥末與薑蒜泥放入平底鍋中，以 2 湯匙的熱酥油炒香。

② 放入辣椒末、辛香料後，再放入番茄，煮至番茄變軟。

印度蔬菜燉飯

4 人份　　　**20 分鐘**　　　**40 分鐘**

食材：

印度酥油 3 湯匙	切成小丁的番茄 2 顆
切成細末的洋蔥 1 顆	切成小段的四季豆 100 公克
薑蒜泥 1 或 2 湯匙（參見 476 頁）	切成小丁的紅蘿蔔 1 根
切成細末的青辣椒 1 根	切成小束的花椰菜 100 公克
小茴香籽 1 茶匙	綠豌豆 130 公克
薑黃粉半茶匙	印度香米（riz basmati）300 公克
印度什香粉（garam masala）	海鹽適量
1 茶匙	芫荽 2 湯匙

③ 放入蔬菜、香米與 600c.c. 的水、鹽及剩餘的酥油，煮至沸騰。

④ 蓋上鍋蓋，繼續熬煮 15 分鐘，直到米粒變軟。放入芫荽末，用叉子拌勻，即可上桌。

速成餐點

荷蘭醬佐鮮蘆筍

4 至 6 人份　　15 分鐘　　20 分鐘

食材：

蘆筍 2 把
蛋黃 3 顆

切成塊狀的奶油 200 公克
檸檬汁 2 茶匙
海鹽適量

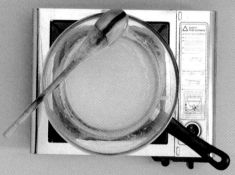

❶ 荷蘭醬：將蛋黃與 2 湯匙的水放入碗中拌勻，再把碗放在裝有微滾水的平底鍋上（碗底不要碰到熱水）。

❷ 開小火讓熱水保持微滾，把奶油塊分次加入碗中，讓奶油融化，同時加以拌打到醬汁濃稠。最後添加檸檬汁並調味。

❸ 將蘆筍放入加了鹽的滾水汆燙。

❹ 將蘆筍擺盤，淋上荷蘭醬。

❶ 以水煮蛋 10 分鐘，剝去蛋殼，切成粗塊，放置備用。

❷ 將韭蔥洗淨、兩頭切除。韭蔥放入蒸籠中，蒸煮 12 至 15 分鐘，至韭蔥變軟為止。

醋味韭蔥

🍴	🍲	🍲
4 人份	15 分鐘	15 分鐘

食材：
韭蔥 6 小根
紅蔥頭 1 顆
蛋 2 顆
古早味芥末醬半茶匙
嗆味重的芥末醬半茶匙

酒醋 3 湯匙
植物油 4 湯匙
洋香菜、鹽、胡椒粉適量

烹煮前的備料程序：
將紅蔥頭與洋香菜切成細末。

❸ 調製醋汁：將兩種芥末醬、鹽、胡椒粉與酒醋拌勻後，一邊拌打、一邊倒入植物油，最後放入紅蔥頭末。

❹ 將醋汁淋在韭蔥上，灑上蛋花與洋香菜末。

溏心蛋

 1 人份　　　 5 分鐘　　　10 分鐘

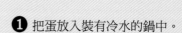
❶ 把蛋放入裝有冷水的鍋中。　　❷ 煮至沸騰後，續煮 3 分鐘。

食材：
蛋 1 顆
鹽適量

奶油適量
當作沾棒用的麵包與香料麵包

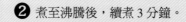

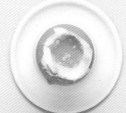

菜色變化：
極經典的傳統吃法是佐以烏魚子薄片與溏心蛋和麵包沾棒一起食用。也可拿脆
麵包條當作沾棒使用。

❸ 用刀子一鼓作氣剖開蛋殼。

❹ 以抹了奶油的麵包棒沾取蛋黃食用（用法國長棍或香料麵包）。

① 把蛋放入裝有冷水的鍋中。

② 煮至沸騰後，續煮 6 分鐘。

溏心蛋佐鮮蘆筍

1 人份　　　5 分鐘　　　13 分鐘

食材：
蛋 1 顆
鹽之花適量
橄欖油適量
煮熟的蘆筍（或蒲公英葉、薯
泥……）

食用建議：
搭配尼斯風味的蒲公英葉培根沙
拉，美味自是不在話下。

③ 把溏心蛋放在流動的冷水下沖洗去殼。

④ 把蛋放在蘆筍上，淋上一點橄欖油，灑上些許的鹽之花。

炒蛋

 1 人份　　 **5 分鐘**　　 **10 分鐘**

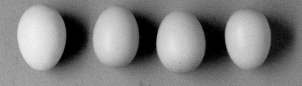

食材：
奶油 20 公克
蛋 4 顆
鹽、胡椒粉適量
細香蔥 4 小株
歐芹些許

食用建議：
以炒蛋佐煙燻鮭魚（或是超奢華
地搭配黑松露）、些許塔巴斯克
辣椒醬（tabasco）及些許的芫
荽葉，就是一道很棒的墨西哥風
味早午餐點……

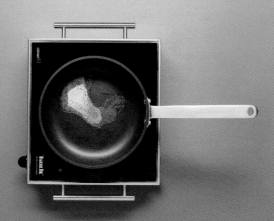

❶ 奶油放入平底鍋，以文火融化。

❷ 把蛋打入碗中，略微攪拌（無須拌打）。以鹽與胡椒粉調味。將
蛋液倒入平底鍋中，不斷以木杓攪拌。

❹ 倒入細香蔥及歐芹末即可食用。

❸ 以微火香煎，直到蛋液呈現軟嫩狀。

印度蛋餅

 1 人份　 5 分鐘　 10 分鐘

食材：
葵花籽油 2 茶匙
紫皮洋蔥細末 1 湯匙
蛋 2 顆

芫荽細末 1 湯匙（可有可無）
印度薄餅 1 張（可買現成品或參
照 497 頁製作）
印度番茄糖醋醬（chutney）

❶ 平底鍋熱油，放入洋蔥末香炒 5 分鐘。

❷ 煎蛋，直到蛋開始成型。

❸ 用叉子叉破蛋黃，灑上芫荽細末。

❹ 把印度薄餅放至蛋上緊壓，讓蛋與薄餅相黏。

❺ 續煎 3 分鐘後翻面，再煎另一面。

❻ 將薄餅捲起，佐以印度番茄糖醋醬一起食用

蘑菇歐姆蛋

 1 人份　　 15 分鐘　　10 分鐘

① 融化 30 公克奶油，放入蘑菇片與蒜末炒香 10 分鐘，直到收汁後離火，盛起備用。

② 把歐芹末與細香蔥末放入蛋液中拌打均勻，以鹽與胡椒粉調味。把剩餘的奶油放入平底鍋加熱，把蛋液倒入鍋中。

食材：

奶油 40 公克
切成薄片的蘑菇 150 公克
切成細末的蒜頭 1 瓣
蛋 2 顆

歐芹細末 1 湯匙
細香蔥 1 湯匙
海鹽、黑胡椒粉適量
帕馬森乳酪細絲 2 湯匙

④ 小心翼翼把半面蛋餅折起，包裹住蘑菇，離鍋後，隨即享用。

③ 香煎蛋液，直到蛋液略微成型，鋪上蘑菇薄片與帕馬森乳酪絲。

紙包雞

2 人份　　20 分鐘　　10 至 15 分鐘

❶ 菇類浸泡在溫水裡。若是使用新鮮菇，先切除菇腳、清洗乾淨，對半切成兩塊或是四塊再浸泡。

❷ 將雞肉塊調味，加入蒜片、百里香與白酒醃漬，直到香菇完全吸飽水分。

食材：
去皮雞胸肉 2 塊
乾燥牛肝菌菇與羊肚菌菇 100 公克
（或新鮮 250 公克）
白酒 100c.c.
奶油 40 公克
蒜頭 2 瓣

百里香數小株
鹽、胡椒粉適量

烹煮前的備料程序：
將蒜仁切成薄片，雞肉切成塊狀。

❸ 把菇類平均放在兩張烘焙紙上，以鹽與胡椒粉調味。再將雞肉塊放在烘焙紙上，淋點醃漬醬汁後，再放上數小球奶油。

❹ 將烘焙紙的邊緣折起，包裹起來，用棉線綁緊（綁起烘焙紙之前，可放入 1 湯匙的鮮奶油），清蒸 10 至 15 分鐘。

紙包鮭魚

4 人份　　**5 分鐘**　　**12 分鐘**

食材：
約 200 公克的鮭魚塊 2 塊
菠菜嫩葉 150 公克
鮮奶油 2 湯匙
紅蔥頭 1 小顆

肉豆蔻仁適量
鹽、胡椒粉適量

烹煮前的備料程序：
將紅蔥頭切成細末。

① 把菠菜嫩葉、紅蔥頭細末與鮮奶油平均放至兩張烘焙紙上，以鹽與胡椒粉調味，灑上些許現磨肉豆蔻粉。

② 將鮭魚塊擺上，再次調味。

④ 清蒸 10 至 12 分鐘，魚最好不要蒸過頭，必要時，再放入微波爐加熱幾秒鐘即可。

③ 把烘焙紙折起，用棉線綁好。

❶ 番茄、羅勒葉、蒜仁與橄欖切細,放入碗中拌勻。

2 人份　　　5 分鐘　　　5 至 6 分鐘

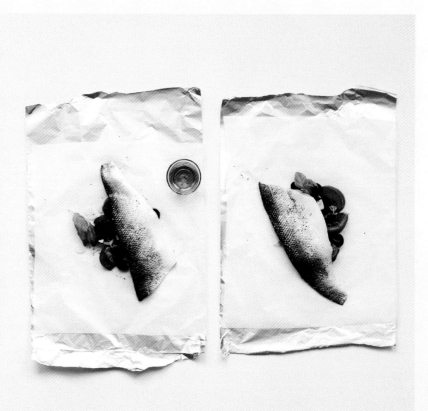

❷ 羅勒葉等配菜平均分配放至兩張錫箔紙上,擺一塊魚片後,淋上橄欖油。

食材:
番茄 1 顆
羅勒葉 1 小把
蒜頭 2 瓣
去籽黑橄欖 50 公克
連皮去鱗去骨的鱸魚肉片 2 片
橄欖油 1 湯匙

烹煮前的備料程序:
以 180℃ 預熱烤箱。準備 2 張錫箔紙包裹魚肉。

❸ 把錫箔紙包起來,放至烤盤,送入烤箱烘烤 5 至 6 分鐘。

❹ 把魚肉與香料配菜放至餐盤中,淋上一些橄欖油。

蔬菜佐鮭魚

 2 人份　 **20 分鐘**　**10 分鐘**

食材：
去皮或帶皮的優質鮭魚塊 2 塊
紅蘿蔔 2 條
乾香菇 6 朵
薑 20 公克
蒜頭 1 瓣
植物油 2 湯匙

蠔油 3 湯匙
芫荽數小株

烹煮前的備料程序：
以冷水浸泡乾香菇，直到香菇吸
飽水分。
芫荽洗淨，摘取葉片。

❶ 蒜仁與香菇切成薄片狀，薑與紅蘿蔔切成絲狀。

❷ 熱油。油溫升高後，放入香菇片與蒜片爆香。

❸ 當香菇片與蒜片變得金黃，再放入薑絲與紅蘿蔔絲，香炒 2 分鐘。

❹ 倒入蠔油與 50c.c. 的水。紅蘿蔔絲變軟，即可離火。必要時，以鹽與胡椒粉加以調味。

❺ 鮭魚塊放入盤中，依照鮭魚塊的大小，清蒸 5 至 10 分鐘。

❻ 把魚塊放入餐盤中，淋上配料醬汁，擺上芫荽細末。

檸檬風味麵

4 人份

5 分鐘

15 分鐘

❶ 刨取檸檬皮細末，榨取檸檬汁，量取 2 湯匙的量。

食材：
短麵條 400 公克
檸檬 1 顆
含鹽奶油 50 公克
全脂鮮奶油或低脂鮮奶油 200c.c.

帕馬森乳酪 60 公克
鹽、現磨胡椒粉適量

❹ 把醬汁與麵條拌勻，佐以帕馬森乳酪粉或帕馬森乳酪薄片一起食用。

❷ 烹煮麵條。

❸ 融化奶油，加入鮮奶油、鹽、胡椒粉、檸檬皮細末與檸檬汁。以微火緩煮至沸騰後，續煮 2 分鐘。

❶ 煙燻豬肉片切小丁，放入平底鍋中，淋上些許橄欖油，加以翻炒。

❷ 將蛋、2/3 的乳酪粉、鹽、胡椒粉、一茶匙橄欖油與些許煮麵熱水放入沙拉碗中拌勻。

奶油培根義大利麵

4 人份　　　10 分鐘　　　10 分鐘

食材：
義大利麵條（Spaghettoni）
400 公克
切成 0.5 公分片狀的煙燻豬肉
200 公克
現磨帕馬森乳酪粉或佩克里諾乳
酪粉（pecorino）100 公克（兩
種各半混合亦可）

全蛋 1 顆＋蛋黃 3 顆
橄欖油適量
鹽、胡椒粉適量

烹煮前的備料程序：
預煮麵條（參見 271 頁）。

❸ 瀝乾麵條，加入些許橄欖油後，再把麵條連同煙燻豬肉丁一起翻炒。

❹ 將炒香後的豬肉麵條倒入乳酪醬沙拉碗中，充分攪拌均勻後，灑上乳酪粉與胡椒粉，趁熱上桌。

義式傳統煙燻培根水管麵

 4 人份 **15 分鐘** **20 分鐘**

食材：
義大利水管麵或短麵條 350 公克
厚度為 2 公釐的義式傳統煙燻培
根（speck）150 公克（一般煙
燻培根亦可）
義大利拱果索拉藍紋乳酪（gor-
gonzola）150 公克
鮮奶油 200c.c.

松子 30 公克
奶油 10 公克
鹽、胡椒粉適量

烹煮前的備料程序：
預煮麵條（參見 271 頁）。

① 加熱平底鍋，乾炒松子，勿放任何油脂，以免炒焦。放置備用。

② 將煙燻培根肉切成細條狀。以平底鍋融化奶油，將培根條炒至酥脆。放置備用。

③ 以文火濃縮熬煮鮮奶油至半量。放入切成小丁的拱果索拉藍紋乳酪，一邊熬煮，一邊攪拌。

④ 瀝乾麵條，放入拱果索拉藍紋乳酪醬中拌勻。在麵條上擺酥脆的培根條與烤松子，即可上桌。

① 培根肉切小丁（豬皮部位請切除）。以1湯匙的橄欖油在平底鍋中加熱，放入培根丁爆香。

② 2/3 的開心果細粒放入培根鍋中，以中火香炒 1 分鐘。

③ 再放入瑞可塔乳酪，舀一大湯杓的煮麵水融化熬煮乳酪。

開心果義大利螺旋麵

4 人份　　　15 分鐘　　　15 分鐘

食材：
螺旋麵條 350 公克
生開心果 70 公克
切成 0.5 公分厚度薄片的潘賽塔
煙燻（胸肉）培根（pancetta）
200 公克
瑞可塔乳酪（ricotta，最好選用
羊奶製成）200 公克

橄欖油 3 湯匙
現磨帕馬森乳酪粉 50 公克
胡椒粉適量

烹煮前的備料程序：
預煮麵條（參見 271 頁）。
將開心果切成細粒狀。

④ 把麵條瀝乾，拌入乳酪醬中，以胡椒粉調味，灑上帕馬森乳酪粉與剩餘的開心果細粒就可上桌了。

蒜香辣味義大利麵

🍴 4 人份　　🫕 10 分鐘　　🍲 10 分鐘

食材：
義大利麵條 400 公克
蒜頭 2 瓣
橄欖油 100c.c.
乾辣椒 2 小根
洋香菜 1 把
佩克里諾乳酪（pecorino romano）
或帕馬森乳酪 50 公克（可有可無）

鹽、胡椒粉適量

烹煮前的備料程序：
預煮麵條（參見 271 頁）。

❶ 去除蒜膜、去芽，切成 2 至 3 公釐厚度的薄片。洋香菜切成細末。

❷ 橄欖油倒入炒鍋中，慢慢炒香辣椒，再放入蒜片炒成油亮金黃，小心別炒焦了。

❹ 灑點鹽與胡椒粉，趁熱食用。依照個人喜好，可再灑點乳酪粉。

❸ 把口感彈牙的麵條瀝乾，倒入平底鍋中，加入洋香菜細末，充分拌勻。

① 將 1 瓣蒜仁與 4 湯匙橄欖油放入鍋中，以文火加熱，並將鯷魚片溶煮於橄欖油中。

② 放入奧勒岡草與麵包粉，持續以文火烹煮，直到麵包粉變黃且吸乾油脂。勿將麵包粉燒焦了！嚐味道後調味。

③ 將另 1 瓣蒜仁與 1 湯匙橄欖油放入另一支鍋中加熱，再放入剖半的番茄熱炒 1 分鐘。以鹽與胡椒粉調味。

南方風味義大利麵

4 人份　　15 分鐘　　20 分鐘

食材：
義大利麵條 400 公克
麵包粉 100 公克（可在家自製）
櫻桃小番茄 250 公克
鯷魚片（鹽漬鯷魚較佳）
乾燥奧勒岡草 2 湯匙
新鮮羅勒葉 1 小把

蒜頭 2 瓣
橄欖油 6 湯匙
鹽、胡椒粉適量

烹煮前的備料程序：
預煮麵條（參見 271 頁）。

④ 瀝乾麵條，淋上些許橄欖油後，與鯷魚麵包粉拌勻，擺上油煎櫻桃小番茄與羅勒葉末即可食用。

香草風味魚

2 人份　　　10 分鐘　　　12 分鐘

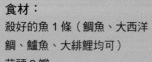

食材：
殺好的魚 1 條（鯛魚、大西洋
鯛、鱸魚、大緋鯉均可）
蒜頭 2 瓣
檸檬 1 顆

依各人喜好隨選的香草料（羅勒
葉、百里香、檸檬葉、洋香菜、
芫荽、奧勒岡草……）
橄欖油適量
粗鹽、胡椒粉適量

❶ 蒜頭切成薄片（蒜膜無須剝除）。

❷ 香料蔬菜洗乾淨，檸檬切成圓薄片。

❸ 把魚放在烘焙紙上，灑點鹽與胡椒粉，並將蒜片與檸檬片塞進魚腹中。

❹ 把百里香與羅勒放在魚身上，用細棉線把魚與香料一起綁緊。

❺ 淋點橄欖油後，連紙帶魚清蒸 10 至 12 分鐘（以 1 公斤重的魚為基準）。

❻ 灑點鹽之花、胡椒粉與檸檬即可上桌。

注意事項：
千萬別將魚肉煮過熟，若是發現魚肉不夠熟，可放入微波爐中，以 3 至 5 秒的時間分次微波烹煮即可。

食用建議：
此道料理可佐以慕斯林蛋黃醬（sauce mousseline）、塔塔醬、低脂美乃滋或香草風味奶油醬一起食用。

速成咖哩鮟鱇魚

4 人份　　**10 分鐘**　　**18 分鐘**

① 將黑胡椒粒、芫荽籽與小茴香籽放入食物調理機中磨成粉狀。

② 把薑末、蒜末與洋蔥末放入油中炒香 5 分鐘。

③ 加入現磨辛香料後，續煮 2 至 3 分鐘。

④ 加入番茄糊、椰奶、辣椒末與鹽，繼續熬煮 5 分鐘。

食材：
黑胡椒粒 1 茶匙
芫荽籽 1 湯匙
小茴香籽 1 茶匙
植物油 2 湯匙
切成細末的洋蔥 1 顆
切成細末的蒜頭 3 瓣

現磨薑末 30 公克
番茄糊 1 湯匙
椰奶 400c.c.
切成細末的微辣青辣椒 2 至 3 根
鹽 1 小撮
去皮且切成厚塊的鮟鱇魚 500 公克
菠菜嫩葉手抓 3 大把

⑥ 灑上些許椰粉。佐以米飯與青檸檬瓣一起食用。

⑤ 把魚塊放入鍋裡，再放入菠菜，煨煮 5 分鐘。

① 調製酸豆奶油醬：將龍蒿切成細末，連同奶油、紅蔥頭、酸豆與蒜末，放入碗中，以鹽與胡椒粉調味，充分拌勻。

② 把酸豆奶油醬放至烘焙紙上，捲成小管狀，放入冰箱 10 分鐘，待其凝固。

香煎鮭魚

2 人份   **10 至 15 分鐘**   **6 至 8 分鐘**

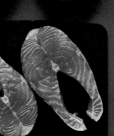

食材：
鮭魚 2 塊
橄欖油 1 湯匙
鹽、黑胡椒粉適量

酸豆奶油醬食材：
龍蒿 1 大把
軟化的奶油 125 公克

切成細末的紅蔥頭 2 顆
切成細末的酸豆（câpre）1 湯匙
搗碎的蒜頭 1 瓣

烹煮前的備料程序：
以中火預熱平底鍋。

③ 在鮭魚上灑點鹽與胡椒粉，再淋點油，放入熱平底鍋中香煎，每面煎 3 至 4 分鐘，直到鮭魚顏色變得油亮金黃。

④ 將鮭魚佐以些許龍蒿奶油醬食用，搭配清蒸綠葉蔬菜更棒。

蒜香扇貝

 2 人份　　 **10 分鐘**　　 **10 分鐘**

食材：
已處理妥當的扇貝（或市售冷凍
現成品）10 枚
奶油 50 公克
蒜頭 1 瓣與（或）薑 1 小塊
洋香菜或新鮮芫荽 6 小株
鹽、胡椒粉適量

烹煮前的備料程序：
若扇貝為冷凍品，先把扇貝平放
在盤子上，放入冰箱冷藏室 4 小
時，解凍。

❻ 將扇貝淋上香蒜奶油醬，馬上享用。

❶ 蒜仁切細末。提香蔬菜洗淨拭
乾，摘取葉片，也切成細末。

❷ 將半量的奶油放入平底鍋中，
以大火煮至起泡。

❸ 扇貝放入平底鍋中，單面煎煮 2 至 3 分鐘。

❹ 翻面再煮 1 或 2 分鐘，將扇貝
取出。鍋子洗乾淨。

❺ 把剩下的奶油煮至起泡，放入
蒜末（爆香 1 分鐘）後，再加入
提香蔬菜細末。

蒜香花枝

4 人份　　10 分鐘　　20 分鐘

❶ 花枝洗乾淨，放至吸水紙巾上吸乾水分。將花枝對切為二或切為四。剝除蒜膜、去芽、壓扁，切成細末。

食材：
花枝肉 1 公斤（新鮮或冷凍品均可，若是整隻花枝，則需購買 2 公斤才夠取得 1 公斤肉）
蒜頭 2 瓣
橄欖油 1 茶匙

芫荽 1 小株
鹽、胡椒粉適量

烹煮前的備料程序：
若花枝為冷凍品，在烹調前一晚先放入冰箱冷藏室，解凍。

❷ 把所有食材（除了芫荽細末之外）放入平底鍋中，蓋上鍋蓋，以文火烹煮 20 分鐘。

❸ 洗淨芫荽、摘取葉片，把葉片疊放捲起，橫切成細末。

❹ 花枝煮熟即可離火，放入芫荽末拌勻，即可上菜。

鮭魚捲

2 人份　　**15 分鐘**　　**10 分鐘**

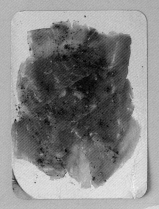 

食材：
鹽漬或新鮮鮭魚薄片 240 公克
（約 8 至 10 片的量）
牙鱈（merlan）或鱈魚菲力 200
公克
紅蔥頭 1 小顆與蛋白 1 顆
鮮奶油 100c.c.
鹽、胡椒粉適量

烹煮前的備料程序：
剝去紅蔥頭外皮，切成細末。去
除牙鱈或鱈魚的魚骨。

菜色變化：
我們可將綜合什錦蔬菜、提香辛
香料或菠菜調入內餡中。

❶ 將牙鱈切成塊狀，以鹽略微醃漬，放入食物調理機中快速攪打幾
秒鐘。

❷ 加入蛋白後再繼續打成泥，一邊打，一邊緩緩加入鮮奶油。完成
後倒入碗中，放入紅蔥頭末，充分拌勻。

❹ 清蒸 10 分鐘。放涼後再取下
保鮮膜。搭配檸檬或佐以慕斯林
蛋黃醬一起食用。

❸ 將兩塊鮭魚部分交疊放在保鮮膜上。中間擺一球魚漿，把鮭魚邊
折起，用保鮮膜包起，壓緊翻面。

九層塔香雞

4 人份　　　15 分鐘　　　10 分鐘

① 雞肉片放入中式炒鍋中以熱油爆炒，直到肉片變得金黃油亮。

② 加入蒜末、辣椒末與甜椒，以大火翻炒，直到甜椒變得軟嫩。

食材：
植物油 1 湯匙
切成薄片的去皮雞胸肉 500 公克
切成細末的蒜頭 2 瓣
去籽且切成細末的紅辣椒 1 大根
切成細長條的紅甜椒 1 顆

切成薄片的青蔥 3 根
辣椒醬 2 湯匙
魚露 1 湯匙
九層塔葉手抓 1 小把
佐菜用的熟米飯（參見 298 頁）

③ 加入青蔥、辣椒醬與魚露，不斷翻炒，熬煮收汁。

④ 將炒鍋離火後，再加入九層塔葉。趁熱配飯食用。

牛肉薄片冷盤

6 人份　　30 分鐘　　—

❶ 用銳利的刀子把牛肉片成極薄狀。

食材：
牛肉約 700 公克（牛腿肉薄片
或牛里肌肉薄片）
洗淨的芝麻菜 150 公克
帕馬森乳酪薄片 80 公克
黑橄欖 80 公克
巴薩米克醋 6 湯匙

橄欖油適量
鹽、胡椒粉適量

烹煮前的備料程序：
以文火熬煮巴薩米克醋，熬成漿。

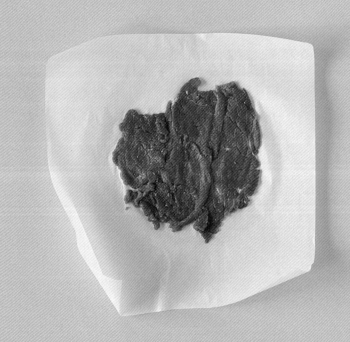

❷ 剪 12 張四方形的烘焙紙，將 4 至 5 片的牛肉片並排放在烘焙紙
上，做成六份。

❸ 以另外 6 張烘焙紙覆蓋，用肉搥敲打。

❹ 用廚房剪刀把烘焙紙的四個角剪掉，剪成圓盤狀。

上桌前，以鹽與胡椒粉為牛肉片調味。將 2 湯匙橄欖油、鹽、胡椒粉與芝麻菜拌勻，為芝麻調味。芝麻菜放至牛肉片中央。再擺上帕馬森乳酪薄片、黑橄欖，淋點濃縮巴薩米克醋當作盤飾。

私房小祕訣：
用保鮮膜緊緊包住牛肉塊，放入冷凍庫冰凍 1 小時再切，就可片出極薄的牛肉薄片。

❺ 取下覆蓋的烘焙紙，以倒扣盤子的方法將牛肉片放至盤上，再將牛肉片上方的烘焙紙取下。用刷子在牛肉薄片上刷些橄欖油。

❻ 上桌前，以鹽與胡椒粉為牛肉片調味。將 2 湯匙橄欖油、鹽、胡椒粉與芝麻菜拌勻，為芝麻調味。把芝麻菜放至牛肉片中央。再擺上帕馬森乳酪薄片、黑橄欖，淋點濃縮巴薩米克醋當作盤飾。

私房小祕訣：
用保鮮膜緊緊包住牛肉塊，放入冷凍庫冰凍 1 小時後再切，就可片出極薄的牛肉薄片。

經典家常菜

法式鹹派

 4 人份　 15 分鐘　50 分鐘

食材：
基礎酥派皮 1 張
煙燻豬肉 150 公克
蛋 3 至 4 顆
鮮奶油 300c.c.
肉豆蔻粉 1 小撮
鹽、胡椒粉適量
抹烤模用的奶油些許

烹煮前的備料程序：
將烤模抹上奶油，以 180℃ 預熱
烤箱。將煙燻豬肉切成短細條
狀。

⑥ 送入烤箱烘烤 35 至 40 分鐘，把鹹派上層烤得金黃即可。

① 煙燻肉條放入平底鍋中香煎翻炒。

② 派皮放入烤模，並在派皮上叉洞，放入冰箱。

③ 把煙燻肉條放入派皮底部。

④ 蛋、牛奶、肉豆蔻粉拌勻。略加點鹽及胡椒粉。

⑤ 把蛋液倒入派皮（淋在煙燻肉條上）。

① 以 200℃ 預熱烤箱。將馬鈴薯與洋蔥切成薄圓片。

② 把馬鈴薯與洋蔥放入大焗烤盤中。

③ 以鹽、胡椒粉與雞湯塊為鮮奶油調味。再將鮮奶油倒入馬鈴薯與洋蔥上。

法式焗烤馬鈴薯

| 4 至 6 人份 | 15 分鐘 | 50 至 60 分鐘 |

食材：
削皮的馬鈴薯 1 公斤
洋蔥 1 至 2 顆

鮮奶油 600c.c.
雞湯塊 2 塊
海鹽、胡椒粉適量

④ 送入烤箱烘烤 50 至 60 分鐘（需將馬鈴薯烤軟，上層烤得金黃）。

經典義大利燉飯

🍴 4 人份　　🥘 10 分鐘　　🍲 25 分鐘

① 將橄欖油與 10 公克奶油放入鍋中加熱，再放入洋蔥，慢火翻炒 5 分鐘。

② 放入米，以大火拌炒 2 分鐘（米呈半透明）。以鹽調味，倒入酒，不斷攪拌，待其蒸發收汁。

食材：
卡納羅利米（carnaroli）、亞伯西歐米（arborio）或維亞龍那納內米（vialone nano）300 公克
雞高湯或蔬菜高湯 1.2 公升
中型洋蔥 1 顆
橄欖油 1 湯匙
奶油 10 公克＋40 公克
不甜白酒 50c.c.（高湯亦可）

冰涼的奶油 40 公克
帕馬森乳酪薄片 40 公克
鹽適量

烹煮前的備料程序：
加熱高湯，讓高湯在火上保持微滾狀態。
洋蔥切成細末狀。

③ 舀入一大湯杓的高湯，以中火續煮 15 分鐘，再分次倒入高湯，讓米粒吸滿湯汁。

⑥ 大功告成囉！燉飯要馬上吃，不然熱度會持續把飯煮熟透。

蔬菜高湯：
將 2 顆洋蔥、2 根紅蘿蔔、2 根西洋芹與 2 根韭蔥一起放入 2 公升的水中，以鹽調味，滾煮 40 分鐘後，濾除食材。若要製作肉高湯，可用蔬菜高湯作基底，放入 500 公克的牛肋排或是一隻雞，熬煮 2 小時。

④ 烹煮完成前 5 分鐘，加入所有其他配料。

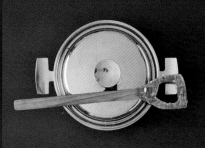

⑤ 離火後，放入剩餘奶油與帕馬森乳酪薄片拌勻，蓋上鍋蓋，靜置 2 分鐘。

① 把牛肝菌菇、高湯與酒放入鍋中，煮至沸騰，酒精蒸發後，轉成小火。

② 加熱奶油與橄欖油，香炒韭蔥，放入蒜頭爆香 1 分鐘，放入米，烹煮 3 分鐘。

義式洋菇燉飯

4 人份　　20 分鐘　　50 分鐘

③ 除了北風菌菇之外，其他所有的菇食材全放入米中烹煮，直到菇類變軟，加入 250c.c. 高湯，煮至米飯完全吸飽湯汁。

食材：

乾燥牛肝菌菇 10 公克
雞高湯 1.5 公升
白酒 125c.c.
橄欖油 1 湯匙
奶油 50 公克
切成圓薄片的韭蔥 1 根
切成細末的蒜頭 2 瓣
亞伯西歐米（arborio）440 公克

切成片的小朵龍葵菇（portobello）200 公克
切成片狀的白洋菇 200 公克
帕馬森乳酪 50 公克
北風菌菇（pleurote）125 公克
馬斯卡朋乳酪（mascarpone）3 湯匙
麵包粉 120 公克
炸油
檸檬瓣（可有可無）
海鹽、黑胡椒粉適量

④ 陸續加入高湯，直到米飯變軟。離火後放入乳酪與北風菌菇，略微調味。

⑤ 製作義式燉飯糰：讓飯糰表面沾滿麵包粉（每顆約兩湯匙的飯量）。

⑥ 把飯糰放入裝油的平底鍋中酥炸，炸得表皮金黃滾燙酥脆。佐以檸檬瓣上桌享用。

注意事項：
作法④中高湯每次只加 125c.c. 即可，分次添加，直到米粒完全吸收湯汁，變軟為止。若是要做成飯糰，就不要添加馬斯卡朋乳酪，否則飯糰會變得太軟，無法成型。

義式焗烤麵

6 人份　　30 分鐘　　20 分鐘

食材：

粗水管麵（paccheri）500 公克
番茄醬 600 公克（參見 272 頁）
莫札瑞拉乳酪 250 公克
普羅拉煙燻乳酪（provola）150 公克
帕馬森乳酪 100 公克
瑞可塔乳酪（ricotta）250 公克
羅勒葉 2 把
奶油 20 公克

麵包粉 4 至 6 湯匙
鹽、胡椒粉適量

烹煮前的備料程序：
將大量且略加鹽的水煮至沸騰，
放入麵條，煮成彈牙口感，瀝乾
水分。

① 莫札瑞拉乳酪與普羅拉煙燻乳酪切小塊，帕馬森乳酪磨成粉狀。

② 麵條與番茄醬、半量的帕馬森乳酪粉與羅勒葉拌勻。

④ 灑上麵包粉，再放上數小球奶油，送入以 180℃ 預熱的烤箱中烘烤
20 分鐘，烤至表皮金黃。

③ 將焗烤盤抹上奶油，底部鋪上一層麵包粉，放入半量的麵條，再
覆蓋半量的乳酪與瑞可塔乳酪丁。重複進行上述步驟，兩層之間放上
剩餘的羅勒葉。

❶ 把檸檬汁倒入裝滿水且足以浸泡所有朝鮮薊的大碗中。

❷ 將朝鮮薊去梗，並用削皮刀把底部削平。

醋味朝鮮薊

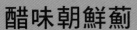

4 人份　　20 分鐘　　20 分鐘

❸ 摘除堅硬的外葉，切除朝鮮薊上方部分。

❹ 把作法❶的水煮滾，以滾水烹煮朝鮮薊，直到變軟且葉片可輕易剝下。

食材：
檸檬汁 1 湯匙
朝鮮薊 4 顆

醋汁：
白酒醋 2 湯匙

檸檬汁 1 湯匙
迪戎黃芥末醬 1 湯匙
切成細末的蒜頭 1 瓣
切成細末的提香蔬菜 1 湯匙（例如：芹菜、細香蔥、龍蒿）
特級初榨橄欖油 80c.c.

❺ 醋汁調製方式：把醋汁、檸檬汁、芥末醬、蒜末、提香蔬菜末與橄欖油一起拌打均勻。

❻ 將朝鮮薊佐以醋汁一起食用。把朝鮮薊葉浸入醋汁中，食用葉肉部位。靠近朝鮮薊心之處，可用湯匙去除細毛，再食用。

義大利波隆納千層麵

🍴 6 人份　　🥘 1 小時 30 分　　🍲 2 小時

食材：
煮熟且切妥的菠菜千層麵皮 8 至
12 片（參見 270 頁）

波隆納肉醬食材：
切成小塊的牛肉（肋下排肉）
350 公克
小牛肉（肩肉）350 公克
紅蘿蔔 100 公克與洋蔥 100 公克
西洋芹 100 公克

橄欖油 3 湯匙
紅酒 150c.c.
蔬菜高湯 250c.c.
罐裝番茄泥 400 公克
乾燥牛肝菌菇 25 公克
綑綁成束的綜合香草束 1 把
丁香 2 顆
白醬 1 份（參見 458 頁）
帕馬森乳酪 150 公克
奶油 30 公克

❶ 牛肝菌菇放入 250c.c. 的溫水
中浸泡 30 分鐘，瀝乾水分（泡菇
水保留備用）。

❷ 蔬菜切成細末狀。

❸ 用橄欖油以大火炒牛肉與蔬菜（菇類除外）20 至 30 分鐘。

❹ 待食材略微焦乾，倒入紅酒，煮至完全收汁。

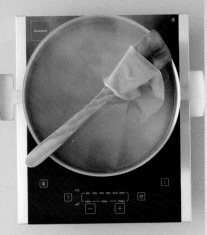

❺ 以鹽調味，放入牛肝菌菇、泡菇水、高湯、綜合香草束與丁香，熬煮半小時後加入番茄泥。再熬煮半小時。

❻ 煮千層麵麵皮：將 3 或 4 片麵皮浸入略加鹽與橄欖油的滾水中 2 至 3 分鐘。

❼ 隨即將千層麵麵皮放入冷水中，阻斷烹煮作用。瀝乾水分後，攤放在乾淨的布上，切勿疊放。

❾ 重複疊放四層後，淋上拌了 4 湯匙波隆納肉醬的白醬。灑上帕馬森乳酪、放上數小球奶油。送入烤箱以 180℃ 烘烤 30 分鐘。靜置 5 分鐘後再切塊食用。

注意事項：
千層麵麵皮也可使用原味的，最好事先煮好備妥。

菜色變化：
以義大利寬麵條拌波隆納肉醬，可是艾蜜莉羅馬尼地區（Emilie Romagne）的經典菜色呢。

❽ 將焗烤盤抹上奶油。倒入白醬，依序輪流疊放千層麵麵皮、白醬與波隆納肉醬，灑上帕馬森乳酪。

烤牛肉

6 人份

5 分鐘

1 小時

食材：
烤牛肉 1 公斤
麵粉 2 湯匙
去皮小洋蔥 1 顆
以 2 塊高湯塊調成的蔬菜高湯 1 公升
鹽、胡椒粉適量

烹煮前的備料程序：
以 220℃ 預熱烤箱。備妥金屬烤盤。

① 把烤肉塊放入烤盤中，將切成 4 塊的洋蔥塊緊靠在肉旁。在肉塊的油脂部位灑點麵粉。在肉塊上灑點鹽與胡椒粉。

② 放入烤箱。烘烤過程中，不時用逼烤出來的烤汁澆淋肉塊。

③ 若要 3 分熟，請烤 30 分鐘，若要 7、8 分熟，請烤 45 分鐘。

④ 將肉取出，放至平盤，覆蓋鋁箔紙，以保持熱度。

⑤ 將烤盤直接放至爐火上，以中火熬製醬汁。

⑥ 將剩餘麵粉灑入烤盤中，加以拌打，讓麵粉吸收油脂。

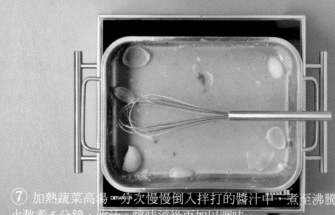

⑧ 將烤牛肉佐以醬汁一起食用。亦可搭配烤馬鈴薯泥或焗烤馬鈴薯。初春時節，佐以烤蘆筍也很棒，只要在鮮蘆筍上抹點橄欖油，放入烤箱烘烤 20 分鐘即可。

⑦ 加熱蔬菜高湯，分次慢慢倒入拌打的醬汁中，煮至沸騰後，以小火熬煮 5 分鐘，收汁。嚐味道後再加以調味。

① 以燉鍋熱油，牛肉塊煎上色，必要時分次煎。

② 陸續將牛肉塊取出，放入盤中。

③ 以足夠的火候炒香洋蔥片。

④ 加入蒜末與紅蘿蔔，拌炒 1 分鐘。把牛肉塊再放入燉鍋中。

⑤ 放入麵粉拌炒均勻。將火轉小，倒入啤酒，放入百里香與月桂葉，緩緩煮至微滾。緊蓋鍋蓋後放入烤箱烘烤 2 至 3 小時。

啤酒燉牛肉

4 至 6 人份　　15 分鐘　　3 小時

食材：
燉煮用牛肉切大塊（肩肉、肩瘦肉）900 公克
橄欖油 2 湯匙
切成圓薄片的洋蔥 2 顆
去皮且切成段的紅蘿蔔 6 根
麵粉 1 湯匙
切成細末的蒜頭 2 瓣
百里香 2 株

月桂葉 1 片
啤酒 450c.c.
鹽、現磨胡椒粉適量

烹煮前的備料程序：
以 140℃ 預熱烤箱。將洋蔥切成圓薄片，細切蒜頭，牛肉切大塊，紅蘿蔔切成段狀。

⑥ 肉塊變得鬆軟，就大功告成了。可搭配水煮馬鈴薯與生菜沙拉一起食用。

香烤雞翅

6 人份

20 分鐘 +
靜置 4 小時

40 分鐘

① 用鋸肉刀將尾翅切除。

② 再用鋸肉刀從雞翅關節處一切為二。

③ 把麻油、辣椒醬、醬油與甜醬油膏放入沙拉盆中拌勻。

④ 把雞翅放入沙拉盆中攪拌,讓雞翅蓋滿醬汁,放入冰箱冷藏醃漬 4 至 8 小時。

食材:
雞翅 1 公斤
麻油 1 茶匙
醬油 3 湯匙

微辣辣椒醬 2 湯匙
甜醬油膏 2 湯匙
檸檬汁 1 湯匙

⑥ 當雞翅已烤熟且略微金黃油亮,就可出爐了。

菜色變化:
亦可用同樣配方調理棒棒腿,只須增加烹煮時間即可。

⑤ 以 220℃ 預熱烤箱。把雞翅放入大烤盤,烘烤 40 分鐘。烘烤過程中需經常翻面,並澆淋醃漬醬汁數次。

① 洗淨茄子，切成 0.5 公分厚的圓薄片。

② 將茄片攤放在烤網上，抹上 3 湯匙橄欖油

③ 烘烤 20 至 30 分鐘，必要時可使用兩塊烤網盤。

④ 以中火熱 1 湯匙橄欖油，香煎羊肉片。

⑤ 將煮熟的羊肉切小塊，番茄切成片狀。

⑥ 將洋香菜磨細，拌入麵包粉中，加以調味。

⑦ 烤盤抹上油，陸續擺上蔬菜層（番茄＋茄子）、羊肉層、蔬菜層、羊肉層後，再倒入白醬、均勻灑入麵包粉，淋上橄欖油。

希臘輕食慕沙卡

4 人份　　　　25 分鐘　　　　1 小時 10 分

食材：
茄子 2 顆
番茄 3 顆
洗淨且摘取葉片用的洋香菜 6 小株
羊腿肉 4 塊
肉桂粉半茶匙
橄欖油 6 湯匙
製作麵包粉用的隔夜麵包 3 片

白醬 1 份（參見 458 頁）：奶油 30 公克、麵粉 30 公克、鮮奶 300c.c.

烹煮前的備料程序：
以 220℃ 預熱烤箱。

注意事項：
每一層均須以鹽、胡椒粉與肉桂粉，依照希臘風味加以調味。

重要提示：
若要讓此道料理更道地一些，建議使用市售羊絞肉、番茄醬、再疊上一層水煮馬鈴薯片。

蔬菜牛肉湯

4 人份　　**15 分鐘**　　**4 小時**

食材：
選用牛肩肉、牛腿肉與較為肥美的
牛肉塊（牛肋排與牛尾）900 公克
洗淨削皮的紅蘿蔔 3 條
洗淨且剝除外皮的韭蔥 3 根
洗淨的西洋芹一根
洋蔥 1 顆與去皮蒜頭 1 瓣
綜合香草束 1 把

胡椒粒、粗鹽適量
去皮的馬鈴薯適量

佐湯用調味品：
法式黃芥末醬
酸黃瓜
番茄醬……

❶ 將肉塊、兩條紅蘿蔔、一根韭蔥、芹菜、洋蔥、蒜瓣、綜合香草束與胡椒粉放入萬用燉煮鍋中。

❷ 加水覆蓋食材，緩緩煮至微滾。

❸ 以微滾火續煮 3-4 小時，熬煮過程中須不時撈除表面浮渣。

❹ 煮好後，撈起肉塊與蔬菜。

❺ 過濾高湯，把高湯倒入長柄湯鍋中，丟除提香蔬菜。

❻ 以鹽調味，煮至沸騰，把其餘的蔬菜放入。

❽ 牛肉湯料均佐以調味料一起食用。

❼ 煮 15 至 20 分鐘。

① 把洋蔥、蒜仁與芫荽葉放入食物調理機中。

② 不要研磨過細。亦可將上述食材放至砧板上以菜刀細切。

③ 細切煙燻豬肉。

④ 將所有的蔬菜與豬肉攪拌,加入香料粉、以鹽與胡椒粉調味。放入冰箱冷藏 1 小時。

⑤ 將肉球做成高爾夫球一般大小(別太大顆)。略微壓扁。

⑥ 平底鍋以大火熱油,香煎肉球,每面約 2 分鐘。將火轉小,繼續煎煮 5 分鐘。佐以辣醬、沙拉、米飯或口袋餅一起食用。

豬肉丸子

4 人份　　20 分鐘 +　　10 分鐘
　　　　　靜置 1 小時

食材:
現絞絞肉或臘腸絞肉 500 公克
春蔥 4 根或紫皮洋蔥 1 小顆
蒜頭 1 瓣
中式五香粉半茶匙

煙燻豬肉 100 公克
芫荽 6 小株
油 2 湯匙
鹽、胡椒粉適量

重要提示:
若想做出近乎「泰式風味」的肉丸,那麼就保留芫荽,不加五香粉,以小辣椒細末與檸檬香茅細末取代(取用兩株鮮嫩的檸檬香茅心)。可將這些肉丸放入以檸檬香茅、薑與青檸檬熬煮的雞高湯中。

時蔬餡餅

4 人份　　**30 分鐘**　　**1 小時 20 分**

食材：

中型番茄 4 顆
櫛瓜 3 根
洋蔥 3 顆
紅甜椒 1 顆
春蔥 5 根或蔥白些許
蒜頭 2 瓣
羅勒葉 6 小株
帕馬森乳酪 40 公克

麵包粉 2 湯匙
蛋 1 顆
小牛絞肉 100 公克
橄欖油 3 湯匙
鹽、胡椒粉適量

烹煮前的備料程序：
以 200℃ 預熱烤箱。洗淨蔬菜。

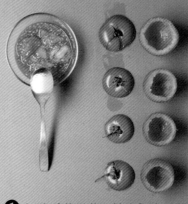

❶ 切除番茄果蒂，挖空籽肉（保留備用）。

❷ 將櫛瓜縱向剖切，挖空籽肉（保留大約 3 至 5 公釐厚度的瓜肉）。

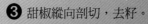

❸ 甜椒縱向剖切，去籽。

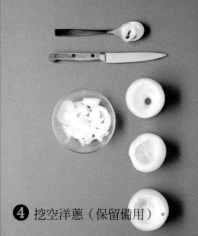

❹ 挖空洋蔥（保留備用）。

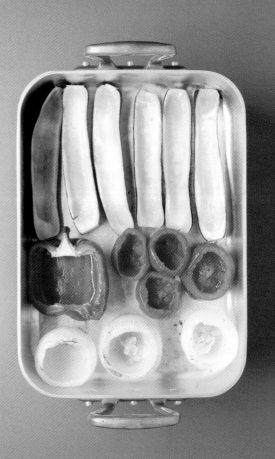

❺ 將上述所有蔬菜淋上 1 匙橄欖油後，放至烤盤上，烘烤 20 分鐘。

❻ 將挖出的蔬菜果肉切成細末狀（用食物調理機或菜刀）。

❼ 把春蔥、剩餘未用的甜椒、蒜瓣與羅勒葉切成細末狀。

❽ 以剩下的油炒洋蔥5分鐘後，加入甜椒末再炒5分鐘。

❾ 放入挖出的蔬菜細末拌炒5分鐘。

❿ 放入絞肉，拌炒至肉色略變油亮金黃。將帕馬森乳酪粉與蛋加入內餡中，灑上麵包粉後，加以調味。

⓫ 把內餡填入蔬果外殼中，放入烤箱烘烤45分鐘。

注意事項：
洋蔥與甜椒可多烤15至20分鐘，如此一來將會更為軟嫩。

菜色變化：
多加兩顆番茄、兩條櫛瓜與兩顆甜椒切成細末狀，以取代絞肉，並且隨興添加他種提香蔬菜末一大撮，以增添風味。

內餡的菜色變化：
把400公克的瑞可塔乳酪（ricotta）、普羅旺斯羊乳酪（brousse）或是茅屋乳酪（cottage cheese）與半湯匙的哈里沙辣醬（harissa）以及半把的洋香菜末拌勻。把內餡填入已烤熟的蔬果殼後，放入烤箱烘烤20分鐘。

烤雞

4 人份　　15 分鐘　　1 小時 30 分

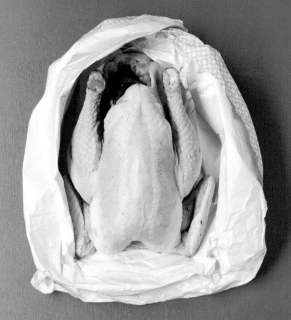

食材：
肥美雞肉 1 隻（約 1.5 公斤重）
檸檬 1 顆
薑 1 小塊（約 4 公分厚）
拍扁的蒜頭 1 或 2 瓣
橄欖油 1 湯匙
中型馬鈴薯 10 幾顆
月桂葉 1 片

鹽、胡椒粉適量
白酒 1 杯

烹煮前的備料程序：
以 200℃ 預熱烤箱。用刨刀刨取檸檬皮 4 至 5 片。削去薑皮，切成薑片。

① 把檸檬皮與薑片放至雞肉下方，以橄欖油塗抹整隻雞，把檸檬、月桂葉與蒜瓣塞入雞肚中。送入烤箱烘烤 45 分鐘。

② 削去馬鈴薯外皮後，切成厚片。

③ 以滾水滾煮馬鈴薯厚片 10 分鐘，瀝乾水分，加以搖晃。

④ 雞肉烘烤後翻面，淋上烤汁。

⑤ 把馬鈴薯片放至雞肉周圍，再繼續烘烤，馬鈴薯片應與雞肉同時變得金黃油亮。

⑥ 當雞肉顏色變得金黃且雞腿可輕易拔下，即表示雞肉烤熟。

⑨ 烤雞與馬鈴薯分開盛盤，佐以醬汁一起上桌。

私房小祕訣：
若想讓雞胸肉變得更為軟嫩，可將雞肉「倒著烤」：將雞肉腹部朝下放，如此一來，逼烤出的油脂將往下流，讓雞胸肉不會那麼柴。

⑦ 用刀子先從雞腿開始切。之後處理雞胸肉與雞翅。

⑧ 把烤盤放在爐上加熱，倒入白酒取色，過濾成醬汁。

① 竹籤浸泡水中 15 分鐘，雞肉切成小塊狀。

② 用充分瀝乾水分的竹籤插取雞肉塊。

③ 先將花生放入平底鍋中乾煸，再放入食物調理機中磨碎，用以調製醬汁。

④ 把醬汁食材調勻，熱煮 15 分鐘。

⑤ 燒烤雞肉串，燒烤過程中需多次翻轉。

⑥ 將熱呼呼的雞肉串佐以沙嗲醬一起食用。

沙嗲雞肉串

 4 人份　　 20 分鐘　　25 分鐘

食材：
雞胸肉 500 公克
竹籤數支

醬汁：
沙茶醬適量
原味花生 40 公克
椰奶 250c.c.
紅咖哩醬 2 湯匙
棕櫚糖粉 1 至 2 湯匙
濃縮羅望子醬 1 湯匙

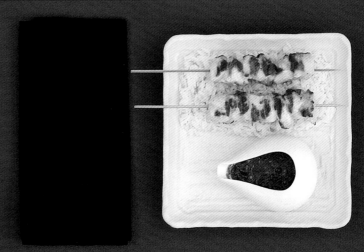

白汁牛肉佐泰國飯

4 人份　　15 分鐘　　1 小時 15 分

食材：

切成塊的小牛肉（肩肉、小牛腿
肉、小牛胸部脆骨、小牛脛肉）
1 至 1.2 公斤
小牛大骨 1 根
韭蔥 6 根與削皮的紅蘿蔔 4 根
蒜頭 1 瓣與麵粉 1 湯匙

去皮且切成塊的洋蔥 1 顆
鮮奶油 75 公克
奶油 30 公克
檸檬 1 顆
已洗淨的泰國米 300 公克
香草莢 1 根
鹽、胡椒粉適量

① 小牛肉、牛骨、蒜瓣、洋蔥、
一根韭蔥與一根紅蘿蔔放入湯鍋
中。

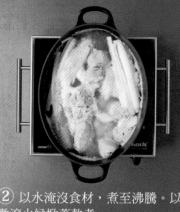

② 以水淹沒食材，煮至沸騰。以
微滾火候掀蓋熬煮。

③ 熬煮 30 分鐘後加入其餘蔬菜。

④ 15 分鐘後，將高湯過濾至另
一只湯鍋中。蔬菜保留備用。

⑤ 加熱融化奶油，倒入麵粉攪
拌，舀入 1 湯杓高湯，煮至沸
騰，加以拌打，再加入 3 或 4 湯
杓高湯。

⑥ 放入香草籽與鮮奶油，以文火
續煮 5 分鐘，再加入 1 湯匙檸檬
汁，加以調味。

⑨ 把蔬菜與肉塊放回醬汁鍋中，
必要時，再次加熱，並佐以米飯
一起食用。

菜色變化：
亦可以傳統方式烹煮米飯：將米放
入滾水中滾煮 11 分鐘後，瀝乾水
分。

⑦ 把米放入湯鍋中，加入 1.5 公
升的冷水，煮至沸騰，以鹽調味
拌勻。

⑧ 飯鍋離火，蓋上鍋蓋悶 20 分
鐘，掀開鍋蓋，用叉子翻鬆米飯。

① 蒜瓣切細末，刨取薑末。將半量的油、蒜末、胡椒粉與薑，淋放在牛排肉上。醃漬 2 小時。

② 烹煮冬粉 3 至 4 分鐘（依包裝袋上的方式處理）後，以流動的水洗淨，瀝乾。

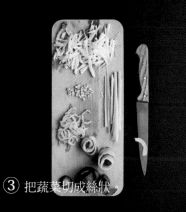

③ 把蔬菜切成絲狀。

④ 將 100c.c. 的水、糖、2 茶匙的檸檬汁與鹽拌勻。以 190℃ 預熱烤箱。腰果烤 6 分鐘後壓成碎粒。

食材：

牛排肉 1 塊
冬粉 50 公克
大黃瓜半根
茴香球莖 1 小顆
檸檬香茅 2 根
切成細末的芫荽半把
切成細末的紅蔥頭 1 顆

腰果 2 湯匙
蒜頭 2 瓣
薑 1 小塊
沙拉油 2 湯匙
青檸檬 1 顆
糖 1 湯匙
鹽、胡椒粉適量

⑤ 把烤箱熱度調至 240℃。牛排肉放入油裡煎至雙面金黃。烤箱熱度降至 210℃，牛排肉放入烤箱中烘烤。

⑥ 取半量醬汁為冬粉調味，充分拌勻，加入近乎全部的蔬菜，再次拌勻。

⑦ 15 至 25 分鐘後（依據個人喜好的熟度而定）把牛排肉從烤箱中取出，順著大骨切成片狀。

⑧ 牛排淋上剩餘醬汁，灑上香菜與腰果，佐以沙拉與備用蔬菜一起食用。

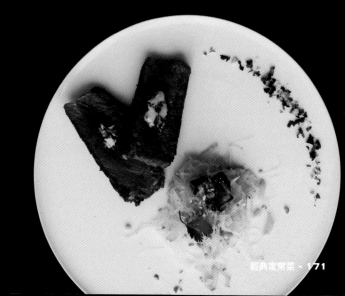

北非小米丸子

6 人份　　　30 分鐘　　　1 小時

① 製作丸子：把麵包浸入水中，變軟後取出，擠乾水分。

② 細切兩顆洋蔥，拍扁半瓣的蒜仁，保留其餘食材熬煮高湯。

③ 把所有的丸子食材放入食物調理機中略微研磨。

④ 放入所有的丸子香料，充分拌勻。

⑤ 放入洋香菜末與芫荽末，加以拌勻。

⑥ 用手搓成丸子狀，放至冰箱冷藏。

⑦ 熬製高湯：蔬菜洗淨、削皮並切塊。鷹嘴豆洗淨。

⑧ 以 3 湯匙油炒香洋蔥。放入番茄與高湯香料，拌炒 10 分鐘。

高湯食材：
罐裝鷹嘴豆 1 罐、番茄 3 顆、橄欖油、洋蔥 3 顆、蒜頭 2 瓣、薑粉 1 湯匙、鹽 1 湯匙、濃縮番茄糊 1 湯匙、摩洛哥綜合香料粉（ras el hanout）1 茶匙、紅蘿蔔 4 根、白蘿蔔 4 顆、櫛瓜 2 根、高麗菜半顆、南瓜 1 片、哈里沙辣醬（harissa）1 湯匙、胡椒粉適量

粉料食材：
小米細粒 500 公克
鹽、橄欖油適量
水 600c.c.

丸子食材：
絞肉 300 公克、麵包 80 公克
洋香菜末、新鮮芫荽細末、蛋 1 顆、洋蔥 2 顆、蒜頭 1 瓣、芫荽粉 1 茶匙、肉桂粉半茶匙、胡椒粉半茶匙、紅辣椒粉半茶匙、小茴香粉 1 茶匙、哈里沙辣醬 1 茶匙（依各人喜好添加）、鹽半茶匙。

⑨ 加入蒜瓣與 1 公升水，煮至沸騰。將高湯放置小米飯鍋下層，以微滾火候續煮。

⑩ 把小米倒入碗中，淋點油，倒入 200c.c. 水，用手搓揉。

⑪ 把小米倒入小米飯鍋上層，均勻放置，加以烹煮，直到蒸氣穿透飯層。

⑫ 當蒸氣穿透小米層，續煮 10 分鐘，無須加蓋。

⑬ 把小米飯倒入碗中放涼。紅蘿蔔與白蘿蔔放入高湯中。

⑭ 用手鬆開小米結塊，倒入 200c.c. 鹽水，再用手搓揉小米。

⑮ 把小米飯再次放入小米飯鍋中，烹煮 15 分鐘，直到蒸氣穿透飯層。

⑯ 將小米飯再次放涼，把剩餘蔬菜全放入高湯中。

⑲ 確認蔬菜與丸子已充分煮熟，嚐味道並調味。將小米飯、蔬菜、丸子加以擺盤，佐湯與哈里沙辣醬一起食用。

私房小祕訣：
若想增添高湯風味，可在炒香洋蔥的同時，油煎熬湯用肉骨食材（肋排或雞尾翅），上桌前再將這些熬湯食材取出。

⑰ 鬆開小米結塊，倒入 200c.c. 水，用手翻鬆，蒸煮第三次。

⑱ 把丸子放入高湯中，小米鍋放至上層，熬煮 15 分鐘。

香酥魚排

2 人份　　**20 分鐘**　　**10 分鐘**

食材：
厚度適中的魚菲力（鰈魚、鮭魚……）2 塊
檸檬 1 顆＋檸檬皮
洗淨且摘取葉片的提香蔬菜 1 把
（單種或綜合例如：歐芹、羅勒、茴香、芫荽……）

隔夜麵包 2 片
奶油 30 公克
鹽適量

烹煮前的備料程序：
以 200℃ 預熱烤箱

 **❶** 麵包放入食物調理機中磨成麵包粉。

 **❷** 放入檸檬皮與提香蔬菜，迅速磨成粉狀。以鹽調味。

 **❸** 以小平底湯鍋加熱融化奶油後，加入檸檬汁。

  **❻** 放入烤箱中，依據魚片厚度，烘烤 6 至 10 分鐘。佐青菜沙拉一起食用。

 **❹** 把魚塊放至粉料上，略微加壓，讓兩面均沾裹粉料，將魚片放至烤盤上。

 **❺** 灑上剩餘的麵包粉，淋上已融化的奶油。

茴香風味鱸魚菲力

2 人份 | **15 分鐘** | **15 分鐘**

① 去除魚鱗：捉住魚尾，用利刃將魚鱗刮除。洗淨魚身。挖除內臟：從魚腹尾端往上切開，清除魚內臟。剪除魚鰭：從魚頭往魚尾方向剪除魚鰭。切取魚菲力：拭乾魚身水分，放至砧板上，掏空面朝上，一手平壓魚身，另一手拿銳利的刀子，順沿著背刺上下方從魚頭方向縱切開來，再將刀刃滑入魚脊骨上方，小心取下魚菲力。切除魚脊骨，切取第二塊魚菲力。

食材：
600 至 700 公克的鱸魚 1 尾
茴香球莖 2 顆
茴香籽 1 茶匙
濃縮巴薩米克醋 1 湯匙
細小麥粉 50 公克

橄欖油適量
鹽、胡椒粉適量

烹煮前的備料程序：
以 200℃ 預熱烤箱

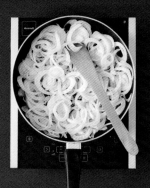

② 將茴香球莖切薄片，放入平底鍋中，以些許橄欖油香炒 5 分鐘。以鹽與胡椒粉調味。

③ 把魚菲力放入細小麥粉中裹粉，再輕輕拍除多餘的小麥粉。

④ 加熱 2 湯匙橄欖油，香煎鱸魚菲力帶皮面 2 分鐘。以鹽調味。

⑤ 把鱸魚菲力放至烘烤紙上，灑上茴香籽，送入烤箱中烘烤 4 分鐘。

⑥ 以濃縮巴薩米克醋為酥脆的茴香薄片調味，佐以鱸魚菲力一起食用。

洋蔥風味淡菜

2 至 3 人份　　5 至 10 分鐘　　20 至 25 分鐘

❶ 奶油放入湯鍋中加熱，再加入蒜末與洋蔥末炒香，直到變軟。

❷ 倒入白酒，煮至沸騰。

❸ 放入淡菜，蓋上鍋蓋，烹煮 2 至 3 分鐘，直到淡菜開口。

❹ 用濾杓撈出淡菜，丟棄未開口的淡菜。

食材：
奶油 30 公克
切成細末的洋蔥 1 顆
切成細末的蒜頭 1 瓣

白酒 300c.c.
洗淨的淡菜 1 公斤
鮮奶油 150c.c.
海鹽、黑胡椒粉適量

❻ 把淡菜放入熱碗或深盤中趁熱食用。亦可灑點洋香菜末。

私房小祕訣：
在作法❸時，需緊蓋鍋蓋，並激烈搖晃，好讓熱度平均分配，讓淡菜開口。

❺ 將湯鍋重新放回爐上，倒入鮮奶油，以鹽與胡椒粉調味，當湯汁略微收汁後，將淡菜放入。

香烤鯖魚

2 至 4 人份　5 至 10 分鐘　8 至 10 分鐘

❶ 在鯖魚身上灑鹽與胡椒粉，再抹點油，並以利刃在魚皮上斜切三刀。

❷ 把檸檬片與蒜片塞入魚腹中。

❸ 把魚放至鑄鐵烤架上或烤肉架上燒烤 4 至 5 分鐘，燒烤過程中需在魚身上略微加壓。

❹ 蜂蜜與醬油倒入小碗中調勻。

食材：
去魚鱗且挖除內臟的鯖魚 2 尾
（每尾重約 350 公克）
橄欖油 1 湯匙
切成圓片的青檸檬 1 顆
切成薄片的蒜頭 2 瓣
蜂蜜 2 湯匙

醬油 1 湯匙
鹽、黑胡椒粉適量

烹煮前的備料程序：
先在烤肉架中燒熱炭火或以中火預熱鑄鐵烤架。

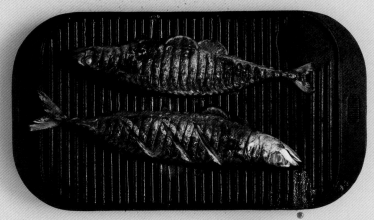

❺ 翻轉鯖魚，再塗抹蜂蜜醬油，續烤 3 至 4 分鐘。

❻ 鯖魚擺盤，抹上剩餘的蜂蜜醬油，搭配幾小株新鮮芫荽、幾片青檸檬瓣與辣椒末一起食用。

私房小祕訣：
烤魚前，要先確認烤架熱度是否足夠（炭火是否夠焰）。

麥年*比目魚

🍴 2 人份　　🥘 10 分鐘　　🍲 12 分鐘

食材：
清除內臟且扒除黑魚皮的比目魚
1 尾（重約 400 公克）
奶油 100 公克
麵粉 70 公克
檸檬汁 2 湯匙

洋香菜末 1 湯匙
鹽、黑胡椒粉適量

烹煮前的備料程序：
以中火預熱大平底鍋。

* Meunière，裹上麵粉，以油煎炸的方式。

① 澄清奶油：把奶油放入鍋中緩緩加熱，撈除上浮的雜質。

② 把麵粉平鋪於盤中，灑點鹽與胡椒粉，讓比目魚兩面均裹上麵粉。

③ 將半量的澄清奶油放入平底鍋中，油炸比目魚單面 4 分鐘。

④ 將魚翻面，續炸 4 分鐘，直到魚肉顯得金黃酥脆。

⑥ 用湯匙緩緩將奶油淋在魚上，趁熱馬上食用！

⑤ 把魚擺在熱盤上。將剩餘的澄清奶油與檸檬汁倒入平底鍋中，加入洋香菜末，將奶油熬成黃棕色，慢慢會釋放出一股細緻的榛果香氣。

① 沙丁魚放入鍋中，以些許熱油雙面各煎 2 分鐘。用鹽與胡椒粉調味。

② 將魚放入深盤中。

③ 以些許油炒香香料蔬菜與月桂葉，煸出香氣

④ 放入紅蔥頭末與蒜末，香炒 2 分鐘後，倒入白酒與蘋果酒醋。

⑤ 以酒醋醬淋在沙丁魚上，放涼後，置入冰箱冷藏 6 小時。

⑥ 佐以鄉村麵包與醃漬香料一起食用。

地中海風味油漬沙丁魚

4 人份

**10 分鐘 +
靜置 6 小時**

**5 分鐘 +
靜置時間**

食材：
橄欖油 2 湯匙
去頭、去魚鱗且掏空內臟的沙丁
魚 7 尾
芫荽籽 1 茶匙
芥末籽 1 茶匙
辣椒丁 1 大撮

月桂葉 3 片
剝除外皮且切成細末的紅蔥頭 4 顆
剝除外皮且切成細末的蒜頭 1 瓣
白酒 150c.c.
蘋果酒醋 150c.c.
鹽、黑胡椒粉適量

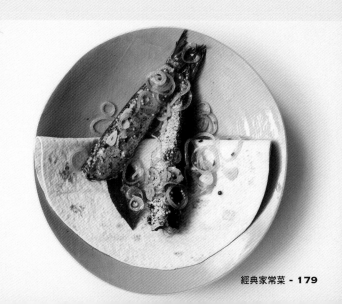

椒香鱈魚

2 至 4 人份　　5 分鐘　　15 分鐘

食材：
切成細末的白玉青蔥 1 根
未剝皮、已拍扁的蒜頭 3 瓣
紅辣椒乾 2 至 3 根
迷迭香 3 小株

橄欖油 600c.c.
去皮鱈魚塊 2 塊（每塊重約 250 公克）
海鹽 1 大撮
鹽、黑胡椒粉適量

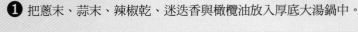

❶ 把蔥末、蒜末、辣椒乾、迷迭香與橄欖油放入厚底大湯鍋中。

❷ 鱈魚兩面均抹點鹽與胡椒粉，放入湯鍋中，以 50℃ 至 60℃ 的火候（超小火）緩緩煎煮。

❹ 鱈魚擺上餐盤，灑點海鹽，搭配些許提香蔬菜，趁熱食用。

❸ 以熱油泡煮魚肉 15 分鐘後，小心取出魚肉，充分瀝乾油脂。

① 以清蒸方式料理魚肉與馬鈴薯。把魚肉碎片與略微降溫且壓碎的馬鈴薯拌勻。

② 辣椒末、芫荽末、肉桂粉、蛋白、些許鹽與胡椒粉放入碗中，充分拌勻。

③ 以 2 至 3 湯匙的量，做出丸子，再把丸子滾在麵包粉上，放入冰箱冷藏 1 至 2 小時。

酥炸魚丸

🍴	🍳	🍲
12 份	40 分鐘 + 靜置 2 小時	20 分鐘

食材：

魚肉紮實的無刺白魚菲力 500 公克
馬鈴薯 2 大顆
切成細末的青辣椒 1 根（可有可無）
芫荽細末 1 湯匙
肉桂粉半茶匙

略經拌打的蛋白 1 顆
現磨麵包粉 80 公克
葵花籽油適量
佐菜用檸檬數瓣
海鹽、黑胡椒粉適量

④ 加熱油鍋，酥炸丸子，直到丸子變得金黃酥脆。佐以檸檬瓣一起食用。

馬賽魚湯

 6 至 8 人份   10 分鐘   20 至 25 分鐘

食材：
去鱗、去骨刺的綜合魚菲力 500 公克
特級初榨橄欖油 2 湯匙
切成絲的洋蔥 2 顆
切成絲的韭蔥 1 根
切成絲的西洋芹 1 根
切成絲的茴香球莖 1 顆
切成細末的蒜頭 4 瓣
罐裝番茄 400 公克
番紅花 1 小撮與柳橙 1 顆（取橙皮）
月桂葉 2 片

百里香葉 1 茶匙
魚高湯 800c.c.
洗淨的淡菜 200 公克
螯蝦與草蝦 300 公克
鹽、黑胡椒粉適量

速成蒜泥蛋黃醬食材：
燒烤過的紅甜椒 2 顆
美乃滋 150 公克
蒜頭 1 瓣

① 將魚菲力切成厚片段狀。

② 以厚底湯鍋熱油，5 分鐘內將洋蔥絲、韭蔥絲、西洋芹薄片與蒜末炒軟。

③ 放入番茄、番紅花、橙皮、月桂葉、百里香與高湯。以鹽與胡椒粉調味。煮至沸騰，火轉小，燉煮 15 分鐘。

④ 利用燉煮空檔，把蒜泥蛋黃醬食材放入食物調理機中研磨 1 分鐘，以鹽與胡椒粉調味後，放置備用。

⑤ 把魚塊、淡菜與海鮮食材放入湯鍋中，續煮 8 至 10 分鐘。

⑥ 灑上洋香菜末，佐以酥炸麵包丁一起食用。

私房小祕訣：
把魚菲力切成等長塊狀，有助於均勻受熱。請使用容量夠大的湯鍋，避免鍋內放入所有食材後過於擁擠。

花枝捲

4 至 6 人份　　10 至 15 分鐘　　20 至 25 分鐘

❶ 花枝觸手切成小塊狀。

❷ 把花枝觸手丁與麵包粉、酸豆末、蒜末、鯷魚末與洋香菜末拌勻，倒入 3 湯匙橄欖油，以鹽與胡椒粉調味。

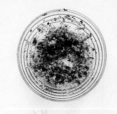

❸ 將作法❷填入花枝腹中，開口位置以木籤叉住。

❹ 在平底鍋中倒入剩餘未用的油，香煎花枝捲 1 分鐘。

食材：
掏空內臟洗淨且含有觸手的中型
花枝 4 尾
麵包粉 100 公克
酸豆細末 1 湯匙
切成細末的蒜頭 2 瓣
切成細末的鹽漬鯷魚 8 尾

洋香菜末 1 湯匙
橄欖油 4 湯匙
罐裝番茄泥 400 公克
鹽、黑胡椒粉適量

烹煮前的備料程序：
以 180℃ 預熱烤箱。

❻ 將花枝從烤箱中取出，灑點鹽與胡椒粉調味，趁熱食用。也可以灑點洋香菜末增添香氣。

重要提示：
請選用可直接放入烤箱中烘烤的平底鍋來料理，若無此類型鍋子，則需小心地將花枝移至烤盤上，再倒入番茄泥。

❺ 倒入番茄泥，以鹽與胡椒粉調味，把平底鍋放入烤箱中，烘烤 35 至 40 分鐘，直到花枝肉質變得軟嫩為止。

韭蔥佐扇貝

2 人份　　　　20 分鐘　　　　20 分鐘

❶ 把紅蔥頭切成細末，韭蔥切細絲（長條絲狀）。

食材：
扇貝 8 顆
紅蔥頭 1 顆
韭蔥 2 根
鮮奶油 150c.c.

苦艾酒（vermouth）150c.c.（若無，可用不甜白酒取代）
奶油 10 公克
鹽、胡椒粉適量

❷ 以奶油炒香紅蔥頭末，再放入韭蔥絲，炒 2 分鐘，倒入苦艾酒，熬煮收汁：讓韭蔥絲完全吸收汁液。

❸ 倒入鮮奶油，熬煮至汁液量減半，以鹽與胡椒粉調味。保持熱度備用。

❹ 將扇貝放入蒸籠中蒸煮 2 至 3 分鐘。韭蔥奶油醬平均倒入餐盤中，擺上扇貝，略微調味，即可上桌。

海鮮熱炒

4 人份　　　20 分鐘　　　20 分鐘

食材：
生蝦 500 公克
花枝 200 公克
淡菜 250 公克
薑黃粉半茶匙
辣椒粉半茶匙
鹽半茶匙
葵花籽油 2 湯匙

薑蒜泥 2 湯匙（參見 476 頁）
檸檬汁 1 湯匙
咖哩葉 8 片
棕櫚糖粉（jaggery）或砂糖 1 茶匙
羅望子水（eau de tamarin）1 湯匙
芫荽葉 7 公克

❶ 處理海鮮食材：蝦子去殼、去除蝦腸。花枝切成環狀。刷洗淡菜殼。

❷ 將海鮮食材與薑黃粉、辣椒粉、鹽及薑蒜泥放入碗中，充分拌勻，讓海鮮食材均裹上醬料。

❹ 丟棄未開口的淡菜。灑上芫荽葉，佐以檸檬瓣一起食用。

❸ 將碗中食材放入熱油中熱炒。把食材撥到鍋邊，加入檸檬汁、咖哩葉、糖與羅望子水後拌勻。

① 將麵粉、香料粉、芫荽細末與水拌勻調和，調成均質麵糊，靜置10分鐘。

② 將魚條塊浸入麵糊中，取出時讓多餘麵糊滴回碗中。

③ 加熱炸油，放入魚條塊，炸至金黃酥脆。

酥炸魚

4 人份

25 分鐘

30 分鐘

食材：

切成細長條的無刺白魚菲力 4 塊
麵粉些許
鷹嘴豆粉 125 公克
小茴香粉 1 茶匙
芫荽粉半茶匙
印度酸味香料（chaat masala）
2 茶匙

黑胡椒粗粒半茶匙
芫荽細末 2 湯匙
氣泡水或啤酒 125c.c.
酥炸用葵花籽油
佐菜用檸檬數瓣

④ 將魚條塊放至吸油紙上吸去油脂。佐以檸檬瓣上桌。

宴客小品

肝醬捲

 6 人份　　 25 分鐘 +
靜置 24 小時　　15 分鐘

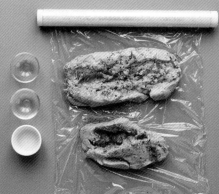

① 將鹽與香料粉調勻，為鴨肝調味，淋上白蘭地，以保鮮膜包裹密封，放入冰箱冷藏 3 至 4 小時。

② 解開保鮮膜，用餐巾布將鴨肝加壓捲起，兩端旋轉，用棉線綁緊。

③ 高湯煮至沸騰，將鴨肝捲放入滾燙的高湯後熄火，蓋上鍋蓋，降溫。

食材：

已去除筋脈的鴨肥肝 1 葉（400 公克）

以 1 至 2 副雞架子、1 根 紅蘿蔔、1 顆洋蔥、2 顆丁香、1 顆大八角、1 根韭蔥、1 小塊薑、3 瓣拍扁的蒜頭所熬成的雞高湯 1 公升

嫩韭蔥 4 至 6 根
法式四香粉 1 小撮
鹽 1 茶匙半
白蘭地 2 湯匙
石榴 1 顆
油 1 湯匙
鹽、胡椒粉適量

④ 鴨肝捲取出，解開餐巾布，壓緊再捲起，放入冰箱冷藏 24 小時。

❺ 將韭蔥縱向剖半或對剖為四（依厚度而定），再切成 6 至 7 公分的長段，以清蒸方式料理。

❻ 將蒸熟的韭蔥絲放入冰水中冰鎮後，疊放在塑膠保鮮盒，並分層逐次以鹽與胡椒粉為韭蔥絲調味。

❼ 壓榨半顆石榴汁，將石榴汁與橄欖油、鹽與胡椒粉調製成醋汁。

❽ 一個小時後，將韭蔥脫膜。把鴨肝從冰箱中取出，以銳利的主廚刀將鴨肝切成片狀。

❾ 將鴨肝片佐以韭蔥絲與石榴醬汁一起食用。

橙香檸檬鱸魚

4 人份　　**5 分鐘**　　—

食材：

去骨刺的鱸魚菲力 350 公克
茴香球莖 1 顆
取籽用石榴 1 顆
摘取葉片用的薄荷半把
榨汁用檸檬 1 顆

榨汁用柳橙 1 顆
糖粉 1 茶匙
特級初榨橄欖油 50c.c.
鹽 1 大撮
黑胡椒粉 1 大撮

❶ 以專業用蔬果刨絲刀（曼陀林刀）將茴香球莖切成薄片，連同薄荷葉與石榴籽一起放入沙拉盆中。

❷ 將橙汁、檸檬汁、糖粉與橄欖油放入碗中拌勻，以鹽與胡椒粉調味。

❹ 把醬汁淋至魚片上，醃漬 2 至 3 分鐘。佐以茴香沙拉，可當作前菜用。

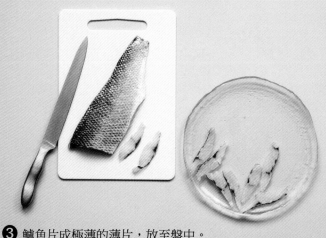

❸ 鱸魚片成極薄的薄片，放至盤中。

① 將粗鹽、糖、小茴香、檸檬皮、橙皮、茴香籽與胡椒粉一起磨成細末。

② 將上述粉料覆蓋至鮭魚上，淋上琴酒。

③ 用保鮮膜緊緊包裹鮭魚，以重物加壓，放入冰箱冷藏 2 至 3 天。

④ 用刷子將鮭魚表面刷一下，讓鮭魚稍微變乾。

⑤ 用刀子片開魚皮和魚肉。

⑥ 同時剔除較為暗棕色的部位。

法式橙香檸檬鮭魚

8 至 10 人份　　20 分鐘 +
　　　　　　　靜置 48 小時　　　—

食材：
粗鹽 100 公克
細砂糖 75 公克
磨成細末的小茴香 1 把
取皮用檸檬 1 顆
取皮用柳橙 1 顆
茴香籽 1 湯匙

胡椒粗粒 1 湯匙（粗磨的胡椒粒）
帶皮去骨刺的鮭魚菲力 750 公克
琴酒 2 湯匙

⑦ 用利刃長刀以斜刀方式將鮭魚肉片成薄片。

⑧ 佐以橙香檸檬醬料、黑麥麵包、奶油與檸檬瓣一起食用。

鹽烤鱸魚

 4 人份　　 5 至 10 分鐘　　20 分鐘

食材：
紅辣椒 2 至 3 根
取皮用檸檬 1 顆
切成薄片用檸檬 1 顆
粗海鹽 3 公斤
洋香菜 1 小把

清除內臟（保留魚鱗）的鱸魚 2 尾
（每尾重約 350 公克）
蛋白 2 顆

烹煮前的備料程序：
以 200℃ 預熱烤箱。

① 將辣椒、檸檬皮與海鹽一起放入食物調理機中研磨。

② 把檸檬薄片與洋香菜葉塞入魚腹中。

③ 將研磨後的海鹽放入碗中，加入蛋白，充分拌勻。

④ 將半量鹽酥蛋白醬倒入盤中，放入鱸魚，再淋上剩餘的。

⑥ 取下鱸魚菲力，放至盤上，佐以四季豆與檸檬片一起食用，可淋上些許油增添風味。

私房小祕訣：
在作法④的階段，需要再三確認整條魚都已完整覆蓋上鹽酥蛋白糊。

⑤ 將鱸魚送入烤箱烘烤 20 分鐘。從烤箱取出後，靜置一會，再將鹽酥殼敲開，去除魚皮。

① 將高湯、鮮奶油、對半剖開的香草莢一起放入小湯鍋中加熱熬煮。把香草籽刮出，放入醬汁中。

② 以橄欖油香煎大草蝦 2 至 3 分鐘。

③ 將蝦子翻面續煎 2 分鐘。

香草風味蝦

2 人份　　10 分鐘　　10 分鐘

食材：
大草蝦 6 至 8 尾
橄欖油 2 湯匙

香草醬食材：
蔬菜高湯或魚高湯 250c.c.（或使用高湯塊）
鮮奶油 5 湯匙
香草莢 1 根

④ 將香煎蝦子佐以醬汁一起食用。

香草奶油鮭魚酥

4 至 6 人份	10 至 20 分鐘 + 靜置時間	35 至 40 分鐘

食材：
去皮去骨刺的鮭魚菲力 2 塊（每塊重約 300 公克）
市售現成派皮 750 公克
打成蛋汁的蛋 1 顆

香草奶油食材：
已軟化的無鹽奶油 50 公克
壓扁的茴香籽半茶匙
綜合黑胡椒粉半茶匙
取皮用的檸檬半顆
小茴香細末半茶匙
鹽 1 小撮

❶ 所有的香草奶油食材調勻，製成香草奶油醬。

❷ 奶油醬均勻抹在鮭魚菲力內面，再疊放上另一塊菲力。

❸ 派皮擀成 35x25 公分的長方形，再對半切成兩個長方形。

❹ 把一張派皮放至烤盤上，派皮上放置鮭魚菲力，在派皮四周抹上蛋汁。

❺ 再將另一張派皮疊上，沿著鮭魚四周用力壓住。

❻ 將多餘的派皮切除，用叉子緊緊加壓封住派皮周圍，抹上蛋汁，放入冰箱冷藏 1 小時。

❼ 放入烤箱烘烤 35 至 40 分鐘，直到派皮變得十分金黃。

❽ 把鮭魚切成大厚片，佐以清蒸蘆筍一起食用。

私房小祕訣：
擀平派皮之前，先在工作檯上灑點麵粉，以免派皮黏桌。

菜色變化：
可隨自己喜好調整奶油風味，例如以羅勒葉、洋香菜或歐芹代替小茴香。

酸豆鱒魚

2 人份　　　5 分鐘　　　4 至 5 分鐘

食材：

植物油 20c.c.

切成細絲的紅蔥頭 5 顆

洋香菜葉手抓 1 小把

帶皮、去鱗去骨的鱒魚菲力 2 塊

（每塊重約 150 公克）

切成細末的酸豆 1 湯匙

橄欖油 1 湯匙

鹽、黑胡椒粉適量

烹煮前的備料程序：

以中火火候為油炸鍋熱鍋。

❶ 植物油倒入平底鍋中加熱，爆香紅蔥頭絲後，瀝乾油分，將酥炸紅蔥頭、酸豆末、洋香菜末放入碗中拌勻。

❷ 在鱒魚菲力上塗抹些許橄欖油。以鹽與胡椒粉調味。

❸ 將鱒魚帶皮面放入平底鍋中香煎 2 分鐘，將魚皮煎得酥脆，翻面續煎魚肉部分 30 秒鐘。

❹ 將魚菲力帶皮面朝上擺盤，佐以酸豆紅蔥酥醬與檸檬瓣一起食用。

① 將香草料混和後，再加入糖，一起磨細。

② 倒入魚露與檸檬汁，充分攪拌。

③ 在魚塊上切幾道切口後，將醬料抹上。

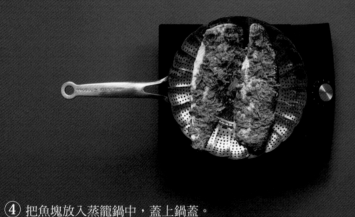

④ 把魚塊放入蒸籠鍋中，蓋上鍋蓋。

泰式鯛魚

2 人份　　5 至 10 分鐘　　5 分鐘

食材：
泰式青辣椒泥 2 湯匙
胡椒粒 1 茶匙
切成薄片的蒜頭 2 瓣
切成細末的芫荽根 50 公克
細砂糖 1 茶匙
魚露 1 湯匙

現榨檸檬汁 2 湯匙
去鱗去骨的灰鯛魚菲力 2 大塊

烹煮前的備料程序：
將蒸籠鍋放到湯鍋上，將水煮至沸騰。備妥鍋蓋。

⑤ 以大火清蒸 5 分鐘，將魚肉蒸至熟透。

⑥ 將魚塊擺盤，擺上紅辣椒絲與芫荽葉當作盤飾。

香料烤沙丁魚

4 人份　　**30 分鐘**　　**15 分鐘**

食材：
非常新鮮的中型沙丁魚 12 尾
自製麵包粉 80 公克
鯷魚菲力 4 片
葡萄乾 40 公克與松子 40 公克
鹽漬酸豆 20 公克
洋香菜 3 小株與薄荷 2 小株
檸檬 1 小顆與柳橙 1 顆
白砂糖 1 茶匙

紅酒醋 1 湯匙
月桂葉 10 幾片
橄欖油 4 湯匙半
鹽、胡椒粉適量

烹煮前的備料程序：
榨取柳橙汁與檸檬汁。
削取一顆檸檬的外皮。

❶ 去除沙丁魚鱗片、內臟，切除頭部與骨刺，清洗乾淨、拭去水分，縱向剖開。

❷ 麵包粉、鯷魚、酸豆、葡萄乾、松子、檸檬皮、香草料與 3 湯匙橄欖油加以研磨。試味道後，可加點鹽調味。

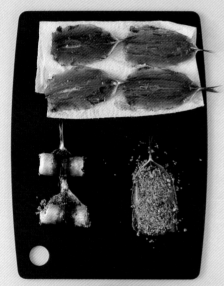

❸ 將 2 湯匙半醬料抹在沙丁魚片上，加壓後將沙丁魚片捲起。

❻ 把沙丁魚捲放入烤箱中，以 180℃ 烘烤 15 分鐘。待溫度降至常溫或微溫，佐以芝麻菜沙拉一起食用。

注意事項：
沙丁魚必須非常新鮮，避免購買已經處理好的沙丁魚菲力魚片。

❹ 把沙丁魚捲緊密排放至已抹油的盤子上，每捲中間隔一片月桂葉。

❺ 檸檬汁、柳橙汁、醋、些許橄欖油、糖與胡椒粉調勻後，淋在沙丁魚捲上。

❶ 將蝦子去殼，保留蝦殼備用。

❷ 把魚高湯與蝦殼放入湯鍋中，以文火熬煮。

義式海鮮燉飯

4 人份　　10 至　　25 至
　　　　　15 分鐘　　30 分鐘

❸ 用 2/3 分量的奶油炒香蒜末、紅蔥頭末與西洋芹末，直到食材變軟嫩。

❹ 放入米，加以拌炒，讓奶油包裹住米，倒入白酒，熬煮 5 至 6 分鐘。

❺ 舀入 1 湯杓熱高湯，加以攪拌，讓米飯吸取高湯。

❻ 每隔 15 至 20 分鐘，再舀入一湯杓高湯，讓米飯潤濕，並不時拌攪。

食材：

海鮮 440 公克（蝦子 6 尾、蛤蜊 200 公克與淡菜 200 公克）
魚高湯 1 公升
奶油 50 公克
切成細末的紅蔥頭 2 顆
切成細末的西洋芹梗 1 根

切成細末的蒜頭 2 瓣
燉飯用米 350 公克
不甜白酒 150c.c.
帕馬森乳酪粉 60 公克
鹽、黑胡椒粉適量
特級初榨橄欖油

❼ 把蝦子與貝類食材放入燉飯鍋中，留置火上 2 至 3 分鐘，直到海鮮食材煮熟為止。

❽ 加入些許的帕馬森乳酪粉與剩餘未用的奶油，以鹽與胡椒粉調味。最後淋上些許特級初榨橄欖油，再灑上帕馬森乳酪粉，趁熱上桌。

蝦仁咖哩

4 人份　25 分鐘　25 分鐘

食材：

切成細末的紫皮洋蔥 1 顆
薑末 1 湯匙
切成細末的蒜頭 2 瓣
剖半且去籽的青辣椒 1 根
番茄丁 500 公克
小茴香籽 1 茶匙
黑芥末籽 1 茶匙

印度酥油 1 湯匙
薑黃粉半茶匙
咖哩葉 6 片
椰奶 200c.c.
羅望子水 2 湯匙
棕櫚糖粉或砂糖 1 湯匙
去殼且去沙腸的生蝦 750 公克

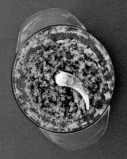

① 洋蔥、薑末、蒜瓣與青辣椒放入食物調理機中磨細後備用。

② 食物調理機洗乾淨後，把番茄研磨成均勻泥狀。

③ 把印度酥油放入鍋中，用以爆香籽類食材、薑黃粉與咖哩葉。

④ 將洋蔥泥與 1 湯匙水放入鍋中，熬煮 5 分鐘。

⑤ 放入番茄泥與其他所有食材（蝦仁除外），熬煮濃郁湯汁。

⑥ 放入蝦仁，熬煮 5 分鐘，待蝦肉變軟嫩。佐以米飯一起食用。

① 粗切羅勒葉，油漬番茄切小丁。

② 把羅勒番茄奶油醬的食材全放入碗中。

③ 充分攪拌成均質醬料，放在室溫下備用。

④ 將大草蝦縱向對剖切開。

⑤ 把奶油醬抹至大草蝦肉上。

⑥ 放入蒸籠中，約清蒸 5 分鐘。

羅勒番茄風味蝦

3 人份　　　20 分鐘　　　5 分鐘

食材：
大草蝦 12 尾

羅勒番茄奶油醬食材：
已軟化的無鹽奶油 200 公克
帕馬森乳酪 50 公克

油漬番茄 50 公克
羅勒葉 1 把
古法釀製法式黃芥末醬 1 茶匙
愛斯伯雷特辣椒粉（piment
d' Espelette）1 茶匙

注意事項：
最好用每公斤 8 至 12 尾的冷凍大草蝦。若是無法買到該規格的大草蝦，則以最常見每公斤 10 至 20 尾的規格取代亦可。

菜色變化：
四至十月時，可用當季新鮮盛產的大螯蝦取代大草蝦。

印尼風味蕉葉魚

 4 人份　 **20 分鐘**　 **30 分鐘**

食材：

薑黃粉半茶匙
黑胡椒粗粒 1 茶匙
鹽 1 茶匙
帶皮鮭魚菲力 4 塊
葵花籽油適量

紫皮洋蔥 1 顆
去籽青辣椒 1 根
芫荽細末 20 公克
蒜頭 4 瓣
去皮且切成細末的薑塊 3 公分長
香蕉嫩葉數片

① 以 220℃預熱烤箱。把薑黃粉、胡椒粉與鹽拌勻，塗抹在鮭魚菲力上，將魚塊放入鍋中以熱油酥炸。

② 將魚塊從鍋中取出，把油倒出，只留 3 湯匙油在鍋中。把其他食材（香蕉葉除外）放在一起打成泥。

③ 把上述打成泥後的食材放入鍋中，以餘油拌炒 15 分鐘，炒出醬色。

④ 香蕉葉放至火上或熱烤架上烤軟。

⑤ 醬料抹至鮭魚塊上，用已軟化的香蕉葉把鮭魚塊包裹起來，以棉線綁緊。

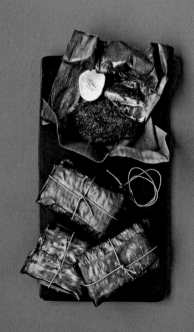

⑥ 把蕉葉鮭魚捲放置不沾烤盤上，放入烤箱烘烤 10 至 15 分鐘，直到軟嫩。佐以青檸檬瓣一起上桌食用。

注意事項：

可用鋁箔紙或烘焙紙取代香蕉葉。蕉葉鮭魚捲可事先備妥，上桌前再烘烤，送入烤箱前，先放置室溫下 30 分鐘。

防風麵疙瘩

 4 人份　　 35 分鐘　　 1 小時 30 分

食材：
歐洲防風（panais）2 根
中型馬鈴薯 3 至 4 顆
麵粉 150 至 200 公克
黑棗汁 250c.c.
檸檬 1 顆
橄欖油 2 湯匙

洋蔥 1 顆
燉煮用牛肉約 300 公克
鹽、胡椒粉適量

烹煮前的備料程序：
將牛肉切成塊狀。

❶ 細切洋蔥。以湯鍋熱油，翻炒洋蔥末與牛肉。

❷ 倒入黑棗汁，加以調味。

❸ 蓋上鍋蓋，火候轉小、熬煮 1 小時（或是將湯鍋放入烤箱，以低溫 140℃ 烘烤 2 小時）。

❹ 以鹽水燙煮削皮且切成小丁狀的根莖蔬菜，直到變軟。

❺ 把蔬菜與剩餘的油研磨成泥狀，加入麵粉，揉成有韌性但不太黏手的麵團。

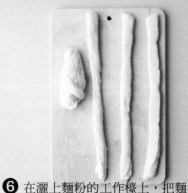

❻ 在灑上麵粉的工作檯上，把麵團搓成圓棍狀。

❾ 將麵疙瘩佐以牛肉碎屑、牛肉湯汁與檸檬皮細末一起食用。

注意事項：
可善用布根地紅酒燉牛肉剩餘的牛肉渣，或摩洛哥蔬菜燉羊肉的羊肉渣，搭配麵疙瘩一起食用。

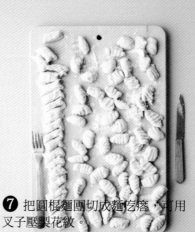

❼ 把圓棍麵團切成麵疙瘩，可用叉子壓製花紋。

❽ 將麵疙瘩放入沸騰鹽水中滾煮，直到浮出水面，即可撈起瀝乾水分。

① 以沸水汆燙洋香菜，40 秒即可撈起，瀝乾水分。

② 切除太硬的莖，把洋香菜與鮮奶油、些許鹽、胡椒粉一起研磨。

紅蘿蔔燉飯

4 人份　　30 分鐘　　25 分鐘

③ 再打發成雪霜奶油醬。

④ 洋蔥切成細末。橄欖油倒入湯鍋加熱，以微火拌炒洋蔥末。

食材：

自行熬煮或以有機湯塊調製的雞高湯或蔬菜高湯半公升（保溫備用）。

燉飯用米 120 公克

雞肝 4 片

紅蘿蔔汁 200c.c.（生機飲食店購得）

橄欖油 2 湯匙

奶油 20 公克

洋香菜半把

洋蔥 1 顆

蒜頭 3 瓣

雪莉酒醋（vinaigre de Xérès）1 湯匙

鮮奶油 150c.c.

鹽、胡椒粉適量

⑤ 把米放入洋蔥湯鍋中，拌炒出金黃珠光。另取湯鍋，略加熱紅蘿蔔汁，微溫即可。

⑥ 每次以一湯杓的量，逐次將紅蘿蔔汁與高湯加入米飯鍋中，不停攪拌，讓米飯吸飽湯汁。

⑦ 以剩餘的油與奶油把雞肝煎得金黃油亮，倒入雪莉酒醋，持續煮 45 秒，讓酒氣蒸發，再以鋁箔紙覆蓋保溫。

⑧ 趁米飯已煮成彈牙口感，且具黏稠醬汁，倒入 2/3 的洋香菜雪霜奶油醬，充分攪拌。

⑨ 每份餐盤中，放上 1 大湯匙的燉飯，佐以 1 湯匙的洋香菜雪霜奶油醬與數片煎的金黃的雞肝片一起食用。

義式朝鮮薊寬麵捲

🍴 6 至 8 人份　　🍲 1 小時 30 分　　🍳 30 分鐘

食材：
煮熟的義式寬麵條 6 片（每片
12x40 公分，參見 268 頁）
淡紫皮朝鮮薊 6 至 8 小棵
洋香菜細末 1 湯匙
蒜頭 2 瓣
不甜白酒 100c.c.
蛋白 1 顆
檸檬 1 顆
橄欖油 3 湯匙

鹽、胡椒粉適量

乳酪白醬食材：
白醬 1 公升（參見 458 頁）
刨粉用帕馬森乳酪塊 200 公克
＋50 公克
葛律耶爾乳酪 100 公克
奶油 30 公克

① 去除朝鮮薊較硬的葉片後浸泡在檸檬水中，以免變黑。

② 把朝鮮薊剖開，去除細毛，再切成薄片。

③ 用橄欖油炒香朝鮮薊薄片與蒜末 10 分鐘，淋上白酒，讓酒氣蒸發，再放入洋香菜，以鹽與胡椒粉調味，必要時，可加點水。

④ 刨取 200 公克的帕馬森乳酪粉與葛律耶爾乳酪粉，拌入熱白醬中，放涼備用。

⑤ 把 3 張寬麵條並排擺放，每張寬麵條交疊 2 公分，用蛋白將麵條邊緣黏起。

⑥ 抹上 3 公釐厚度的白醬（保留些許備用），放入半量的朝鮮薊薄片。

⑨ 放入烤箱，以 180℃焗烤 15 分鐘，直到麵捲變得金黃，趁熱食用。

注意事項：
一定要將寬麵捲放入冰箱冷藏，乳酪奶油醬才會定型，也比較能夠切出漂亮的段狀麵捲。

替代作法：
可用 100 公克的義式梵堤娜乳酪（fontina）取代 100 公克的帕馬森乳酪。

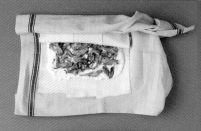

⑦ 用保鮮膜將寬麵條捲起，再製作第 2 條寬麵捲，完成後放入冰箱冷藏 2 小時。

⑧ 將烤盤抹點奶油、淋入白醬當作底層，放入切成段的寬麵條捲，灑上帕馬森乳酪粉，放上些許奶油。

❶ 細切洋蔥與肉切末丁。細切帕瑪火腿與義式豬牛綜合臘腸。

❷ 以奶油翻炒洋蔥末，放入肉丁與臘腸末，炒至金黃油亮。以鹽與胡椒粉調味。

❸ 用刀子或剁肉器細切肉餡。

❹ 把麵包粉與些許的肉豆蔻粉炒黃。

❺ 用肉餡、100 公克的帕馬森乳酪、蛋汁與麵包粉攪拌成一顆紮實的內餡。

❻ 麵皮擀成 1.5 公釐的厚度後，切成 3 公分的正方形，在每個正方形上放入一小球內餡，並包成三角形狀。

雷吉歐風味義式餛飩

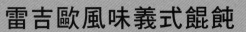
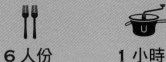

6 人份　　　1 小時　　　30 分鐘

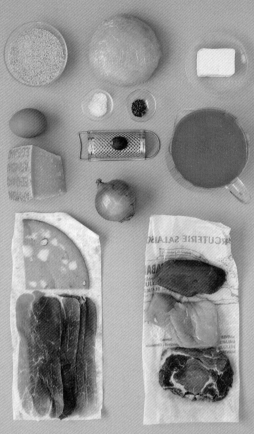

食材：
自製麵皮 450 公克（300 公克麵粉＋3 顆蛋，參見 268 頁）
混合瘦肉 300 公克（牛肉、小牛肉與豬肉各 100 公克）
帕瑪火腿（jambon de Parme）50 公克
義式豬牛綜合臘腸（mortadelle）50 公克

帕馬森乳酪 100 公克＋50 公克
自製麵包粉 50 至 60 公克
蛋 1 小顆
洋蔥 1 顆
奶油 30 公克
牛肉或雞肉高湯 2 公升
肉豆蔻、鹽、胡椒粉適量

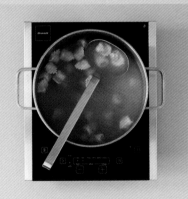

❾ 另備一小碗帕馬森乳酪粉，佐以餛飩湯一起食用。

注意事項：
在義大利艾米利亞地區（Émilie），雞湯餛飩可是耶誕佳節的一道菜色。不過，亦可乾吃餛飩，只要淋上帕馬森奶油醬加以調味，無須高湯，即可食用。

❼ 搯捏麵皮，做成餛飩狀，並藉用食指旁弧度搯出餛飩角。

❽ 把餛飩放入微滾的高湯中烹煮 3 分鐘。

燉羊肉

4 人份   25 分鐘 + 靜置 1 小時   2 小時 35 分

食材：

羊肩肉去骨後，以棉線綑綁羊排
（約 800 公克至 1 公斤）
摩洛哥綜合香料（raz el hanout）
半茶匙
橄欖油 60c.c. ＋1 湯匙
葡萄乾 50 公克
洋蔥 1 顆

蒜頭 1 瓣
生薑 30 公克
蜂蜜 30 公克
番紅花 2 份（0.2 公克）
雞高湯 300c.c.（以高湯塊調製）
去殼膜杏仁 50 公克
鹽、胡椒粉適量

① 羊肉放至餐盤上，灑上摩洛哥綜合香料與鹽，塗抹橄欖油，包上保鮮膜，放入冰箱冷藏 1 小時。

② 醃漬半小時後，先以 150℃的熱度預熱烤箱。把葡萄乾浸泡於溫水中。削去薑塊外皮，刨取薑末。

③ 剝除洋蔥外皮，切成細末。剝去蒜皮，拍扁。瀝乾葡萄乾水分。

④ 以湯鍋大火加熱 1 湯匙油，油煎羊肩肉每個面。把羊肩肉從湯鍋中取出，轉中火，湯鍋留置火上。

⑤ 洋蔥末放入湯鍋，爆香片刻，再放入薑末、醃漬盤中的油脂、蜂蜜，充分攪拌。

⑥ 再把羊肩肉放回湯鍋中，加入番紅花，拍扁的蒜瓣與葡萄乾。

⑦ 倒入一碗高湯，送入烤箱掀蓋烘烤 2 小時 15 分，留心高湯的蒸發狀況，若是蒸發過多，則再加入一碗高湯。烘烤結束時，高湯需收成濃稠油亮的醬汁。

⑧ 烘烤時間快結束時，以平底鍋不加油乾煸的方式炒香杏仁，再將杏仁切成粗粒狀。

⑨ 上桌前，用剪刀把綁住羊肉的棉繩剪斷，灑上杏仁粒、些許現磨胡椒粉，並在羊肉上淋滿烘烤醬汁。

食用建議：
佐以北非小米飯（參見 306 頁）一起食用。

香烤羊肩肉餡排

6 人份　　25 分鐘　　30 分鐘

食材：

去骨的肥美羊肩肉 1 塊

豬油網油薄片（肉商有售）一片

莫札瑞拉水牛乳酪 2 球

水芥菜 1 把

蒜頭 1 瓣

橄欖油 2 湯匙

鹽、胡椒粉適量

佐菜用蔬菜（如水煮馬鈴薯 6 至 8 顆切塊）

烹煮前的備料程序：

以 210℃ 預熱烤箱。水芥菜洗淨，切除過硬的莖部。

❶ 將莫札瑞拉乳酪與水芥菜（保留 1/4 備用），放入食物調理機中研磨，以鹽與胡椒粉調味。水芥菜乳酪醬若是過於濃稠，可加入些許莫札瑞拉乳酪水。

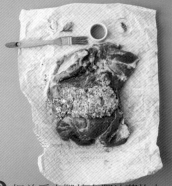

❷ 把羊肩肉攤放在肥油薄片上，加點鹽與胡椒粉，以切半的蒜仁塗抹表面，淋上些許橄欖油，塗上水芥菜乳酪醬（保留些許乳酪醬備用）。

❸ 用肥油薄片將羊肩肉包起來。

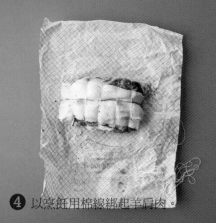

❹ 以烹飪用棉線綁起羊肩肉。

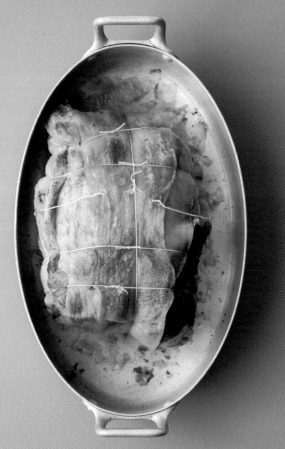

❺ 放入烤箱烘烤至肉色粉紅的熟度。利用烤肉的空檔，把備用的水芥菜細末與馬鈴薯泥拌勻，淋上餘油，以鹽與胡椒粉調味。

❻ 將烤羊排佐以馬鈴薯泥一起食用，以生水芥菜乳酪醬當沾醬使用。

① 在羊腿肉上段以薄刃刀深切數
小道切口。

② 把蒜仁切成薄片,插入羊腿小
切口中。

辣味羊腿

4 人份　　15 分鐘 +　　1 小時
　　　　靜置 12 小時

③ 優格、薑蒜泥、印度什香粉、薑粉、茴香籽與薑黃粉一起拌勻。

④ 把香料醬抹在羊腿上,加以覆蓋,放進冰箱冷藏 1 晚。

食材:

羊腿肉 1 塊(1.25 公斤)
蒜頭 4 瓣
原味優格 250c.c.
薑蒜泥 200 公克(參見 476 頁)
印度什香粉(garam masala)1 茶匙
薑粉半茶匙

茴香籽半茶匙
薑黃粉半茶匙
葵花籽油 2 湯匙
削皮且切成塊的馬鈴薯 4 顆
檸檬汁 1 湯匙
芫荽末 2 湯匙

⑤ 以 200℃ 預熱烤箱,把羊腿放至烤架上,四周擺上馬鈴薯,淋點
油,烘烤 45 分鐘或烤至偏好的熟度為止。

⑥ 將檸檬汁淋在馬鈴薯上,灑
上芫荽末,加以攪拌。將羊腿
切片,佐以馬鈴薯一起食用。

注意事項:
烘烤前 30 分鐘,將羊腿從冰箱中
取出降溫,有利於烘烤時均勻受
熱。

私房小祕訣:
若想烤出八、九分熟度,可以每
500 公克羊肉以 20 分鐘烘烤時間
計算。

印度柯瑪風味羊肉

 4 至 6 人份　 20 分鐘 +
靜置 2 小時　1 小時

① 將羊肉丁、優格與香料粉一起
拌勻，蓋上鍋蓋，靜置 2 小時。

② 將半量的洋蔥、薑、蒜、腰果
與些許的水一起研磨。

③ 加熱印度酥油，爆香剩餘的洋
蔥末 5 分鐘。

④ 放入羊肉塊，拌炒 5 分鐘，直
到羊肉上色。

食材：

切成小丁的羊腿肉 1 公斤
原味優格 60c.c.
椰奶 400c.c.
番茄泥 390c.c.
芫荽粉 1 湯匙
小茴香粉 1 茶匙
小豆蔻粉半茶匙

切成細末的洋蔥 2 顆
蒜頭 3 瓣
腰果 95 公克
生薑末 1 湯匙
印度酥油 3 湯匙
肉桂棒 1 根
鹽半茶匙

⑤ 加入腰果醬、剩餘的所有食材與 125c.c. 的水。

⑥ 蓋上鍋蓋熬煮 30 分鐘。打開鍋蓋，待醬汁冷卻收汁。

① 把麵粉、醬油與薑粉放入沙拉碗中加以拌合，放入切成小塊狀的豬肉，醃漬 30 分鐘。

② 炒鍋熱油，以大火翻炒肉塊數次。

③ 放入洋蔥末、蒜末與薑末，繼續翻炒，直到洋蔥變軟。

印尼風味醬爆豬肉

4 人份　　10 分鐘 +
　　　　　30 分鐘　　15 分鐘

食材：

豬里肌肉 500 公克

麵粉 2 湯匙

醬油 1 湯匙

薑粉半茶匙

植物油 3 湯匙

切成極細末的洋蔥 1 顆

切成極細末的蒜頭 3 瓣

研磨用薑塊

甜醬油膏 125c.c.

辣椒粉 1 茶匙

檸檬汁 1 湯匙

佐餐用的米飯些許（參見 298 頁）

④ 倒入甜醬油膏、3 湯匙水與辣椒粉。熬煮 5 分鐘，讓醬汁變得濃稠，最後倒入檸檬汁。佐以米飯一起食用。

義式鼠尾草風味小牛肉

2 人份   **15 分鐘**   **8 分鐘**

食材：
從小牛腿肉切下的薄片 2 塊（每
塊約重 150 公克）
帕瑪火腿薄片（jambon de
Parme）2 片
鼠尾草 4 片
奶油 30 公克

橄欖油 1 湯匙
不甜白酒或水 50c.c.
鹽些許

烹煮前的備料程序：
拍扁小牛肉（若無搗肉棒，則以
小湯鍋鍋底替代）。

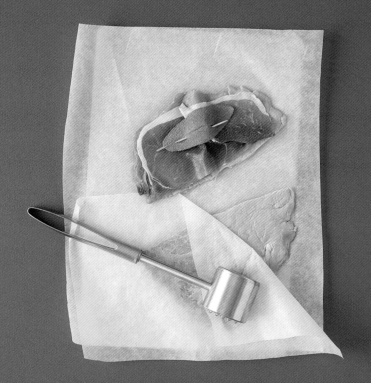

① 小牛肉放至兩張烘焙紙中，以搗肉棒搗打拍扁。把半片火腿與一
片鼠尾草放至小牛肉片上，用木籤固定住。

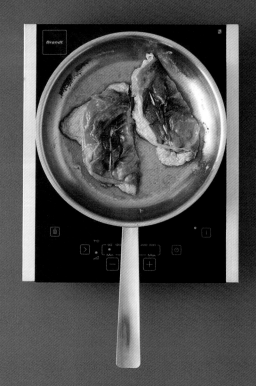

② 平底鍋加熱橄欖油與 20 公克奶油。放入肉片，以大火香煎，先
煎火腿面，再煎另一面（總共煎 5 分鐘），將肉片取出並保持熱度備
用。倒入白酒（或水）與鍋底油脂拌勻，滾煮 1 分鐘後，放入剩餘未
用的 10 公克奶油。

③ 將奶油醬淋上小牛肉，佐以芝麻菜沙拉或當季蔬菜趁熱食用。

❶ 雞肉漿、瑞可塔乳酪、帕馬森乳酪粉、蛋黃、鹽、胡椒粉與肉豆蔻粉一起拌勻。

❷ 內餡放至烘焙紙中央位，塑成長厚條狀。

義式火腿雞肉捲

6 人份　　　　20 分鐘　　　　40 分鐘

❸ 把雞肉捲放至略微交疊的火腿片上。

❹ 用火腿片將雞肉捲完全捆起。

食材：
雞胸肉 500 公克
瑞可塔乳酪（ricotta）500 公克
帕瑪火腿薄片（jambon de
Parme）或司博克煙燻火腿
（speck）10 至 12 片
刨粉用帕馬森乳酪 50 公克
蛋黃 2 顆
橄欖油 2 湯匙

不甜白酒 50c.c.
肉豆蔻粉 3 小撮
鼠尾草數片
鹽、胡椒粉適量

烹煮前的備料程序：
去除雞胸肉雞皮，把雞肉研磨成肉漿。以 180℃ 預熱烤箱。

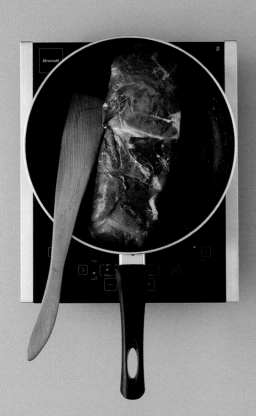

❺ 平底鍋加熱 1 小球奶油、1 湯匙橄欖油與數片鼠尾草，香煎火腿雞肉捲。

❻ 再放入烤箱中烘烤 30 分鐘。烘烤 10 分鐘後淋上白酒，待酒氣蒸發，覆蓋鋁箔紙繼續烤。佐以蔬菜一起食用。

豆豉蠔油牛肉

4 人份　　**20 分鐘**　　**10 分鐘**

  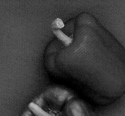

  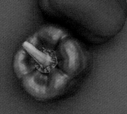

食材：

切成條狀的牛肉菲力 500 公克
淡色醬油 1 湯匙
紹興酒 1 湯匙
花生油 2 湯匙
麻油半茶匙
切成薄片的洋蔥 1 顆
切成細末的蒜頭 2 瓣

切成長條片的紅甜椒 1 顆
切成長條的青椒 1 顆
糖粉 1 茶匙
洗淨且瀝乾水分的罐裝豆豉 4 湯匙
蠔油 4 湯匙
佐餐用米飯（參見 298 頁）

① 牛肉條與醬油、紹興酒放入沙拉碗中拌勻。

② 以炒鍋熱油爆香洋蔥片與蒜末 3 分鐘。

③ 把牛肉條放入，爆炒 5 分鐘，須把肉條炒得軟嫩。

④ 加入青椒與甜椒絲，以大火翻炒。

⑥ 上桌前，再以大火熱炒 2 分鐘，拌飯食用。

⑤ 最後加入豆豉、糖與蠔油翻炒。

① 以中大火熱油香煎牛肉各面。

② 取出肉塊，倒出多餘油脂，倒入醋、1 杯水，拌攪鍋中汁液，熬煮 1 至 2 分鐘收汁，放置備用。

③ 刨取檸檬皮與柳橙皮細末，把蒜瓣與洋香菜切成細末，全部混勻。

④ 擀平派皮，把 2/3 的香料醬抹至派皮上。

⑤ 把派皮放至烤盤，牛肉放至派皮上，用派皮將牛肉捲起。

⑥ 拌打蛋汁，用刷子將蛋汁塗抹於派皮上，送入烤箱烘烤 30 分鐘。

酥烤牛肉

 4 人份　 25 分鐘　 35 分鐘

食材：
烘烤用牛肉 1 塊（約 800 公克）
仿千層派皮 200 公克（參見 493 頁）
檸檬 1 顆
柳橙 1 顆
蒜頭 1 瓣
蛋 1 顆
洋香菜半把

麵包粉 50 公克
葵花籽油 1 湯匙
巴薩米克醋 1 湯匙
清蒸或水煮馬鈴薯 500 公克
鹽、胡椒粉適量

烹煮前的備料程序：
以 200℃ 預熱烤箱。

⑦ 加熱平底鍋，不加任何油脂，用湯匙翻攪乾炒麵包粉。

⑧ 將麵包粉與剩餘的香料醬拌勻。

⑨ 馬鈴薯煮熟後灑上香料麵包粉與檸檬汁（或其他蔬菜），一起食用。

香烤珠雞

6 人份 **20 分鐘** **2 小時**

食材：
珠雞 2 隻
新鮮或冷凍綜合香菇（牛肝菌菇、
雞油菌菇）600 公克
肥肝 100 公克
雞胸肉 1 塊
蛋 1 顆
土司麵包 2 片
蒜頭 2 瓣

鮮奶油 100c.c.
洋香菜 6 小株
煙燻培根肉薄片 6 片
奶油 25 公克
鹽、胡椒粉適量

烹煮前的備料程序：
以 200℃ 預熱烤箱。

① 調製內餡：雞胸肉、100 公克綜合香菇、蒜頭、洋香菜與肥肝細切。

② 土司麵包浸泡至鮮奶油中，細切後的食材連同土司麵包、鮮奶油
與蛋汁一起拌勻，以鹽與胡椒粉調味。

③ 珠雞放至烤盤上，將內餡填入珠雞腹中，剩餘的內餡放在烤盤上。

④ 培根肉片放至珠雞上。

⑤ 放入烤箱，烘烤過程中，澆淋烤汁，依據珠雞大小，烘烤 1 小時 30 分至 2 小時。

⑥ 細切剩下未用的菇類食材。

⑦ 平底鍋用中大火加熱奶油，翻炒香菇丁 6 至 7 分鐘。

⑧ 將珠雞佐以香料餡與香菇丁一起食用。

耶誕節烤雞：
在內餡中添加 100 公克真空包裝的原味栗子，就是一道百分百的耶誕節烤雞了。英式的耶誕烤雞會佐以清蒸後再以奶油香煎的迷你高麗菜與水煮栗子一起食用。

調製醬汁：
把 1 或 2 杯不甜白酒或甜白酒倒入烤盤中，與烤汁混合，倒出煮至沸騰，收汁成濃稠醬汁。

北京烤鴨

 4 至 6 人份　　🍲 15 分鐘　　🍲 5 分鐘

食材：
青蔥 6 根
烤鴨 1 隻

甜麵醬 125c.c.
中式薄餅 12 片（可用蔥油餅）
切成小條的大黃瓜半條

❶ 將青蔥刨成絲狀，底部無須刨開，使青蔥呈管花狀，放入冰水中冰鎮。

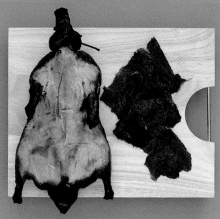

❷ 用薄刀片取鴨肉，亦可將鴨肉切成薄長條狀。

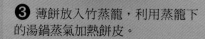

❸ 薄餅放入竹蒸籠，利用蒸籠下的湯鍋蒸氣加熱餅皮。

❹ 先將甜麵醬抹至餅皮中央位置。

❻ 把餅皮捲起，隨即食用（隨吃隨捲，才能趁熱食用。

私房小祕訣：
若想要讓鴨肉酥脆上桌，可將鴨肉放回烤箱中以 220℃烘烤 20 分鐘。

❺ 放入鴨肉的酥脆外皮或鴨肉，再擺上大黃瓜棒與青蔥。

① 平底鍋熱油，放入香料，翻炒至芥末籽開始爆開。

② 放入洋蔥末與薑蒜泥，加以翻炒。

芥末醬爆雞

4 人份　　　**30 分鐘**　　　**40 分鐘**

食材：

葵花籽油 2 湯匙

小茴香籽 1 茶匙

黑芥末籽 1 茶匙

茴香籽 1 茶匙

黑種草籽（nigelle）1 茶匙

切成細末的紫皮洋蔥 1 顆

薑蒜泥 1 湯匙（參見 476 頁）

切成小丁的熟番茄 300 公克

羅望子水 1 湯匙

去骨切塊的雞腿肉 500 公克

棕櫚糖或砂糖 1 湯匙

③ 放入雞肉塊，炒至金黃，再放入番茄丁、羅望子水與糖。

④ 煮至沸騰，把火候轉小，繼續熬煮，直到雞肉變軟。佐以印度烤餅（參見 497 頁）一起食用。

乾果兔肉捲

 4 人份　　 45 分鐘　　20 分鐘

食材：

兔菲力肉 2 至 3 塊
切成極薄的煙燻培根 300 公克
無花果 3 顆
杏桃乾 6 顆
黑棗乾 5 顆
洋蔥 2 顆

蜂蜜 2 湯匙
肉桂粉半茶匙
白酒 100c.c.
植物油
鹽、胡椒粉適量

① 乾果切成大塊狀。

② 兔菲力肉縱切成長薄狀。

③ 在竹捲簾上鋪保鮮膜，再交疊擺上臘肉片。

④ 擺上兔肉片，以鹽、胡椒粉調味，再擺上數排乾果（保留些許備用）。

⑤ 將竹捲簾緊緊捲起，再把保鮮膜兩端用力捲起。

⑥ 把兔肉捲放入蒸籠中蒸煮 15 分鐘。　　⑦ 利用蒸煮空檔，細切洋蔥。

⑧ 洋蔥片放入油中翻炒，炒成金黃後，放入肉桂粉、蜂蜜與剩餘未用的乾果，熬煮出醬色，保留備用。

⑨ 解開兔肉捲外的保鮮膜，放入油中香煎上色。保持熱度備用。

⑩ 白酒倒入平底鍋中，與鍋中油脂混合，再放入蜜漬乾果洋蔥，略微調味，繼續熬煮，必要時再加以調味。

⑪ 把兔肉捲切成厚片，佐以蜜漬乾果洋蔥一起食用。

注意事項：
竹捲簾與保鮮膜有助於將兔肉捲成長條狀。捲好後，要避免肉捲膜黏住竹捲簾。小心不要讓保鮮膜捲進肉捲中，保鮮膜的功用只是包裹肉捲，讓肉捲在烹煮過程中定型。

食用建議：
此道料理亦可佐以沙拉或北非小米飯一起食用。

蔬食

芝麻風味茄子

 4 人份　　 15 分鐘　　20 分鐘

食材：

茄子 3 顆（900 公克）
洋香蔥 3 根
芫荽 1 小把
芝麻 1 湯匙
麻油 1 湯匙
醬油 2 湯匙

芝麻醬 2 湯匙
檸檬半顆
糖 1 茶匙
蒜頭 1 瓣
辣椒 1 根（可有可無）
鹽些許

❶ 芫荽與洋香蔥洗淨，摘取芫荽葉，洋香蔥切細末。細切蒜瓣。

❷ 茄子洗淨，切成棒狀。

❸ 茄子放入蒸籠中清蒸，直到茄肉變軟（15 至 20 分鐘）後離火，放置備用。

❹ 以平底鍋不加油乾炒芝麻，要不斷翻炒，當芝麻開始變黃，即刻離火。

❺ 先用檸檬汁融化糖，再加入芝麻醬、醬油、蒜末與鹽，攪拌均勻。

❻ 把醬汁淋在茄棒上，嚐味道後，再調味。灑上提香香菜末（有無辣椒末均可），冰涼食用。

重要提示：
可用花生醬取代芝麻醬，若是醬汁過於濃稠，可加水稀釋。

❶ 洗淨青江菜，縱向剖半或對剖為四（依厚度而定）。

❷ 青江菜放入蒸籠中，清蒸 3 至 5 分鐘。

蠔油青江菜

4 人份　　　10 分鐘　　　5 分鐘

食材：
青江菜 6 小株或 4 大株
蠔油 2 湯匙
蒜油 3 湯匙
鹽適量

蒜油調製方式：
剝 1 顆蒜頭，切成細末。加熱
200c.c. 植物油，放入蒜末，緩
緩爆香，直到蒜末開始變得金
黃，離火，放涼。

❸ 把蠔油與蒜油拌勻，以鹽調味。

❹ 青江菜煮熟後擺盤，淋上醬
汁，加以攪拌，隨即上桌食用。

蒜香茄子

 4 人份　　 **20 分鐘**　　 **20 分鐘**

食材：

日式茄子 24 顆
切成細末的蒜頭 12 瓣
削皮且切成細末的薑 100 公克

芫荽末 2 湯匙
海鹽 1 茶匙
辣椒粉 1 小撮（可有可無）
葵花籽油 3 湯匙

❶ 在茄子上劃下深深的四刀，但不要切到茄子底部

❷ 蒜、薑、芫荽、鹽與辣椒粉全部磨細，再填入茄肉中，略微壓緊。

❸ 用熱油把茄子煎黃，蓋上鍋蓋，烹煮 15 分鐘，直到茄肉變軟。

❹ 拌飯食用。若茄子很小顆，亦可當作開胃小點心。

❶ 切除菇腳，擦拭菇傘，擦去髒污。

❷ 奶油、蒜末、香菜末與黑胡椒粗粒放入碗中，充分攪拌。

❸ 把橄欖油與醋調勻，塗抹在菇傘上，再放至烤肉架或鑄鐵平底鍋熱烤 5 至 10 分鐘。

❹ 當洋菇變得軟嫩金黃，擺上 1 小球香菜奶油醬，即可食用。

香烤洋菇

4 人份   10 分鐘   10 分鐘

食材：
白洋菇 4 大朵
奶油 50 公克
香菜末 2 湯匙（如洋香菜、奧勒岡草與細香蔥）

切成細末的蒜頭 2 瓣
黑胡椒粗粒
橄欖油 1 湯匙
巴薩米克醋 1 湯匙

油漬番茄

 32 顆 　　 15 分鐘 　　 4 小時 30 分

① 剝除蒜膜，輕拍蒜仁（無須完全拍扁），剝除番茄皮，切成四等分後去籽。

② 橄欖油、糖、鹽、胡椒粉與番茄拌勻。

食材：
蒜頭 4 瓣
成串的番茄 1 公斤
橄欖油 30c.c. ＋ 100c.c.
糖 1 湯匙
鹽 1 茶匙
胡椒粉 1 茶匙

普羅旺斯香草料（百里香、迷迭香、奧勒岡草、香薄荷）1 湯匙或新鮮百里香數小株

烹煮前的備料程序：
以 100℃ 預熱烤箱，在烤盤上鋪烘焙紙。

④ 放涼後，把番茄瓣放至玻璃容器或塑膠容器中，倒入橄欖油淹沒番茄，蓋上蓋子，放至冰箱冷藏。

③ 把番茄瓣內部朝向烤盤擺放，蒜瓣放至番茄瓣之間，灑上普羅旺斯香草料，放入烤箱烘烤 3 小時 30 分至 4 小時 30 分。

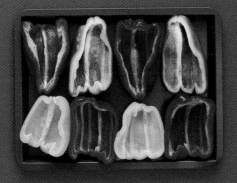

① 甜椒對半剖開去籽。把甜椒皮面朝上放至熱度調至最高的烤架上。

② 當甜椒表面略微鼓起小泡,即可從烤箱中取出,以免全烤焦了。

香烤甜椒

4 人份	10 分鐘 + 靜置 1 小時	30 分鐘

食材:
甜椒 4 顆
橄欖油適量
羅勒葉 2 至 3 小株(或是其他
香草料)
切成薄片的蒜頭 3 瓣

鹽、胡椒粉適量

注意事項:
使用烤箱的烤架功能,可縮短烹
調時間。

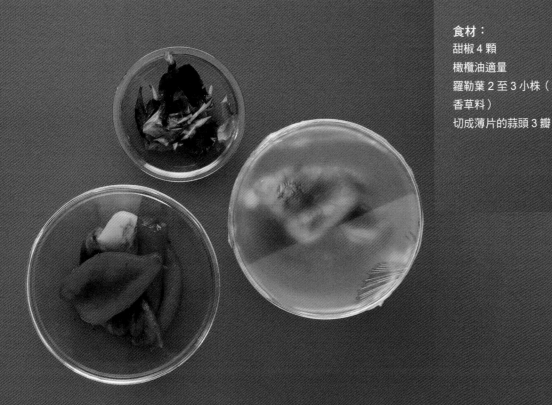

③ 把甜椒放入沙拉碗中,以保鮮膜覆蓋,放涼後去皮。

④ 把去皮甜椒切成長條狀,以橄
欖油、蒜末、羅勒葉、鹽與胡椒
粉調和的醬汁醃漬 1 小時。

香酥馬鈴薯棒

4 人份　　20 分鐘 +　　20 分鐘
　　　　　靜置 1 小時

① 馬鈴薯與蒜仁放入滾水鍋中烹煮，至馬鈴薯變軟。

② 離火，倒掉鍋中的水，放入奶油、鮮奶、些許鹽與胡椒粉，再加熱至奶油融化。

食材：
削皮且切成大小均勻的馬鈴薯 1 公斤
蒜頭 2 瓣
切成塊的奶油 150 公克
鮮奶 125c.c. 至 185c.c.
海鹽、黑胡椒粉適量
葛律耶爾乳酪粉或艾曼塔乳酪粉
（emmental）300 公克

香菜末 2 湯匙（如洋香菜、奧勒岡草與細香蔥）
低筋麵粉 125 公克
略加拌打的蛋 3 顆
麵包粉 60 公克
油炸用植物油

③ 壓碎馬鈴薯，讓馬鈴薯呈現均質膏狀。

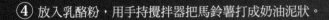

④ 放入乳酪粉，用手持攪拌器把馬鈴薯打成奶油泥狀。

⑤ 馬鈴薯泥放入大碗中，加入香草料與配料（參見菜色變化）後，充分攪拌。

⑥ 以2湯匙薯泥的量做出馬鈴薯棒，再放入冰箱冷藏30分鐘至1小時（讓馬鈴薯棒變得紮實）。

⑦ 將麵粉、蛋汁與麵包粉備妥。薯棒沾取麵粉，放入蛋汁中，最後沾取麵包粉。

⑧ 以平底湯鍋熱油，酥炸薯棒，直到金黃，放至吸油紙巾上瀝除油脂。

⑨ 佐以沙拉一起食用。

菜色變化：
在作法⑤中，可加入些許燻鮭魚、火腿或義大利臘腸（salami）。

炸薯條

 4 人份　 30 分鐘　30 分鐘

① 以流動的水將馬鈴薯洗乾淨，用餐巾紙擦乾。　② 馬鈴薯切成 5 公分長的條狀。

③ 燉鍋熱油，分批油炸馬鈴薯條，每批油炸 1 分鐘。　④ 馬鈴薯取出，放至餐巾紙上瀝油。

食材：
去皮馬鈴薯 1 公斤
油炸用植物油

海鹽適量
美乃滋或番茄醬

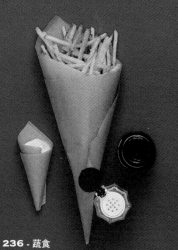

注意事項：
薯條可在食用前 2 小時先炸一次，食用前再炸一次，最好分批少量回鍋多炸幾次，才能炸得酥脆。

菜色變化：
可把薯條切厚一點或切成厚片，用同樣的方法油炸，但油炸時間得加長。

⑤ 再將一部分的馬鈴薯條回鍋，炸至金黃酥脆為止，取出後放至餐巾紙上瀝油，以同樣步驟油炸其他薯條。

⑥ 灑點鹽，佐以美乃滋或番茄醬一起食用。以同樣步驟處理其他薯條。

炸番薯

4 人份

15 分鐘

15 分鐘

① 以銳利的蔬果刨刀把番薯刨成長薄片狀。

② 鹽、芝麻與青檸檬皮細末放入研缽中，用研杵緩緩研磨，壓碎芝麻。

食材：
番薯 750 公克
海鹽 1 茶匙

烤過的芝麻 2 湯匙
青檸檬皮細末 1 茶匙
油炸用植物油

③ 分次油炸番薯片數次，直到金黃油亮，瀝油後保持熱度備用。

④ 灑上芝麻鹽粉後再食用。

瑞士薯餅

4 至 12 塊　　20 分鐘　　30 分鐘

① 分別把馬鈴薯與洋蔥刨成絲。

② 馬鈴薯絲放到乾淨的餐巾上，擰去多餘水分。

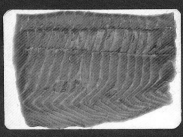

食材：
削皮的馬鈴薯 750 公克
洋蔥 1 顆
葵花籽油 100c.c.
奶油 50 公克
海鹽適量

佐餐食材：
燻鮭魚些許
水芥菜些許
鮮奶油些許

③ 再把馬鈴薯絲與洋蔥絲拌勻，以 2 湯匙的量塑成圓餅狀。

④ 平底鍋加熱葵花籽油與奶油，以中火把薯餅炸得酥脆。

菜色變化：
可依各人口味，將新鮮香草末或細火腿條加入薯餅中。亦可佐以英式培根、蛋或烤肉，當作早餐。

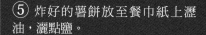

⑤ 炸好的薯餅放至餐巾紙上瀝油，灑點鹽。

⑥ 佐以燻鮭魚、水芥菜與鮮奶油一起食用。

① 麵粉、泡打粉與小蘇打粉過篩,加入鹽、胡椒粉與糖。

② 蛋與脫脂鮮奶加以拌打後,加入乾粉料,攪拌均勻。

玉米煎餅

4 至 16 塊　　30 分鐘　　40 分鐘

③ 取用玉米粒,把玉米粒、青蔥細末與提香香草末一起拌入麵糊中。

④ 大平底鍋熱油,以 2 湯匙的麵糊量煎製煎餅。

食材:

低筋麵粉 125 公克
泡打粉 1 茶匙
小蘇打粉半茶匙
細砂糖 1 湯匙
略加拌打的蛋 2 顆
脫脂鮮奶 185c.c.
切成蔥花的青蔥 3 根

新鮮玉米粒 400 公克(約 3 根玉米)
芫荽末 3 湯匙
細香蔥末 1 湯匙
橄欖油 3 湯匙
煙燻鮭魚 150 公克
海鹽、白胡椒粉適量
檸檬瓣數瓣

⑤ 翻煮煎餅,直到雙面均呈現金黃酥脆。

⑥ 將煎餅佐以煙燻鮭魚與檸檬瓣一起食用。

注意事項:
煎製其他煎餅時,請將已煎好的煎餅放至烤箱中,以低溫保溫備用。

食用建議:
可佐以菠菜苗與鮮奶油一起食用。

西班牙番茄風味馬鈴薯

🍴 4 至 6 人份　　🥄 10 分鐘　　🍲 40 分鐘

食材：
馬鈴薯 1 公斤
煎煮用蔬菜油
橄欖油 2 湯匙
切成細末的紫皮洋蔥 1 顆

切成細末的蒜頭 3 瓣
切成細末的紅辣椒乾 1 或 2 小根
匈牙利紅椒粉（paprika）1 茶匙
細切的熟番茄 500 公克

❶ 將馬鈴薯煮軟，削去外皮，切大塊。

❷ 以大量的油多次香煎馬鈴薯塊後瀝油。

❸ 取另一平底鍋加熱橄欖油，炒香洋蔥末、蒜末與紅辣椒末 5 分鐘（洋蔥末須炒軟）。

❹ 匈牙利紅椒粉與番茄加入平底鍋中，煮至醬汁收至半量。

菜色變化：
若要使醬汁更具層次感，可加入 80 c.c. 美乃滋或同時在馬鈴薯塊上淋上美乃滋與辣味番茄醬兩種醬汁。未用完的醬汁放至冰箱可保存三天。

❺ 把醬汁打磨成滑口質地。

❻ 香煎馬鈴薯塊佐以醬汁一起食用。

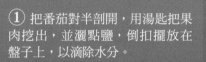

焗烤番茄

4 至 6 人份　　　30 分鐘　　　20 分鐘

① 把番茄對半剖開,用湯匙把果肉挖出,並灑點鹽,倒扣擺放在盤子上,以滴除水分。

② 用 1 湯匙橄欖油炒香鰻魚與蒜片,讓鰻魚化入橄欖油中,把蒜片取出。離火後,放入香草末、帕馬森乳酪粉、麵包粉與半量的油,充分拌匀。

食材:

中型番茄 8 顆
自製麵包粉 80 公克
現刨帕馬森乳酪粉 60 公克
羅勒葉 1 把
香氣濃郁的奧勒岡乾草末 2 湯匙
洋香菜半把

鰻魚菲力 4 片
對半切開的蒜頭 1 瓣
橄欖油 50c.c.
鹽適量

烹煮前的備料程序:

細切所有的香草料。

③ 用小湯匙把內餡填入番茄中,淋上剩餘未用的橄欖油。

④ 放入烤箱以 180℃ 烘烤 20 分鐘。焗烤後立即食用。

甜椒餡餅

 4 人份　　 20 分鐘　　30 至 40 分鐘

① 190℃ 預熱烤箱，甜椒對半剖開。　　② 去除甜椒籽與內部白膜。

食材：

黃甜椒 1 顆
青椒 1 顆
紅甜椒 1 顆
切成厚片的熟番茄 3 顆
切成薄片的蒜頭 2 顆
希臘卡拉瑪塔黑橄欖（Kalamata）
100 公克

切成厚瓣狀的醃漬朝鮮薊心 4 顆
酸豆（大顆）8 顆
捏成碎末的菲達羊奶乳酪
（feta）100 公克
特級初榨橄欖油
撕成碎片的羅勒葉 3 片

③ 甜椒放至烤盤上，以番茄片、朝鮮薊片、蒜片、橄欖、酸豆與菲達羊奶乳酪放入甜椒中。

④ 淋上橄欖油，放入烤箱烘烤 30 至 40 分，直到甜椒變得金黃軟嫩，灑上羅勒細葉即可食用。

❶ 南瓜洗淨，去除南瓜籽，切成大塊，蓋上鋁箔紙，放入烤箱以150℃烘烤，或是清蒸亦可（南瓜肉需熟透軟嫩）。

南瓜麵疙瘩

4 人份　　　20 分鐘　　　40 分鐘

❷ 把南瓜肉磨成泥，拌入蛋黃、瑞可塔乳酪、帕馬森乳酪、少量分批過篩的麵粉以及略微打發的蛋白。以鹽與胡椒粉調味，加點肉豆蔻粉增添香氣。

食材：
小南瓜或肉豆蔻南瓜 1 公斤（或是去除水分的南瓜泥 500 公克）
麵粉約 100 公克
蛋 1 顆
瑞可塔乳酪（ricotta）120 公克
帕馬森乳酪 50 公克
肉豆蔻仁
鹽、現磨胡椒粉適量

鼠尾草奶油醬食材：
奶油 80 公克
鼠尾草 10 片
煙燻瑞可塔乳酪或帕馬森乳酪
80 公克

❸ 用兩根湯匙做成麵疙瘩，放入微滾的鹽水中烹煮，當麵疙瘩浮出水面，即可撈起瀝乾水分。

鼠尾草奶油醬作法：
以小火融化奶油，加入切絲的鼠尾草，等香味出現後離火，加入乳酪，攪拌均勻即可。

❹ 用鼠尾草奶油醬為麵疙瘩調味，灑上煙燻瑞可塔乳酪或帕馬森乳酪。

北非風味夏克舒卡蔬食

2 人份　　　20 分鐘　　　1 小時 05 分

① 去除蒜膜，去芽拍扁。剝除洋蔥外皮，對半剖開，撥開洋蔥片。

② 用大平底鍋以中火加熱 2 湯匙油，炒香洋蔥與蒜末，以中微火炒 10 分鐘，小心別炒黃了。

食材：
番茄 3 顆
紅甜椒 1 顆
黃甜椒 1 顆
油漬番茄 3 瓣（參見 232 頁）
橄欖油 3 湯匙

蒜頭 2 瓣
洋蔥 1 顆
芫荽籽 1 茶匙
番紅花 1 份（0.1 公克）
鹽、胡椒粉適量

③ 利用炒香洋蔥的空檔去除番茄皮（用軟質蔬果用刨刀），並去籽切成四等分。

④ 甜椒兩端切除，對半剖開，去除甜椒籽與白膜後，切成長條狀。

⑤ 番茄與甜椒放入平底鍋中,以中火翻炒 10 分鐘。

⑥ 把油漬番茄瓣切成兩等分。

⑦ 用研缽把芫荽籽磨細。

⑧ 油漬番茄、芫荽末、一大撮鹽與現磨數圈的胡椒粉加入平底鍋中,充分拌勻。

⑨ 蓋上鍋蓋,以文火烹煮 40 分鐘,再掀蓋烹煮 5 分鐘。淋上 1 湯匙橄欖油,即可食用。

替代作法:
如果家裡沒有研缽,亦可把芫荽籽放入平底鍋中,用一只比平底鍋更小的鍋底把芫荽籽磨扁。

普羅旺斯燉菜

4 至 6 人份　　**20 分鐘**　　**40 分鐘**

① 以熱油分次把茄丁炒至金黃，再放至篩網上，瀝去多餘油脂，留取濾油備用。

② 倒 2 湯匙油至平底鍋中，炒香甜椒片、櫛瓜，直到金黃軟嫩，再放至篩網上。

食材：

橄欖油 150c.c.＋2 湯匙

切成小丁的茄子 1 顆（500 公克）

切成片的紅甜椒 1 顆

切成片的青椒 1 顆

切成圓片的櫛瓜 2 根

切成瓣狀的紫皮洋蔥 2 顆

切成細末的蒜頭 2 瓣

去皮且細切的熟番茄 3 顆

洋香菜末 1 湯匙

百里香末 1 湯匙

海鹽、黑胡椒粉適量

④ 把所有蔬菜放回平底鍋中，加入提香香菜，烹煮 5 分鐘。上桌前灑點鹽與胡椒粉。

③ 以備用濾油分別炒香洋蔥與蒜末，各翻炒 5 分鐘。再放入番茄，煮至沸騰後，繼續熬煮 10 分鐘。

① 以 150℃預熱烤箱。洗淨四季豆，切除尾端。

② 把 250c.c. 水、四季豆、洋蔥、橄欖油、月桂葉、蒜片、糖、鹽與番茄糊放至大燉鍋中，煮至沸騰。

③ 用濕潤的烘焙紙加以覆蓋，再緊蓋鍋蓋。

④ 放入烤箱烘烤 3 小時。待四季豆溫度降至室溫，更是美味。

希臘風味四季豆

6 人份　　　15 分鐘　　　3 小時

食材：
四季豆 750 公克
切成圓薄片的大洋蔥 1 顆
橄欖油 375c.c.
月桂葉 1 片

切成薄片的蒜頭 3 瓣
糖粉 1 茶匙
鹽 1 茶匙
義式番茄糊（passata）250c.c.

義式燉炒三色甜椒

4 人份　　15 分鐘　　35 分鐘

❶ 去除甜椒籽，切成大塊狀。洋蔥與蒜瓣切成細末狀。番茄切成瓣狀後去籽。

❷ 以平底湯鍋加熱橄欖油，爆香洋蔥末 2 分鐘，放入番茄、甜椒、蒜末與半量的羅勒葉。

食材：
甜椒 4 顆（紅、黃、青）
熟番茄 4 顆（或罐裝番茄泥 1 罐）
中型洋蔥 2 顆
蒜頭 2 瓣
羅勒葉 1 把
橄欖油 3 湯匙
鹽、胡椒粉適量

最佳賞味時節：
這是一道經典夏季配菜。佐以雞鴨鵝料理、鮪魚料理、酥烤麵包或米飯，降至溫熱或室溫溫度時享用。

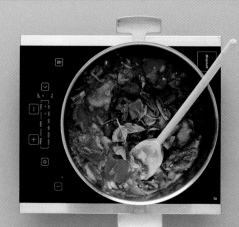

❹ 放入剩餘粗切的羅勒葉，待溫度降至溫熱或室溫時享用。

❸ 以大火滾煮 5 分鐘，以鹽調味，蓋上鍋蓋，續以文火燉煮 20 分鐘，掀開鍋蓋續煮，讓湯汁蒸發收汁。

① 甜菜梗與甜菜葉分開細切。菇類食材擦乾淨，切成薄片狀。蒜瓣切成片狀，細切春蔥。

② 以大火加熱中式炒鍋，當炒鍋冒煙，再倒油。放入春蔥、蒜末，翻炒 30 秒。

③ 放入甜菜梗與菇片，不停翻炒 2 分鐘後，放入甜菜葉，繼續翻炒 1 分鐘。

④ 倒入與玉米粉拌勻的蠔油或醬油。續炒 1 分鐘後上桌食用。

中式熱炒甜菜

1 人份　　　15 分鐘　　　3 分鐘

食材：
香菇 1 把或北風菌菇數朵（或以
白洋菇取代）
春蔥 3 根
帶葉甜菜 3 大梗
蒜頭 1 瓣
醬油 1 湯匙

植物油 2 湯匙
玉米粉 1 茶匙

烹煮前的備料程序：
以 220℃ 預熱烤箱。
甜菜洗淨。

香炒豌豆莢

| 4 人份 | 15 分鐘 | 15 分鐘 |

❶ 以中式炒鍋加熱麻油與花生油，炒香洋蔥末與蒜末 5 分鐘。

食材：

麻油半茶匙
花生油 1 湯匙
切成圓薄片的洋蔥 1 顆
切成片狀的蒜頭 2 瓣

豌豆莢 400 公克
玉米筍 100 公克
醬油膏 1 湯匙
醬油 1 湯匙
糖粉 1 茶匙

❷ 放入豌豆莢、玉米筍與 1 湯匙水，加以翻炒，直到豌豆莢變得軟嫩。

❹ 隨即拌飯或拌麵享用。

❸ 把醬油膏、醬油與糖拌勻，倒入炒鍋中翻炒。

❶ 皺葉高麗菜放至大碗中，倒入滾水覆蓋靜置，直到菜葉變軟。

❷ 以中式炒鍋乾烤松子，再將松子取出備用。

❸ 以橄欖油與奶油炒香蒜末、辣椒末與鯷魚末。放入紫花椰菜、皺葉高麗菜與 3 湯匙水。

紫花椰菜佐皺葉高麗菜

4 人份　　　　10 分鐘　　　　15 分鐘

食材：

皺葉高麗菜 100 公克

松子 2 湯匙

奶油 50 公克

橄欖油 1 湯匙半

切成細末的蒜頭 2 瓣

辣椒丁半茶匙

切成粗末的鯷魚 3 條

清除雜葉且切妥的紫花椰菜 2 顆

❹ 熱炒食材，直到花椰菜變軟，灑上幾顆烤松子後再上桌。

薄荷風味豌豆

🍴 2 人份　　🥘 10 至 20 分鐘　　🍲 7 分鐘

① 剝除果莢。

② 在蒸籠鋪上一張烘焙紙，蒸煮豌豆 5 至 7 分鐘。

③ 青蔥洗淨，切成蔥花。摘取薄荷葉，刨取檸檬皮細末。

④ 以半顆檸檬汁與橄欖油調成油醋醬，以鹽與胡椒粉調味。

食材：
新鮮豌豆 1 公斤或冷凍豌豆 400 公克
青蔥 3 小根
檸檬 1 顆

薄荷葉 1 把
瑞可塔乳酪（ricotta）100 公克
橄欖油 3 湯匙
鹽、胡椒粉適量

菜色變化：
可用帕馬森乳酪薄片取代瑞可塔乳酪，以羅勒葉取代薄荷葉，亦可添加一片帕瑪火腿薄片（jambon de Parme）。

春季菜色變化：
將豌豆仁、豆莢與蘆筍尖一起料理。先煮豌豆莢 2 分鐘，再放入豌豆仁與蘆筍尖一起煮。

⑤ 趁熱取出蒸籠裡的豌豆，加入蔥末與油醋醬。

⑥ 放涼後，灑點瑞可塔乳酪末、薄荷葉與檸檬皮細末。

❶ 用烹飪棉線把所有的提香香草綁成一束。

❷ 把豌豆、青蔥、蘿蔓生菜、白酒與香草束放入湯鍋中，煮至沸騰。

❸ 蓋上鍋蓋，熬煮 30 分鐘，直到豌豆變軟。

法式風味豌豆

4 人份　　　10 分鐘　　　30 分鐘

食材：

洋香菜 2 小株
百里香 2 小株
迷迭香 2 小株
新鮮或冷凍豌豆 750 公克
切成細末的青蔥 1 根

切成小片的蘿蔓生菜 1 小顆
白酒 125c.c.
細砂糖 1 茶匙
奶油 50 公克
海鹽、黑胡椒粗粒適量

❹ 將香草束取出，放入奶油
與糖。以鹽與胡椒粉調味。

印度風味紅豆羹

4 人份　　**15 分鐘 +**　　**1 小時 30 分**
　　　　　　　靜置 12 小時

❶ 將大紅豆浸泡在水裡一整晚後瀝乾水分。用 1 公升的水滾煮 40 分鐘，瀝乾水分。

食材：

印度紅豆（大紅豆）315 公克

切成小塊的番茄 500 公克

細切的紫皮洋蔥 1 顆

薑末 1 湯匙

蒜頭 2 瓣

縱向對剖的青辣椒 1 根

小茴香籽 1 茶匙

阿魏草根粉（asafoetida）1 小撮

葵花籽油 1 湯匙

薑黃粉半茶匙

印度什香粉（garam masala）1 茶匙

辣椒粉半茶匙

芫荽末 2 湯匙

海鹽適量

❷ 把番茄、薑末、蒜瓣、辣椒、與洋蔥打成均質泥狀。

❸ 以熱油炒籽類香料食材與阿魏草根粉,直到籽類香料炒出香氣。放入番茄泥,熬煮收汁成濃稠醬汁。

❹ 放入其餘香料粉、大紅豆與 750c.c. 水,煮至沸騰後,繼續熬煮 30 分鐘。

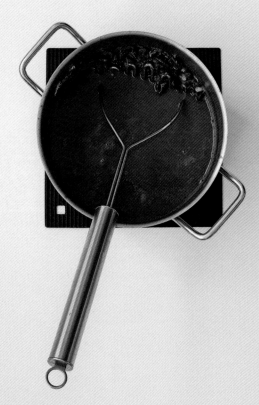

❺ 用湯匙背略壓紅豆。

❻ 灑點芫荽末,拌飯食用。

私房小祕訣:
紅豆要以大量的滾水,持續滾煮到豆子變軟才行。由於豆子的新鮮程度不同,其烹煮時間亦有差異。

菜色變化:
若是烹煮時間不夠,亦可使用罐頭裝大紅豆,省略作法❶,使用前充分瀝乾水分,在作法❹的階段加入罐裝紅豆。

蔬菜咖哩

4 人份　　30 分鐘 +　　40 分鐘
　　　　　靜置 12 小時

❶ 鷹嘴豆在冷水裡浸泡一夜，隔天瀝乾水分後熬煮。煮完瀝乾備用。

❷ 加熱印度酥油香炒籽類食材，再放入薑泥、洋蔥末與阿魏草根粉，煎煮至洋蔥變黃。

食材：

印度鷹嘴豆（kala chana）100 公克　　　切成小丁的番薯 300 公克
小茴香籽 1 茶匙　　　　　　　　　　　　切成圓薄片的櫛瓜 1 根
茴香籽半茶匙　　　　　　　　　　　　　豌豆 80 公克
葫蘆巴籽（fenugrec）半茶匙　　　　　　切成小丁的番茄 400 公克
印度酥油 2 湯匙　　　　　　　　　　　　印度什香粉（garam masala）1
現磨薑泥 1 湯匙　　　　　　　　　　　　茶匙
切成細末的紫皮洋蔥 1 顆　　　　　　　　薑黃粉半茶匙
阿魏草根粉（asafoetida）1 小撮　　　　　原味優格 2 湯匙
切成小丁的紅甜椒 1 小顆　　　　　　　　海鹽適量

❹ 加入優格，以鹽調味。佐以印度巴巴丹薄餅（papadum）一起食用。

❸ 放入蔬菜、鷹嘴豆、60c.c. 水、印度什香粉與薑黃粉，沸騰後火候轉小，續煮 20 分鐘。

1 茄塊上灑鹽，淋上白醋，充分攪拌，30 分鐘後瀝除水分。

2 以熱油爆香芥末籽 2 分鐘。

3 放入咖哩葉與番茄後，再放入薑黃粉，進行翻炒。

4 加入茄塊，蓋上鍋蓋，煮至茄塊變軟。

5 加入印度什香粉、胡椒粉、椰奶與 125c.c. 水。

印度風味茄香咖哩

4 人份　　　30 分鐘 +　　　40 分鐘
　　　　　　30 分鐘

食材：

切成段的茄子 500 公克
海鹽 1 茶匙
白醋 1 湯匙
黑芥末籽 1 茶匙
葵花籽油 1 湯匙
咖哩葉 1 湯匙

切成小丁的熟番茄 300 公克
薑黃粉 1 茶匙
印度什香粉（garam masala）
半茶匙
黑胡椒粉半茶匙
椰奶 250c.c.
葫蘆巴葉（fenugrec）1 湯匙

6 煮至沸騰後，火候轉小，續煮 20 分鐘。灑點葫蘆巴葉。

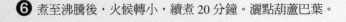

印度香醬洋菇

4 人份　　15 分鐘　　15 分鐘

食材：

切成小丁的番茄 300 公克
小洋菇 30 朵
薑蒜泥 1 湯匙（參見 476 頁）
印度什香粉（garam masala）1 茶匙
茴香籽 1 茶匙
小茴香粉 1 茶匙

辣椒粉 1/4 茶匙（可有可無）
印度酥油 2 湯匙
椰奶 400c.c.
鮮奶油 125c.c.
葫蘆巴葉（fenugrec）1 湯匙
芫荽末 2 湯匙
海鹽適量

❶ 番茄研磨成均勻泥狀，用餐巾紙把洋菇擦乾淨，摘除菇腳，剖半。

❷ 以印度酥油把薑蒜泥、印度什香粉、茴香籽、辣椒粉與小茴香粉炒香。

❸ 加入洋菇、椰奶與番茄泥後，煮至沸騰，火候轉小，續煮 10 分鐘。灑點葫蘆巴葉。

❹ 鍋子離火，放入鮮奶油、葫蘆巴葉與芫荽末後，以鹽調味。佐以印度烤餅（參見 497 頁）一起食用。

印度風味香烤蔬食

4 人份   20 分鐘   40 分鐘

食材：

切成薄片的番薯 700 公克
切成長條的紅甜椒 1 顆
切成長條的青椒 1 顆
切成長條的橘椒 1 顆
削成小花束的花椰菜 400 公克
切成薄塊的紫皮洋蔥 1 顆
整理乾淨的四季豆 200 公克

葵花籽油 3 湯匙
印度酥油 1 湯匙
薑蒜泥 2 湯匙（參見 476 頁）
海鹽 1 小撮
小茴香籽 1 茶匙
薑黃粉 1 茶匙
印度什香粉（garam masala）1 小撮
檸檬汁 1 湯匙

① 以 200℃預熱烤箱。蔬菜備妥。

② 把葵花籽油、印度酥油、薑蒜泥、鹽、小茴香粉、薑黃粉、印度什香粉與檸檬汁放入碗中調勻。

③ 除了四季豆之外，所有的蔬菜均放入大碗中與醬汁拌勻，讓蔬菜均包裹醬汁，再把蔬菜放至大烤盤上。

④ 放入烤箱烘烤 35 分鐘後，再放入四季豆，續烤 5 至 10 分鐘，或烤至蔬菜變軟為止。

香烤根莖蔬菜

6 人份　　　25 分鐘　　　1 小時

食材：

依喜好隨選根莖蔬菜 1.5 公斤：紅蘿蔔、馬鈴薯、歐洲防風（panais）、菊芋（topinambour）、白蘿蔔、塊芹、球莖甘藍等等

橄欖油 3 湯匙

百里香 4 小株

歐芹 4 小株

馬斯卡朋乳酪 4 湯匙

鹽、胡椒粉適量

烹煮前的備料程序：

以 190℃ 預熱烤箱。

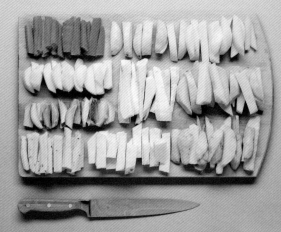

❶ 蔬菜洗淨，削去外皮，切成大小均勻的粗條狀。

❷ 把蔬菜條攤放在烤盤上，淋點油，放上百里香，充分拌勻。

❹ 將馬斯卡朋乳酪與歐芹末拌勻，加點鹽與胡椒粉調味，淋在熱蔬菜上一起食用。

❸ 放入烤箱烘烤 1 小時。

① 茴香球莖放入鹽水中滾煮 20 分鐘後瀝乾。10 分鐘後，切成厚片狀。

② 以平底鍋熱油，香煎茴香片數次，直到變黃。

③ 倒入酒、60c.c. 水、蒜末與高湯淹沒茴香片，蓋上鍋蓋，燉煮 10 分鐘。

燉煮茴香

4 人份　　　15 分鐘　　　40 分鐘

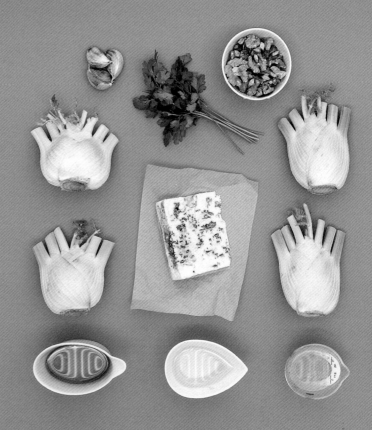

食材：

整理乾淨的中型茴香球莖 2 顆或 4 小顆
橄欖油 1 湯匙
白酒 125c.c.
切成細末的蒜頭 3 瓣

雞高湯 60c.c.
捏成碎片的藍紋乳酪 100 公克
核桃粗粒 50 公克
洋香菜葉 2 湯匙
海鹽、黑胡椒粉適量

④ 鍋子離火，灑點乳酪、核桃碎片與洋香菜末，再以鹽與胡椒粉調味。

清蒸綜合菇

 4 人份　　 20 分鐘　　🍲 6 分鐘

食材：
綜合香菇 800 公克：乾香菇、
杏鮑菇（或北風菌菇）、金針
菇、袖珍菇等等
蒜頭 3 瓣
油 4 湯匙
春蔥 1 小把

薑 60 公克
蠔油 2 湯匙
鹽、胡椒粉適量

烹煮前的備料程序：
切除大朵香菇的菇腳。

❶ 乾香菇泡在冷水裡，直到香菇
吸飽水分（約 15 分鐘）。

❷ 用濕餐巾紙將其他香菇擦淨，
切除菇腳，並把大朵的菇切小段。

❸ 青蔥洗淨，蔥白部位剖半或剖
為四，把蔥綠部位切成蔥花備用。

❹ 剝除蒜膜，切成薄片狀。削去
薑皮，切成薑絲，放置備用。

❺ 把大香菇與生蔥段放入蒸籠中
清蒸 5 分鐘。

❻ 以熱油爆香薑絲與蒜片，直到
蒜片變得金黃。

❾ 灑點蔥花即可食用。

❼ 蒸煮 5 分鐘後，再把小朵的菇
類食材（袖珍菇與金針菇）放入
蒸籠，續蒸 1 分鐘。

❽ 把已蒸熟的菇類食材與薑、
蒜、油、蠔油一起拌勻，以鹽與
胡椒粉調味。

① 馬鈴薯放至湯鍋中，以冷水淹沒，加點鹽，煮至沸騰。

② 以微滾半掀蓋的方式煮 20 至 30 分鐘（烹煮時間依馬鈴薯大小而定）。

③ 瀝乾水分後，剝除外皮，再放回湯鍋中，開火收乾馬鈴薯表面水分。

④ 倒入奶油與鮮奶油，用壓泥杓壓碎。

⑤ 加熱鮮奶，倒入薯泥中，一邊倒，一邊以木湯匙拌打。

⑥ 必要時加點鹽或胡椒粉，隨即享用。

自製薯泥

🍴 4 人份　　🥄 20 分鐘　　🍲 30 分鐘

食材：
馬鈴薯 1 公斤（建議選用 BF15 品種）
奶油 50 公克
鮮奶油 3 湯匙
鮮奶 100c.c.
鹽、胡椒粉適量

烹煮前的備料程序：
馬鈴薯洗淨。

注意事項：
千萬別用機器攪打薯泥，否則薯泥會過軟。

櫛瓜奶酥

4 人份   **25 分鐘**   **45 分鐘**

食材：

洗淨且切除尾端的櫛瓜 1 公斤
茅屋乳酪（cottage cheese）200 公克
羅勒葉 6 小株
橄欖油 2 湯匙
糖 1 茶匙
醋 1 茶匙
全麥麵粉 150 公克

奶油 75 公克
整顆杏仁 4 湯匙
鹽、胡椒粉適量

烹煮前的備料程序：
以 220℃預熱烤箱。
杏仁切成粗粒狀。

❶ 櫛瓜刨成絲，以鹽與胡椒粉調味後，淋上 1 匙油。

❸ 用手指搓揉拌勻奶油與麵粉，加入第 2 匙油與杏仁，以鹽調味。

❷ 把櫛瓜絲放入焗烤烤盤中，送入烤箱烘烤 15 分鐘。

❹ 把糖與醋倒入櫛瓜絲中拌勻，再放入乳酪與羅勒葉末。

❺ 奶油酥粉鋪在櫛瓜上，把烤箱溫度降至 180℃。

❻ 送入烤箱烘烤 25 分鐘，直到奶酥變得金黃為止。

① 以 200℃ 預熱烤箱。以些許滾水滾煮蒜仁、薑泥與番薯。充分瀝乾水分後，熬煮成泥狀。

② 把麵包粉、核果、奶油、肉桂粉、蜂蜜、香草料與橄欖油一起拌勻，以鹽與胡椒粉調味。

③ 把番薯泥放入 1.5 公升容量的抹油烤盤中，核果奶油酥粉鋪在上頭。

番薯奶酥

4 人份　　30 分鐘　　30 分鐘

食材：
蒜頭 2 瓣
薑泥 1 湯匙
削皮的番薯 750 公克
核果（noix de Pécan）粗粒 75 公克
切成小塊的奶油 50 公克
肉桂粉半茶匙
粗麵包粉 80 公克

蜂蜜 2 茶匙
新鮮綜合香草料（如奧勒岡草、鼠尾草與百里香）1 湯匙
橄欖油 2 湯匙
海鹽、黑胡椒粉適量

④ 送入烤箱烘烤 30 分鐘，直到奶酥金黃酥脆。

麵食與米食

自製義式麵條

650 公克　　30 分鐘 +　　　—
　　　　　　靜置 2 小時

食材：
中筋麵粉 300 公克
硬質小麥粉 100 公克
中型蛋 4 顆
橄欖油 1 湯匙
鹽 1 小撮

烹煮前的備料程序：
所有的食材需先置於室溫下，才
能做出均質麵團。把麵粉與硬質
小麥粉拌勻，倒至工作檯上。

注意事項：
亦可只使用麵粉，但硬質小麥粉
可使麵團變得更為紮實，更加耐
煮。

① 在拌勻的小麥麵粉中挖個小洞，把蛋打進小洞中，加點鹽，用叉
子拌勻。

② 緩緩用叉子把麵粉與小麥粉拌入洞中，加入橄欖油。

③ 用手拌勻麵粉。

④ 以手掌揉麵，直到麵團成型，表面變得光滑。包裹保鮮膜後靜置 1
至 2 小時。

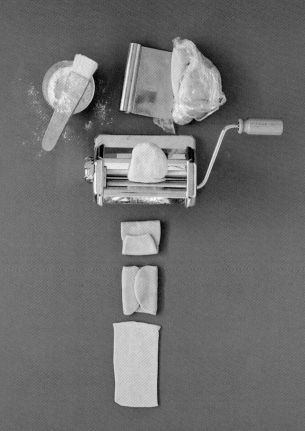

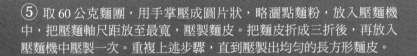

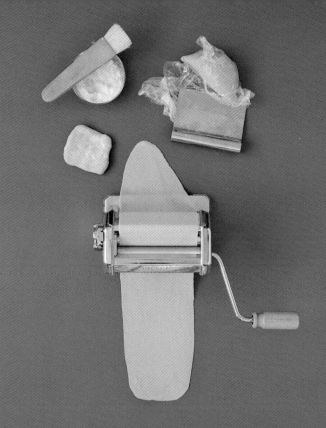

⑤ 取 60 公克麵團，用手掌壓成圓片狀，略灑點麵粉，放入壓麵機中，把壓麵軸尺距放至最寬，壓製麵皮。把麵皮折成三折後，再放入壓麵機中壓製一次。重複上述步驟，直到壓製出均勻的長方形麵皮。

⑥ 把長方形麵皮對半折疊，放入壓麵機中壓麵數次，逐次縮小壓麵軸尺距，以壓製出理想的麵皮厚度。

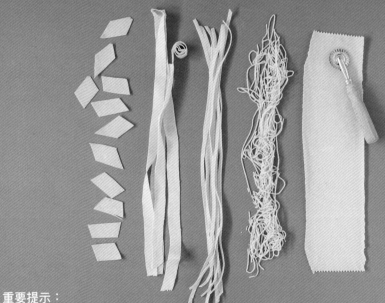

重要提示：
請少量製作，當次未用完的麵條，請放至保鮮袋中，避免麵條變得乾硬。不時在工作檯上灑點麵粉，但別灑太多。請使用切麵刀切製麵皮。

私房小祕訣：
雞蛋口味麵皮，每人分量約為 60 至 80 公克。

⑦ 依照用途不同，切成不同形狀的麵條。把麵條放至已灑上麵粉的餐巾上晾乾（10 分鐘），避免麵條沾黏。把麵皮捲起，切成 1 公分寬度的段狀，解開麵捲，做成鳥巢狀，放至烤架的餐巾上，加以覆蓋，以免受潮，兩天內使用完畢。

徒手擀麵：
不時在工作檯上灑麵粉，用擀麵棍從麵團中央將麵擀平，速度須快，否則麵皮會變乾。手擀麵皮厚度往往不均勻，但好處是麵條比較能附著醬汁。

風味麵皮

墨魚麵皮：
4 公克墨魚汁與 2 湯匙熱水調勻，加入 2 顆全蛋、1 顆蛋白、300 公克麵粉與 1 茶匙油加以拌勻。

菠菜麵皮：
300 公克麵粉、1 顆全蛋、1 顆蛋黃、30 公克擰乾水分且切成細末的熟菠菜、1 小撮鹽與 1 茶匙橄欖油加以拌勻。

迷迭香風味麵皮：
150 公克麵粉、50 公克硬質小麥粉、2 顆全蛋、1 湯匙新鮮迷迭香葉細末、1 小撮鹽與 1 茶匙橄欖油加以拌勻。

番茄麵皮：
220 公克麵粉、80 公克硬質小麥粉、2 顆全蛋、1 顆蛋黃、40 公克濃縮成泥狀的油漬番茄乾加以拌勻。

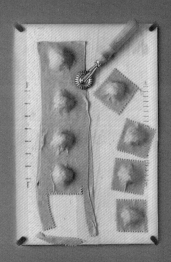

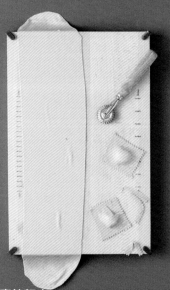

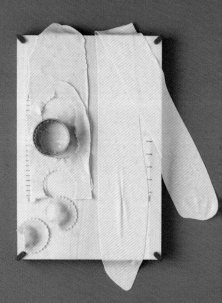

栗子麵皮：
200 公克麵粉、100 公克栗子粉、3 顆中型全蛋、1 小撮鹽與 1 茶匙橄欖油加以拌勻。

番紅花風味麵皮：
3 公克番紅花粉與 3 湯匙熱水調勻，加入 2 顆全蛋、1 顆蛋黃拌勻後，再加入 300 公克麵粉、些許鹽與 1 茶匙橄欖油。

高筋麵皮：
300 公克有機超高筋灰麵粉（farine bise T80 bio）、3 顆中型全蛋、1 小撮鹽與 1 茶匙橄欖油加以拌勻。

卡穆麵皮：
300 公克卡穆麵粉（farine de blé kamut）、3 顆全蛋、1 小撮鹽與 1 茶匙橄欖油加以拌勻。

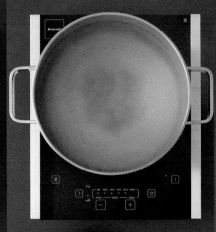

① 大湯鍋裝滿冷水,蓋上鍋蓋,以大火煮至沸騰。

② 水滾,加些許鹽,再放入麵條。

麵條的烹煮方式

4 人份　　**2 分鐘**　　**3 或 12 分鐘**

食材:
水 4 公升(100 公克麵條需用 1 公升水)
粗鹽(灰粗鹽為佳)35 至 40 公克(1 公升水需 8 至 10 公克鹽)

口琴麵(organetti)350 至 400 公克

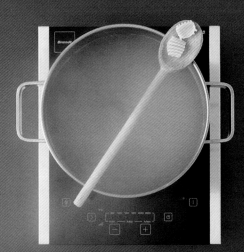

③ 不時用木湯杓攪拌麵條(可加點油,不加也無妨)。煮麵水須保持沸騰。

④ 瀝乾麵條水分。若是烹煮硬質小麥麵條,則須在包裝指示的烹煮時間前 1、2 分鐘先撈起,瀝乾水分。馬上調味,避免麵條沾黏在一起。

私房小祕訣:
把煮熟的麵條與醬汁、數湯匙煮麵水拌勻,再加熱烹煮 1 分鐘(某些餐點除外),可讓麵條更入味,亦可避免加入太多油脂。

番茄醬

6 人份　　　15 分鐘　　　30 分鐘

食材：

熟度十足的橢圓形番茄 1.2 公斤
或是罐裝番茄泥 800 公克
洋蔥 1 顆
紅蘿蔔 1 根

西洋芹梗 1 根
橄欖油 2 湯匙
羅勒葉 1 把
鹽適量

私房小祕訣：
若醬汁味道過酸，可加 1 小撮糖。

❶ 洋蔥、紅蘿蔔與芹菜梗切細末。番茄剖半，去籽。

❷ 用橄欖油香炒蔬菜細末 5 分鐘。加入番茄丁與半量羅勒葉。以鹽調味。

❸ 再次煮至沸騰後，火候轉小，不斷翻攪，熬煮濃縮醬汁（需 20 至 30 分鐘）。

❹ 以食物調理機把食材打成泥狀。加入剩餘的羅勒葉增添香氣。將醬汁裝入醬料罐中，淋點橄欖油，置於冰箱冷藏，可保 2 至 3 天鮮度。

① 平底鍋熱油，香炒洋蔥末與蒜末 5 分鐘，小心別炒黃了。

② 再加入培根丁，炒香。

③ 放入絞肉。

④ 用木杓壓炒絞肉，把牛絞肉炒得香黃。

⑤ 倒入罐裝番茄、番茄糊與羅勒葉。以鹽與胡椒粉調味，充分拌勻。

⑥ 蓋上鍋蓋，以文火熬煮 20 分鐘。

速成波隆納肉醬

4 人份　　　5 分鐘　　　30 分鐘

食材：

橄欖油 1 湯匙
洋蔥 2 顆
蒜頭 1 瓣
牛絞肉 250 公克
450 公克罐裝番茄 1 罐

切成小丁的義式培根（pancetta）
或是煙燻豬胸肉 100 公克
番茄糊 2 茶匙
羅勒葉 4 小株
鹽、胡椒粉適量

菜色變化：
可用臘腸肉取代牛絞肉，小孩更愛吃。加入番茄的同時，可倒入一杯紅酒添味。

食用建議：
櫛瓜切圓段，挖除瓜肉，肉醬填入櫛瓜中，連同醬汁用烤箱以 200℃烘烤 25 分鐘，灑點帕馬森乳酪粉後，再用烤箱烘烤 20 分鐘。

義式番茄培根吸管麵

4 人份　　　20 分鐘　　　20 分鐘

食材：
吸管麵（bucatini）350 公克
煙燻豬胸肉 150 公克
罐裝番茄泥 800 公克
洋蔥 2 大顆
紅辣椒乾 2 小根（或紅辣椒粉）
橄欖油 4 湯匙

佩克里諾乳酪（pecorino
romano）或帕馬森乳酪 50 公克
鹽、胡椒粉適量

烹煮前的備料程序：
預煮麵條（參見 271 頁）。

① 洋蔥切細末，煙燻豬胸肉切小丁，現磨乳酪粉。

④ 瀝乾麵條水分，以番茄醬汁、乳酪粉及剩餘的橄欖油為麵條調味，灑點胡椒粉，趁熱食用。

② 用 2 湯匙橄欖油把洋蔥末與煙燻豬肉丁炒得金黃油亮。

③ 倒入番茄泥與辣椒細末，以大火熬煮 2 分鐘，轉為中火後熬煮 8 至 10 分鐘，要不時攪拌。嘗味道後，再以鹽調味。

① 切取鯷魚肉片，以水漂洗。去除酸豆鹽分，切成細末。蒜仁、橄欖、辣椒與洋香菜切成細末。

煙花女大水管麵

4 人份　　15 分鐘　　20 分鐘

食材：
大水管麵（paccheri）350 公克
罐裝番茄泥 800 公克
鯷魚（鹽漬鯷魚為佳）3 條
去籽黑橄欖 100 公克
鹽漬酸豆 2 湯匙
洋香菜半把

新鮮或乾燥紅辣椒 1 小根
蒜頭 1 瓣
橄欖油 5 湯匙
鹽、胡椒粉適量

烹煮前的備料程序：
預煮麵條（參見 271 頁）。

② 以文火將鯷魚肉用 2 湯匙橄欖油炒香。加入蒜末、酸豆末與辣椒末，翻炒 1 分鐘。

③ 倒入番茄泥與橄欖末，以大火熬煮 2 分鐘，轉為中火續煮 8 至 10 分鐘。先嚐味道後，再以鹽調味，加入 2 湯匙洋香菜末。

④ 瀝乾彈牙麵條的水分，以醬汁與些許橄欖油為麵條調味，灑點洋香菜末，趁熱食用。

義式甜椒螺旋麵

 4 人份　　 20 分鐘　　40 分鐘

食材：

螺旋麵或短麵條 400 公克
紅甜椒 2 顆
黃甜椒 2 顆
罐裝或新鮮去皮番茄泥 400 公克
紫皮洋蔥 2 顆

蒜頭 1 瓣
羅勒葉 1 把
橄欖油 3 湯匙
鹽、胡椒粉適量

① 去除甜椒籽，並切大塊。洋蔥切碎，蒜頭切末。

② 平底湯鍋加熱橄欖油，炒香洋蔥末 2 分鐘。

③ 放入甜椒塊、蒜末與半量羅勒葉，以中火不斷翻炒 5 分鐘，用鹽調味。

④ 倒入番茄泥，煮至沸騰，把火候轉小，蓋上鍋蓋，煮至甜椒變軟為止（約 35 分鐘）。

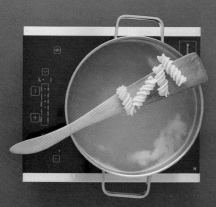

⑤ 大平底湯鍋裝水，加鹽，滾煮麵條（參見 271 頁）。

⑥ 蔬菜以手動研磨器研磨（或以食物調理機磨細後，再以網篩過篩），去除甜椒皮。

⑦ 加入剩餘未用的羅勒葉片粗末。必要時，加以調味。

⑧ 瀝乾麵條水分，以甜椒醬汁調味，淋上些許橄欖油，拌勻後，再加熱 1 分鐘。

⑨ 趁熱食用。

食用建議：
可佐現磨帕馬森乳酪或佩克里諾乳酪（pecorino romano）與優質黑橄欖一起食用。
此道料理也可以佐以清蒸大螯蝦，更顯美味。

義式春天風味麵

4 人份   **30 分鐘**   **30 分鐘**

食材：
蛋黃口味的鳥巢捲麵
（tagliolini）或是中寬捲麵
（tagliatelle）320 公克
新鮮豌豆仁 200 公克
綠蘆筍 200 公克
櫛瓜 2 根
嫩青蔥 3 根
橄欖油 3 至 4 湯匙

奶油 50 公克
洋香菜 1 小把
帕馬森乳酪 60 公克
鹽、胡椒粉適量

烹煮前的備料程序：
切取蘆筍尖，以鹽水滾煮 2 至 3
分鐘。洋香菜切成細末，現磨帕
馬森乳酪粉。

① 一根嫩青蔥切成蔥花，以一小球奶油炒香豌豆仁與蔥花，用鹽調味後，加水淹沒食材，以文火熬煮。

② 把蘆筍（較細嫩的部位）切成圓段，櫛瓜與剩下的兩根青蔥切成小丁。

③ 以 1 湯匙橄欖油分別炒香蔬菜數分鐘（需保留爽脆口感），再以鹽調味。

④ 所有蔬菜拌勻後，再加入洋香菜末。

⑥ 將麵條擺盤，灑上剩餘的帕馬森乳酪粉，在奶油球上插數根香煎蘆筍尖當作佐餐盤飾。

⑤ 滾煮鳥巢捲麵（參見 271 頁），瀝乾水分。以平底湯鍋，舀入數湯匙煮麵水，用以攪拌融化奶油。把瀝乾水分的麵條倒入奶油中，加入半量的現磨帕馬森乳酪粉與蔬菜，再加入些許的煮麵水，充分攪拌均勻。

① 蔬菜洗淨，切小丁。蒜仁剖半，去芽。

② 以 1 湯匙橄欖油、1 瓣蒜仁與些許鹽個別分次翻炒蔬菜。

③ 所有蔬菜放在同一只平底鍋中備用。

④ 以大量的鹽水滾煮麵條（參見 271 頁）。

⑤ 麵條水分瀝乾，離火，羅勒醬以數湯匙煮麵水稀釋，加入麵條，淋上些許橄欖油。

⑥ 把蔬菜加入麵條中，灑點胡椒粉，攪拌均勻，趁熱食用，亦可以室溫溫度上桌，當沙拉食用。

蔬食風味筆尖麵

4 人份　　　30 分鐘　　　30 分鐘

食材：
筆尖麵或是短麵條 400 公克
中型櫛瓜 2 根
紅甜椒 1 顆
黃甜椒 1 顆
茄子 1 大顆

蒜頭 3 瓣
羅勒醬 6 湯匙（參見 462 頁）
橄欖油 5 至 6 湯匙
鹽、胡椒粉適量

私房小祕訣：
此道菜成功與否，取決於蔬菜的料理，櫛瓜與甜椒必須保有爽脆口感，茄子必須金黃軟嫩。

茄子通心麵

4 人份　　　20 分鐘 +　　20 分鐘
　　　　　　靜置 1 小時

食材：
通心粉（maccheroni）或筆尖
麵（penne）350 公克
茄子 2 顆
番茄醬 500 公克（參見 272 頁）
新鮮的瑞可塔乳酪（ricotta）
250 公克
羅勒葉 1 小把
橄欖油 2 湯匙

橄欖油或炸油 1 公升
鹽、胡椒粉適量

烹煮前的備料程序：
茄子切成 1 公分小丁，灑點鹽，
放至網杓上，以重物加壓，靜
置 1 小時，避免茄肉吸收過多油
脂。把茄子擦乾。

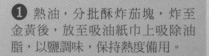

❶ 熱油，分批酥炸茄塊，炸至
金黃後，放至吸油紙巾上吸除油
脂，以鹽調味，保持熱度備用。

❷ 以大平底湯鍋煮沸鹽水，倒入
麵條，不時攪拌（水必須保持沸
騰狀態，參見 271 頁）。

❸ 利用煮麵空檔，以極微火將茄塊與番茄醬一起拌炒，再把羅勒葉
撕成小片，加入茄塊中。

❹ 把麵條的水分瀝乾，以橄欖油
與醬汁為麵條調味。佐以瑞可塔
乳酪小丁一起食用。

① 把大朵的洋菇對半剖開或切成三等分。

② 以 2 湯匙油炒香整顆蒜仁與迷迭香。

③ 再以些許的油，以大火分別爆炒洋菇，把洋菇水分炒乾。

④ 洋菇熬煮 2 分鐘後，取出迷迭香。

義式森林野菇麵

4 人份　　　30 分鐘　　　20 分鐘

食材：
義式寬麵（pappardelle）320 公克
野菇 600 公克（牛肝菌菇、雞油菌菇、酒杯黃菇等）
蒜頭 2 瓣
橄欖油 2 至 4 湯匙
新鮮迷迭香 1 小把或是乾燥迷迭香 4 小撮
奶油 40 公克

帕馬森乳酪 40 公克
鹽、胡椒粉適量

烹煮前的備料程序：
洋菇洗淨，用湯匙刮除泥土，放入淨水中兩次，隨即取出後擦乾水分。

⑤ 烹煮寬麵條（參見 271 頁）後，瀝乾麵條（留點水分）。

⑥ 在平底湯鍋中倒入數湯匙煮麵水，拌攪融化奶油（煮完麵後需馬上融煮奶油，否則麵條會黏在一起），隨即將瀝乾水分的麵條倒入湯鍋中，加入半量的帕馬森乳酪均勻攪拌。

⑦ 把野菇與麵條拌勻，佐以剩餘的帕馬森乳酪，趁熱食用。

鯷魚風味義大利麵

4 人份　　　15 分鐘　　　40 分鐘

① 用流動的水漂洗鯷魚，洗去過多鹽分。洗淨後，切除魚骨，將魚肉切成塊。

食材：
全麥義大利麵 400 公克
洋蔥 800 公克
鹽漬鯷魚 80 公克
橄欖油 120c.c.
洋香菜 1 湯匙（可有可無）
土司麵包粉 2 湯匙
鹽、現磨胡椒粉適量

烹煮前的備料程序：
洋蔥切絲（或用食物調理機加以細切）。洋香菜切細末。

④ 灑上洋香菜末與麵包粉，加點胡椒粉，在麵條上擺一塊鯷魚，即可食用。

② 熱油，放入鯷魚與洋蔥絲，蓋上鍋蓋後，把火候轉小，煮至洋蔥軟化（約 40 分鐘），必要時可加一些水。

③ 烹煮麵條（參見 271 頁），瀝乾水分後，隨即將麵條與醬汁拌勻。

① 用些許的油，炒香蒜末、1/3 的洋香菜與 1 小撮辣椒末，約 1 分鐘後，再加入白酒調勻。

② 煮至沸騰 1 分鐘後，再放入蛤蜊。

③ 蓋上鍋蓋繼續滾煮，直到蛤蜊殼開口，熄火，把開口的蛤蜊取出，放至濾杓上。

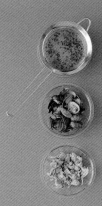

④ 用細目網杓過濾烹煮汁液，保留一半的帶殼蛤蜊當作盤飾用，另一半蛤蜊則去殼取肉。

⑤ 加熱 1 湯匙油，熬煮蒜仁（蒜仁隨後丟除）、辣椒末、2 小撮洋香菜末與蛤蜊湯汁，使其濃縮收汁，以鹽調味。

⑥ 利用熬製湯汁的空檔，以大平底湯鍋加熱鹽水烹煮麵條（參見 271 頁）。

⑦ 先將蛤蜊肉加入醬汁中，再以此醬汁為麵條調味。

⑧ 瀝乾麵條水分，以 2 湯匙橄欖油拌炒蛤蜊醬汁與麵條。

蛤蜊義大利麵

2 人份　　　40 分鐘　　　30 分鐘

食材：
長扁義大利麵（linguine）或一般義大利麵 200 公克
蛤蜊 500 公克
蒜頭 1 瓣
洋香菜半把
不甜白酒 100c.c.

微辣辣椒乾細末數小撮
橄欖油
鹽、胡椒粉適量

烹煮前的備料程序：
以流動的水將蛤蜊洗乾淨，丟除殼已破損或開口的蛤蜊。

⑨ 趁熱食用！以胡椒粉、剩餘未用的洋香菜末增添香氣，以帶殼蛤蜊當作盤飾。

菜色變化：
可用淡菜或其他貝類取代蛤蜊（或部分蛤蜊），烹煮時間不變。

甜菜方餃

6 人份　　　1 小時　　　30 分鐘

食材：

栗子麵皮 450 公克（參見 270 頁）

甜菜綠葉 400 公克

菠菜 400 公克

切成小丁的煙燻豬胸肉 50 公克

（可有可無）

洋蔥 1 顆

蒜頭 1 瓣

肉豆蔻磨粉

瑞可塔乳酪（ricotta）150 公克

帕馬森乳酪 150 公克＋60 公克

橄欖油 3 湯匙

奶油 60 公克

鹽、胡椒粉適量

❶ 清蒸甜菜綠葉與菠菜 4 分鐘。

❷ 蔬菜瀝乾水分，放涼，切成細末狀（不可用食物調理機研磨，因為手切與機器處理的口感不同）。

❸ 以文火加熱 2 湯匙的油，炒香洋蔥 3 分鐘，再將煙燻豬胸肉煎得金黃油亮。

❹ 放入菠菜與甜菜，再加入蒜瓣與油，以文火炒乾蔬菜水分。用鹽、胡椒粉調味，加入肉豆蔻粉增添香氣。

❺ 把菠菜、甜菜、瑞可塔乳酪與 150 公克帕馬森乳酪一起拌勻，加以調味。

❻ 製作 1.5 公釐厚度的麵皮。在相距 5 公分處，放上一小撮內餡。

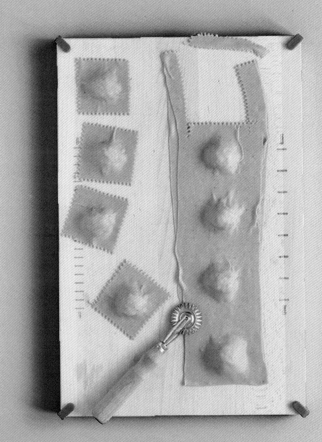

❼ 覆蓋上另一張麵皮，用手指緊壓內餡邊緣，以壓出空氣，並讓麵皮相黏。最後切割。

❾ 將事先軟化的奶油與方餃輕輕拌勻，佐以帕馬森乳酪絲一起食用。

朝鮮薊方餃：
烹煮朝鮮薊，切成細末，與馬鈴薯泥及帕馬森乳酪粉一起拌勻。可用 300 公克麵粉與 3 顆全蛋製作傳統麵皮，以取代栗子麵皮。

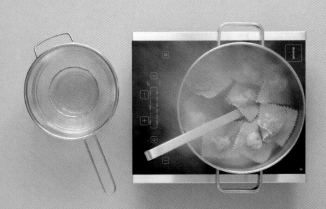

❽ 用微滾的鹽水烹煮方餃約 3 分鐘。用漏杓撈起（小心別撈破了），瀝乾水分。

櫛瓜餃子

6 人份　　40 分鐘　　15 分鐘

食材：
自製番紅花麵皮 450 公克（參見 270 頁）
義大利塔雷吉歐乳酪（taleggio）150 公克
瑞可塔乳酪（ricotta）250 公克
新鮮羊奶乳酪 100 公克
櫛瓜 2 至 3 根（300 公克）
蒜頭 1 瓣
洋香菜 1 小把

橄欖油 2 湯匙
蔬菜高湯 100c.c.
帕馬森乳酪粉 60 公克＋40 公克
蛋黃 2 顆
奶油 50 公克
鹽、胡椒粉適量

烹煮前的備料程序：
櫛瓜切小丁。

① 瑞可塔乳酪、羊奶乳酪、蛋黃與帕馬森乳酪一起拌勻。義大利塔雷吉歐乳酪的厚外皮切除，再切小丁。

② 用橄欖油與蒜仁香煎櫛瓜丁 5 分鐘，以鹽調味。

③ 取出 1/3 的櫛瓜，留待盤飾用，剩下的櫛瓜放入高湯中烹煮 5 分鐘，再打成泥。

④ 擀平麵皮，把小球內餡擺至皮上，在內餡上擺塔雷吉歐乳酪小丁，再蓋上另一張麵皮。用蔬果切模器切出餃子形狀。

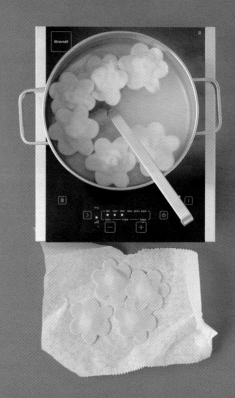

⑥ 利用烹煮餃子的空檔，融煮奶油，小心地把餃子花與奶油拌勻。在深盤中倒入些許熱櫛瓜奶油醬，再放入餃子花，灑點預留的櫛瓜丁與帕馬森乳酪。

⑤ 以微滾的鹽水烹煮餃子花 3 分鐘。用漏杓撈起（小心別把餃皮撈破了），瀝乾水分。

① 南瓜切成片，去籽。覆蓋鋁箔紙後，放入烤箱以 180℃ 烘烤 40 分鐘（需把瓜肉烤軟）。

② 把南瓜打成泥狀，加入肉豆蔻粉、肉桂粉、餅乾粉、蜜餞泥、40 公克帕馬森乳酪粉、鹽與胡椒粉拌勻。

③ 把麵皮擀得極薄。用擠花袋以 5 公分的間隔在麵皮上壓擠出一個個內餡。

④ 折起麵皮。用手指在內餡邊緣加壓，以壓出空氣，並讓麵皮黏緊。

⑤ 用略微加了鹽的微滾水烹煮餃子 3 分鐘，每次煮 3 至 4 人份即可。撈起後，放至已盛放鼠尾草奶油醬（參見右方作法）的盤中。

⑥ 佐以現磨帕馬森乳酪粉，趁熱食用。

南瓜餃子

10 人份　　　1 小時　　　50 分鐘

食材：
自製蛋黃口味麵皮 800 公克
（參見 268 頁）

內餡食材：
南瓜 1 公斤
酥脆的義式杏仁餅（amaretti）50 公克
芥末風味蘋果蜜餞（mostarda aux pomme）80 公克或芥末風味綜合水果蜜餞（mostarda

Crémone）60 公克
帕馬森乳酪 40 公克＋60 公克
肉豆蔻仁粉 3 小撮
肉桂粉 2 小撮
鹽、白胡椒粉適量
奶油每人份 10 公克
鼠尾草 12 葉

烹煮前的備料程序：
水果蜜餞磨成泥狀。杏仁餅磨成粉狀。

鼠尾草奶油醬：
以文火熬煮奶油、數片鼠尾草與數湯匙水。

私房小祕訣：
若是麵皮略乾，可用加了點水的蛋白塗抹在麵皮邊緣。

蔬菜千層麵

 6 人份　 40 分鐘　 1 小時 30 分

① 以 200℃預熱烤箱。將 2 湯匙橄欖油淋在南瓜片、茴香片與甜椒上，放入烤箱烘烤 40 分鐘。

② 平底湯鍋加熱奶油，放入麵粉翻炒，把麵粉炒黃。

③ 鍋子離火，倒入鮮奶，再放回火上攪拌熬煮成濃稠白醬醬汁。以鹽、胡椒粉與肉豆蔻粉加以調味。

④ 用剩餘的橄欖油香煎洋蔥末、蒜仁、芹菜與紅蘿蔔。放入番茄醬、酒與奧勒岡草，煮至沸騰，繼續熬煮 20 分鐘。

食材：

切成片狀的去皮奶油南瓜 750 公克
切成薄片的茴香球莖 2 顆
切成條狀的紅甜椒 2 顆
橄欖油 3 湯匙
奶油 50 公克
低筋麵粉 3 湯匙
鮮奶 600c.c.
切成細末的洋蔥 1 顆
壓扁的蒜頭 2 瓣

西洋芹梗 1 根
切成小丁的紅蘿蔔 1 根
塗抹麵皮用的番茄醬 800 公克
不甜白酒 250c.c.
奧勒岡乾草 1 茶匙
新鮮的千層麵麵皮 6 張
已煮熟的菠菜 300 公克
莫札瑞拉乳酪粉 250 公克
帕馬森乳酪粉 60 公克
鹽、黑胡椒粉與肉豆蔻粉

⑤ 在容量 3 公升的烤盤底部略微抹上番茄醬，然後覆蓋上千層麵皮。

⑥ 放上一層烤蔬菜，然後再抹上一層番茄醬。

⑨ 送入烤箱烘烤 40 分鐘，直到麵皮烤得金黃，靜置 10 分鐘後再食用。

菜色變化：
以 500 公克瑞可塔乳酪取代白醬，以同樣的方式疊層，灑點肉豆蔻粉後，以鹽與胡椒粉調味。

⑦ 再蓋上一層千層麵皮與菠菜層，倒入部分白醬。

⑧ 繼續疊放食材，最後一層倒入白醬，灑上莫札瑞拉乳酪粉與帕馬森乳酪粉。

❶ 以清蒸方式縮減菠菜體積，趁溫熱時用手加壓，去除水分。

❷ 平底鍋加熱 60 公克奶油與剖半的蒜仁。以文火炒乾菠菜水分，加入肉豆蔻粉，並以鹽調味。

奶油菠菜千層麵捲

6 人份　　　1 小時　　　1 小時

❸ 等菠菜略微降溫，用刀子把菠菜切成細末（不可使用食物調理機，否則菠菜會失去特有風味）。

❹ 把菠菜末、瑞可塔乳酪與半量的馬斯卡朋乳酪粉一起攪拌均勻。灑點胡椒粉調味。

❺ 將麵皮切成兩半（10x15 公分）。用擠花袋把內餡壓擠在麵皮上。

❻ 用奶油塗抹烤盤，慢慢把千層麵捲放入烤盤中。

食材：
預先煮熟的千層麵麵皮 6 張或
10x15 公分的麵皮 12 張
新鮮菠菜 600 公克或冷凍菠菜
300 公克
瑞可塔乳酪（ricotta）250 公克
馬斯卡朋乳酪 250 公克
帕馬森乳酪 100 公克
蒜頭 1 瓣

奶油 50 公克
鮮奶油 100c.c.
磨粉用肉豆蔻仁 1 顆
鹽、胡椒粉適量

烹煮前的備料程序：
菠菜洗乾淨，切除菜梗。蒜頭切半。

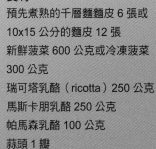

❼ 把剩餘的馬斯卡朋乳酪與鮮奶油拌勻。

❽ 馬斯卡朋奶油醬淋在千層麵捲上，並灑上帕馬森乳酪。

❾ 放入烤箱，以 200℃ 焗烤 20 分鐘，直到表面金黃。趁熱食用。

替代作法：
可用 400c.c. 的白醬取代馬斯卡朋奶油醬（參見 458 頁），用以焗烤千層麵捲。

菜色變化：
也可將拌了些許白醬的「義式肉醬」做為千層麵捲的內餡。

蘆筍千層麵

6 人份　　**40 分鐘**　　**50 分鐘**

食材：

千層麵麵皮 8 至 12 張（參見 268 頁）
綠蘆筍 1 把
豌豆莢 1 公斤（或豌豆仁 250 公克）
嫩青蔥 1 把
白醬 1 份（參見 458 頁）
義大利布哈塔水牛乳酪

（burrata）或瑞可塔乳酪（ricotta）500 公克
帕馬森乳酪 100 公克
橄欖油 2 至 3 湯匙
奶油 3 至 4 小球
鹽、肉豆蔻仁

烹煮前的備料程序：
剝取豌豆仁。

❶ 蘆筍綠端（較嫩的部位）切成小圓段，嫩青蔥切成蔥花。

❸ 把 500c.c. 水煮至沸騰，加點鹽，滾煮蘆筍尖 2 至 3 分鐘後，放置備用。

❺ 在沸騰的鹽水中加 1 湯匙橄欖油，燙煮千層麵皮 2 至 3 分鐘。每次最多燙煮 3 至 4 張，否則麵皮容易黏住。

❷ 用些許的橄欖油與一小球奶油分別香炒蘆筍丁與蔥花（須保持蔬菜酥脆口感）。以鹽調味。

❹ 用些許高湯或鹽水以文火烹煮豌豆仁，把豆子煮軟。

❻ 把麵皮泡入裝了冷水的沙拉碗中，以中斷烹煮作用，瀝乾水分後，攤放在乾淨的餐巾上，切勿疊放。

❾ 把烤盤放入以 180℃ 預熱的烤箱焗烤 20 分鐘。上桌前，先用平底鍋加熱 1 小球奶油香煎蘆筍尖，再放至千層麵上，當作裝飾。

重要提示：
若是無法自製麵皮，可購買手工製的雞蛋口味千層麵乾麵皮。

❼ 以奶油塗抹焗烤盤，把千層麵皮、白醬、蔬菜與布哈塔水牛乳酪塊分層疊放。灑上帕馬森乳酪粉。

❽ 重複上述程序 2 次，最後擺上千層麵皮，再放布哈塔水牛乳酪塊與帕馬森乳酪。

❶ 牛肝菌菇切小丁。去除紅蔥頭膜，切成細末。火腿也切細末。

❷ 用橄欖油以文火炒香紅蔥頭末5分鐘，加些鹽調味。將鍋子離火，拌入已煮熟的牛肝菌菇丁。

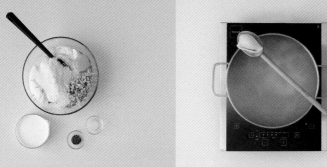

❸ 火腿末、瑞可塔乳酪、馬斯卡朋乳酪、半量的帕馬森乳酪、蛋與鮮奶油一起拌勻。以鹽與胡椒粉調味。

❹ 烹煮麵條（參見271頁）。瀝乾水分後，放涼。

義式焗烤貝殼麵

4 人份　　30 分鐘　　20 分鐘

食材：
蝸牛殼麵（lumaconi）或大貝殼麵（conchiglioni）250 公克
瑞可塔乳酪 150 公克
馬斯卡朋乳酪 150 公克
帕馬森乳酪 100 公克
蛋 1 顆
鮮奶油 50c.c.
白火腿 150 公克
煮熟的新鮮牛肝菌菇 200 公克
紅蔥頭 1 顆
奶油 30 公克
橄欖油 1 湯匙
鹽、胡椒粉適量

❺ 以奶油塗抹焗烤盤。把瑞可塔乳酪內餡填入擠花袋中，把內餡擠入貝殼麵裡。在每顆貝殼麵中，插入數顆牛肝菌菇丁，再把貝殼麵擺在烤盤上。

❻ 把剩餘未用的帕馬森乳酪粉灑在貝殼麵上，擺上奶油丁。送入烤箱以 180℃烘烤 20 分鐘。趁熱或溫熱食用皆宜。

注意事項：
以瑞可塔乳酪與馬斯卡朋乳酪為基底的內餡相當濃稠，可取代白醬。可用適量鮮奶油加以稀釋。

菜色變化：
此道料理可搭配香煎斯博克培根（speck）和當季蔬菜一起烹煮。

泰式炒河粉

🍴 **2 人份**　🥘 **20 分鐘**　🍲 **5 分鐘**

食材：

植物油 4 湯匙

豆腐 150 公克與蒜頭 1 瓣

寬河粉 125 公克

紅蘿蔔 1 小根

中式米醋或清醋 2 湯匙

醬油 2 湯匙

蛋 2 顆

糖 3 茶匙

春蔥 2 根

花生 2 湯匙

豆芽菜 1 小把

薄荷葉 3 小株

❷ 河粉泡至冷水中，10 分鐘後瀝乾水分。

❸ 用熱平底鍋乾炒花生，持續翻炒，把花生炒得金黃。

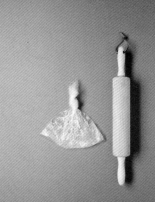

❹ 花生放入塑膠袋中，用酒瓶或擀麵棍把花生壓碎。

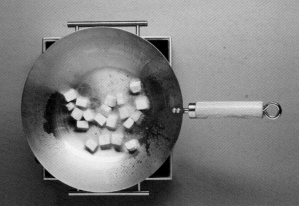

❺ 以中式炒鍋熱油，加入豆腐，不斷翻動油煎豆腐，直到各面均變得金黃。

❶ 豆腐切成小丁。蒜仁切成細末。紅蘿蔔去皮，刨成絲。春蔥切成蔥花。

❻ 放入蒜瓣、河粉、紅蘿蔔、醋、醬油、糖與 100c.c. 水，不停翻炒。

❼ 把所有食材撥至炒鍋另一邊。在鍋裡打蛋，晃動鍋子，慢慢將河粉拌入。

❽ 不斷晃動炒鍋，翻炒 2 至 3 分鐘。

❾ 河粉倒入盤中，灑上烤花生，一旁擺上豆芽菜與薄荷葉。

食用建議：
可依各人喜好，佐以辣椒醬一起食用。

替代作法：
可用雞肉絲或蝦仁取代豆腐。

雞肉拉麵

 4 人份　 5 分鐘　10 分鐘

食材：
雞胸肉 2 塊
拉麵麵條或泡麵麵條 200 公克
植物油 1 茶匙

辣椒醬 1 湯匙
切成小片的青江菜 2 株
熱雞高湯 1 公升
切成蔥花的青蔥 3 根

① 在雞胸肉上抹點油，再放至鑄鐵烤架上烘烤。

② 從烤架取下後，靜置 5 分鐘，再切成條狀。

③ 以滾水滾煮麵條 2 至 3 分鐘。

④ 瀝乾水分後，馬上放入各湯碗中。

⑤ 放入青江菜，淋點熱高湯。

⑥ 將雞肉片與蔥花擺在麵條上。趁熱食用。

① 用中式炒鍋加熱半量的油，香炒肉絲。

② 以滾水滾煮麵條 3 分鐘。充分瀝乾水分。

③ 把肉絲、麵條與其他食材一起拌勻。

④ 在炒鍋中放入剩餘未用的油，加熱至略微冒煙的狀態，香炒所有食材。

日式炒麵

4 人份

15 分鐘

15 分鐘

食材：

植物油 1 湯匙
切成細條的豬里肌肉 300 公克
喬麥麵或油麵 400 公克
熟蝦仁 200 公克
切成小片的大白菜 200 公克

切成蔥花的青蔥 3 根
切成小棒的紅甜椒 1 顆
淡色醬油 3 湯匙
糖粉 1 湯匙
略微拌打的蛋 1 顆
佐餐用的醃薑些許

⑤ 大力翻炒，讓所有食材能均勻受熱。

⑥ 擺上醃薑絲當作盤飾，趁熱食用。

海鮮炒麵

4 人份

15 分鐘

15 分鐘

① 花枝切成環狀，觸手剖半。剝去蝦殼，用吸水紙巾將干貝擦拭乾淨。

② 中式炒鍋熱油，油熱後高溫爆炒蔥花、薑泥與甜椒 3 分鐘。把所有的海鮮食材放入鍋中，同樣以大火翻炒 3 分鐘。

食材：

洗乾淨的小花枝 300 公克
生大草蝦 300 公克
干貝 12 顆
植物油 1 湯匙
麻油 1 茶匙
現磨薑泥 1 湯匙

切成蔥花的青蔥 3 根
切成細條的紅甜椒 1 顆
油麵 400 公克
蠔油 2 湯匙
醬油 2 湯匙
甜醬油膏 2 湯匙
切成小塊的青江菜 1 株

④ 當醬汁變得濃稠且青江菜失去青翠菜色時，即可將鍋子離火。盛盤上桌食用。

③ 倒入麵條與 3 種醬汁加以翻炒，再放入青江菜。

4 人份　　　15 分鐘　　　10 分鐘

① 以滾水烹煮麵條，充分瀝乾水分。

② 以中式炒鍋熱油，以大火把豆腐煎得金黃。

食材：

蛋黃口味乾麵條 250 公克

植物油 1 湯匙

麻油 1 茶匙

切成小段的板豆腐 300 公克

切成細條的紅甜椒 1 顆

切成薄片的紅蘿蔔 1 根

切成薄片的櫛瓜 1 根

豌豆莢 200 公克

綠花椰菜 200 公克

甜醬油膏 3 湯匙

印尼辣椒醬（sambal oelek）2 茶匙

③ 隨後再加入所有蔬菜炒 3 分鐘，加入麵條，最後放入事先已拌勻的甜醬油膏與印尼辣椒醬。

④ 麵條炒熱，淋上麻油，盛入碗中上桌食用。

米飯的烹煮方式

400 公克　　　10 分鐘　　　20 分鐘

食材：
印度香米（riz basmati）200 公克
印度酥油 1 湯匙
鹽適量

❶ 用冷水把米洗乾淨，去除雜質。

❷ 把瀝乾水分後的米放入大湯鍋中，以水覆蓋，放入印度酥油與鹽後，煮至沸騰。

❹ 將飯鍋離火，靜置 5 分鐘後，即可食用。

❸ 掀蓋烹煮約 3 至 5 分鐘，直到米飯之間出現洞隙，轉成文火，蓋上鍋蓋續煮 10 分鐘。

❶ 在蒸籠底部鋪上濕薄巾。把米的水分瀝乾，平鋪在蒸籠中。

❷ 把蒸籠底鍋裡的水煮沸，再把蒸籠放上，蒸煮 10 分鐘。

食材：
糯米 400 公克

烹煮前的備料程序：
洗兩次米，放至冷水中浸泡至少
3 小時。若時間許可，請浸泡一
夜。

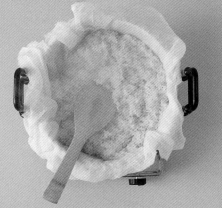

❸ 用飯匙翻動米飯，再煮 5 至 10 分鐘。

❹ 當米粒狀態非常油亮，即表示
烹煮完成。請嚐嚐看，若米粒已
軟，則大功告成。佐以配菜一起
食用。

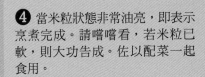

印度香味抓飯

🍴 2 人份　　🥘 15 分鐘　　🍲 20 分鐘

食材：
印度香米（riz basmati）200 公克
油 1 湯匙
洋蔥 1 顆
取籽用小豆蔻果實 3 顆
小茴香籽 1 小撮

芫荽籽 1 小撮
肉桂棒 1 根
切成細末的杏桃乾 6 至 7 顆
鹽適量

① 用研缽把芫荽籽、小茴香籽與小豆蔻磨細（或是放在砧板上，用廣口瓶磨碎）。

② 以大火加熱平底鍋，乾炒香料籽粉 1 分鐘（不加油），讓香料籽爆出香氣。

③ 另以平底湯鍋熱油，以中火香炒洋蔥末 5 分鐘。

④ 放入香料籽翻炒。

⑤ 把米放入，充分拌炒至米粒金黃油亮。

⑥ 倒入 375c.c. 水，放入肉桂棒與杏桃乾。

⑦ 煮至沸騰後，加入一大撮鹽，充分攪拌。

⑧ 蓋上鍋蓋，若是鍋蓋無法密合，則再覆蓋一張鋁箔紙。

⑨ 把火候轉至最小，千萬別掀開鍋蓋，續煮 11 分鐘。完成後打開鍋蓋，蓋上一條乾淨的餐巾，靜置 5 分鐘後，用叉子翻鬆米飯，即可食用。

菜色變化：
蓋上鍋蓋前，加入一小撮番紅花絲，即可煮出黃米飯。

番紅花飯

🍴 4 人份　　🥘 20 分鐘　　🍚 25 分鐘

食材：
印度香米（riz basmati）300 公克
葵花籽油 1 湯匙
印度酥油 3 湯匙
切成薄片的洋蔥 2 顆
薑黃粉 1/4 茶匙
小茴香籽 1 茶匙
壓碎的棕小豆蔻 2 大顆

肉桂棒 1 根
月桂葉 1 片
番紅花絲 1 大撮

私房小祕訣：
想要煮出美味的椰香飯，就以
250c.c. 的椰奶取代半量的水。

① 以冷水洗米，直到洗米水澄淨。

② 用葵花籽油與 2 湯匙印度酥油把洋蔥炒黃，盛起備用。

③ 用剩餘未用的印度酥油翻炒其餘香料 2 分鐘。

④ 把米與 500c.c. 水放入香料鍋中，煮至沸騰。

⑥ 上桌前，再鋪上炒香的洋蔥。

⑤ 蓋上鍋蓋，烹煮 15 分鐘，煮至米粒變軟。

① 剝除蝦殼，把蝦仁切小段。

② 用中式炒鍋加熱半量的油，煎製蛋皮。

③ 將蛋皮倒出炒鍋，緊緊捲起，切成蛋絲狀。

④ 用剩餘未用的油炒香薑泥、蝦仁與臘腸。

蝦仁炒飯

4 人份

15 分鐘

15 分鐘

食材：

生草蝦 500 公克

植物油 3 湯匙

略微拌打的蛋 3 顆

中式臘腸 2 根或切成細末的

培根 2 片

現磨薑泥 1 湯匙

冷飯 740 公克

紹興酒 2 湯匙

醬油 2 湯匙

切成蔥花的青蔥 3 根

⑤ 加入米飯，倒入米酒與醬油，以大火翻炒。

⑥ 最後灑上蔥花，翻炒後，隨即食用。

印尼風味炒飯

 4 人份　　 20 分鐘　　10 分鐘

食材：
花生油 1 湯匙
印尼辣椒醬（sambal oelek）1 茶匙
拍扁的蒜頭 2 瓣
切成小丁的雞肉 250 公克
生蝦仁 250 公克
切成蔥花的青蔥 3 根

冷飯 750 公克（參見 298 頁）
甜醬油膏 1 湯匙
醬油 1 湯匙
蛋 4 顆
切成薄片的番茄 2 顆
切成片狀的大黃瓜半根

① 以中式炒鍋熱油，放入印尼辣椒醬、雞肉丁與蝦仁，以大火翻炒上色。

② 加入蔥花與米飯，續炒 5 分鐘，把米飯炒熱。

④ 把飯做成圓餅狀，擺至餐盤，蓋上 1 顆荷包蛋，以番茄片與黃瓜片當作盤飾。

③ 把醬汁拌勻，倒入炒鍋中，繼續翻炒至均勻上色，盛出備用。再煎製荷包蛋。

① 把水倒入米中，攪拌後倒出洗米水，重複兩次，瀝乾水分。

② 先用些許的水稀釋優格，再倒入剩餘的水加以拌勻。

③ 把瀝乾水分後的米放進平底湯鍋中，倒入優格水、鹽與奶油。

④ 煮至沸騰，讓水分蒸發，直到米粒幾乎完全吸收水分（米粒之間產生縫隙）。

⑤ 加以翻動，蓋上鍋蓋，以中火續煮 45 分鐘。當周邊的米已金黃上色，就大功告成了。

⑥ 掀開鍋蓋，把平盤蓋至鍋上，倒轉鍋子，把米飯翻轉到盤上。上桌囉！

伊朗風味飯

4 人份　　　10 分鐘　　　1 小時

食材：
印度香米（riz basmati）300 公克
水 600c.c.

粗鹽 2 茶匙
優格 125 公克（1 小罐）
切成大丁奶油 80 公克

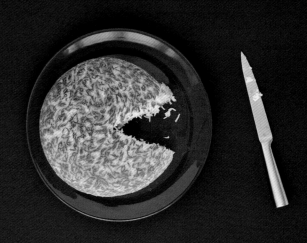

北非小米飯

4 人份　　　**20 分鐘**　　　**10 至 40 分鐘**

① 小米倒入大深盤中，再加入 220c.c. 高湯。

② 攪拌後，用手搓揉小米，讓高湯滲入小米中，靜置 5 分鐘。

③ 把小米放入小米蒸鍋的上鍋，蓋上鍋蓋蒸煮，直到蒸氣能透出小米層（約需 5 至 35 分鐘）。

④ 小米放回大深盤中，把奶油放滿小米表層。

食材：
細北非小米 300 公克
奶油 30 公克
雞鴨高湯 500c.c.（以雞高湯為佳，或以 1 塊高湯湯塊調製）

烹煮前的備料程序：
把北非小米蒸鍋底鍋或是蒸籠底鍋的雞高湯煮至微滾狀態。

注意事項：
在北非小米蒸鍋的上、下鍋之間綁一條餐巾，避免蒸氣外洩。若無小米蒸鍋或蒸籠，則依照本食譜程序以高湯烹煮小米，但須略微增加高湯量（300 公克小米須以 300c.c. 高湯烹煮）。

⑤ 加以攪拌，讓小米沾滿奶油。

⑥ 把小米放入小米蒸鍋的上鍋，直到蒸氣透出小米層。火候轉小，用以保溫直到上桌。

義式玉米餅

預煮用餅 5 分鐘
即食玉米餅 45 分鐘

① 把水煮滾，加入鹽（每公升水加 10 公克鹽）。

② 當水開始沸騰時，灑下玉米粉，同時以拌打匙加以攪拌，以免結塊。

食材：
做玉米餅用的黃玉米粉（預煮或即食）500 公克
水 2 公升（玉米米糊需用 2.5 公升，紮實玉米餅則需 1.5 公升）
鹽適量

對水比例：
1 份玉米粉對 4 至 5 杯水。

④ 把熱麵餅放至木板上品嚐食用，或是放入濕模中，壓製成喜歡的形狀，若煮成玉米米糊，則持湯匙食用。

注意事項：
快完成時可加入熟洋菇、橄欖細末或番茄乾一起烹煮。

③ 初滾時，把火候轉小，若是預煮玉米餅，則續煮數分鐘。若是即煮即食，則一邊用木匙攪拌，一邊熬煮 45 分鐘。若是熬製玉米米糊，則需多加一點水。當麵糊邊緣不黏鍋時，即大功告成。

世界之最

義式燉茄

4 至 6 人份　　30 分鐘　　20 分鐘

食材：
茄子 3 顆
番茄 3 顆
洋蔥 2 小顆
西芹 2 根
去籽綠橄欖 4 湯匙
葡萄乾 1 湯匙
松子 2 湯匙
已去除鹽分的酸豆 1 湯匙

紅酒醋 2 湯匙
糖 1 大滿匙
橄欖油適量

烹煮前的備料程序：
用刀在番茄頂端劃十字，以熱水滾煮 30 秒，再放入冷水降溫，剝除外皮。

❶ 茄子切成 2 公分見方的小丁。削去西芹梗粗纖維，切小丁。番茄去籽後，切小丁。洋蔥切細末。

❷ 以橄欖油翻炒茄丁，直到茄丁變軟，以鹽調味。

❸ 把芹菜丁放入鹽水中滾煮 2 分鐘。

❹ 以平底湯鍋加熱些許橄欖油，炒香洋蔥末 2 分鐘。

❻ 把糖與醋攪拌均勻，倒入平底鍋中，以文火熬煮數分鐘。

私房小祕訣：
這道燉茄料理屬於西西里風味的輕食作法。若是口味偏重，則可用酥炸方式處理茄丁。

食用建議：
可搭配義式土司（crostino）、麵食沙拉或米飯，以溫熱或室溫溫度當作配菜食用。

❺ 倒入茄丁與芹菜丁後，再放入橄欖、酸豆、葡萄乾、松子，最後放入番茄丁。充分拌勻，以文火續煮 3 分鐘。

① 把半量的奶油放入燉鍋中融化。放入蔬菜，以中火翻炒 2 分鐘，放置備用。

② 剩餘半量的奶油放入平底湯鍋中加熱，以中火香炒洋蔥末 5 分鐘。另加熱高湯。

③ 把米倒入平底湯鍋中。用木匙輕輕翻攪，讓米包裹油脂，直到米粒均呈金黃閃亮。

④ 倒入酒。繼續滾煮，直到所有的汁液被米粒吸收。

⑤ 加入 1 湯杓的高湯，加以攪拌，直到湯汁完全被米粒吸收。

⑥ 放入炒香後的蔬菜。

⑦ 每次以 1 湯杓的分量把剩餘高湯分次加入，讓米粒吸收。熬煮時間約 15 至 20 分鐘。

⑧ 快煮好時，再撒上帕馬森乳酪、馬斯卡朋乳酪（或鮮奶油）。用湯匙把米飯拌勻。

義大利春季燉飯

2 人份　　5 分鐘　　30 分鐘

食材：
奶油 50 公克
已煮熟的小蔬菜 150 公克（皇帝豆、豌豆、蘆筍尖等等）
蔬菜高湯或雞高湯 1 公升
現刨的帕馬森乳酪 40 公克
切成細末的洋蔥 1 顆或紅蔥頭 2 顆

白酒半杯
燉飯用米 200 公克（亞伯西歐米 [Arborio] 或卡納羅利米 [cararoli]）
鮮奶油或馬斯卡朋乳酪 1 湯匙或額外準備奶油 15 公克
鹽、胡椒粉適量

⑨ 必要時，再加以調味（高湯已具有鹽分），趁熱食用。

食材建議：
烹煮燉飯，最好選用適當的義大利圓米。

注意事項：
高湯的量，取決於米飯的吸水速度，一邊熬煮，一邊試吃，當米飯已呈現濃稠狀，但仍保有「彈牙」口感時，即可關火。

義式青醬麵

4 人份　　　**20 分鐘**　　　**20 分鐘**

食材：
義式 linguine 麵或特飛麵
（trofie）350 公克
羅勒青醬 1 小罐（參見 462 頁）
四季豆 200 公克
製泥用馬鈴薯 1 大顆

烤松子 30 公克
鹽適量

烹煮前的備料程序：
削去馬鈴薯外皮，切小丁。四季
豆洗淨，切成兩段。

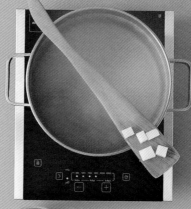 

❶ 將平底湯鍋的水煮至沸騰。灑
點鹽，倒入馬鈴薯丁。

❷ 滾煮 10 分鐘後，倒入四季豆。

❸ 5 分鐘後，再加入麵條，需不時攪拌。

❹ 瀝乾麵條與蔬菜的水分（保留些許煮麵水，用以稀釋青醬）。以
稀釋後的青醬替麵條與馬鈴薯調味。灑點烤松子，趁熱食用。

義式沙丁魚風味吸管麵

🍴 4 人份　　🥘 30 分鐘　　🍲 50 分鐘

① 把 4 公升的水煮至沸騰，加入切成兩辦的茴香與茴香籽，熬煮 15 分鐘。把茴香與茴香籽撈起（保留茴香水備用）。

② 以 1 湯匙的油炒洋蔥末 2 分鐘，再倒入 1 杯茴香水，熬煮收汁成半杯的量。

食材：

吸管麵（bucatini）500 公克

沙丁魚 8 至 10 尾＋裝飾用 4 尾

茴香 1 顆

茴香籽 2 茶匙

葡萄乾 30 公克

去除鹽分的鰻魚 2 尾或鰻魚醬 2 茶匙

松子 20 公克

洋蔥 1 顆

橄欖油適量

番紅花粉 1 小份

麵粉些許

鹽、現磨胡椒粉適量

烹煮前的備料程序：

沙丁魚洗乾淨，切除魚頭與魚骨刺，每尾切成 2 塊魚片。葡萄乾放入溫水中浸泡 15 分鐘。洋蔥切成細末狀。

③ 倒入 4 湯匙的油、番紅花、葡萄乾、松子與茴香，熬煮 5 分鐘後，再加入沙丁魚（裝飾用的沙丁魚請保留備用）與鰻魚末，略以鹽調味，再加點胡椒粉，以文火翻煮 5 分鐘。

④ 將保留未用的沙丁魚沾裹麵粉，加以油炸（或用橄欖油煎黃）。利用炸魚空檔，以茴香水烹煮麵條，再將麵條水分充分瀝乾。

⑤ 把剩餘未用的油與作法③的沙丁魚醬放至平底鍋中，香炒麵條。再把油炸沙丁魚當作盤飾擺盤，即可食用。

菜色變化：

把所有的沙丁魚全用來熬醬。煮熟麵條後，瀝乾水分，以橄欖油調勻。把麵條與沙丁魚醬分層擺入抹油的焗烤盤中。最後一層淋上沙丁魚醬，灑上麵包粉與松子，送入烤箱中烘烤。

義式蔬菜濃湯

6 人份　　**20 分鐘**　　**1 小時**

食材：

新鮮紅莢四季白豆 600 公克或
乾燥紅莢四季白豆 200 公克
馬鈴薯 2 顆
洋蔥 1 顆
紅蘿蔔 2 根
西芹 2 根
中型櫛瓜 2 根
甜菜葉 2 片
四季豆 100 公克

去皮去籽的新鮮番茄 3 顆
洋香菜末 2 湯匙
橄欖油適量
鹽、胡椒粉適量

烹煮前的備料程序：
若選用乾燥紅莢四季白豆，請浸
泡於水中 12 小時後，再與其他
蔬菜一起烹煮。

❶ 削去所有蔬菜外皮，切成小塊狀。剝除洋蔥皮，切成細末狀。

❷ 以大平底湯鍋，加入 2 湯匙橄欖油香炒洋蔥末、西芹與紅蘿蔔。

❸ 將四季白豆仁與其他蔬菜一起放入鍋中，以鹽調味，加水覆蓋食材。

❹ 以文火熬煮 1 小時。最後撒點洋香菜末與胡椒粉，淋上些許橄欖油。

❶ 在肉塊的每一邊劃上 3 道切口，好讓它在烹煮時能夠穩固不動，然後略微抹上麵粉。

❷ 用半量的橄欖油與 20 公克的奶油，以文火炒香洋蔥末 20 分鐘。

義式小牛膝燉肉

4 人份　　　30 分鐘　　　1 小時 30 分

❸ 再將剩餘的橄欖油與 20 公克奶油加入燉鍋中，香煎肉塊 5 分鐘，把肉塊表面煎得金黃，再放入洋蔥末。

❹ 倒入白酒潤鍋，續煮 6 至 7 分鐘，讓酒氣蒸發，以鹽與胡椒粉調味，然後再加入半杯高湯。

❺ 蓋上鍋蓋，以微火熬煮約 1 小時 20 分。

❻ 偶爾翻動肉塊，分次加入高湯，讓醬汁變得濃稠。

食材：
厚達 4 公分的小牛膝肉 4 片
中型洋蔥 2 顆
不甜白酒 150c.c.
肉高湯 200 至 300c.c.
奶油 60 公克
橄欖油 4 湯匙
麵粉 40 公克
鹽、胡椒粉適量

義式三味醬食材：
去芽蒜頭 2 瓣
洋香菜 1 把
檸檬 1 顆

烹煮前的備料程序：
洋蔥切成細末狀。

❼ 義式三味醬的調製方式：用刀子把拍碎的蒜瓣切成蒜末、洋香菜與半顆檸檬的檸檬皮切成細末狀。

❽ 當肉塊可輕易脫骨，即代表肉已煮熟，鍋子離火，先取出小牛膝，再把 20 公克奶油與半量的義式三味醬倒入平底鍋中，以食物攪拌棒把鍋中所有的材料打成泥。

❾ 把小牛膝肉塊放回燉鍋中，加熱 2 分鐘後擺盤，淋上鍋中醬汁與義式三味醬，佐以番紅花燉飯一起食用。

米蘭風味香酥小牛排

2 人份　　**20 分鐘**　　**5 分鐘**

❶ 蛋打入深盤中打勻，吐司麵包粉鋪平在烘焙紙上。

❷ 把拍扁的肉片放入蛋汁中，讓雙面都沾滿蛋汁。然後，把肉片放至麵包粉中沾取麵包粉。用手緊壓，好讓麵包粉黏住肉片。

食材：
小牛肉薄片 2 片
蛋 1 顆
奶油 10 公克
橄欖油 2 湯匙
新鮮土司麵包 4 至 5 片（或是麵包粉）
檸檬 1 顆
鹽適量

烹煮前的備料程序：
先在肉片上、下方各墊一張烘焙紙，再用捶肉棒把肉片拍成薄片（3 至 4 公釐厚度）。切除土司麵包邊，把土司麵包打成粉狀。

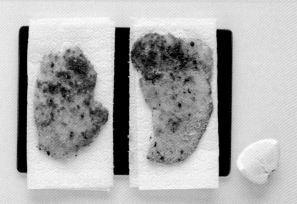

❹ 把肉片放至吸油紙巾上吸除多餘油脂，以鹽調味。佐以檸檬瓣與番茄沙拉，冷熱食皆宜。

❸ 以平底鍋加熱橄欖油與奶油，把肉片兩面煎得金黃。

① 蔬菜放入鹽水中煮至沸騰，放入小牛肉，沸騰後續煮 25 分鐘。把肉塊與蔬菜留置高湯中放涼。

義式鮪魚醬佐小牛肉

6 至 8 人份　　20 分鐘　　40 分鐘

食材：
小牛腿肉 1 公斤
洋蔥 1 顆
紅蘿蔔 1 根
西芹 1 根
洋香菜數小根

醬汁：
已滴除油分的油漬鮪魚 300 公克
鰻魚片 6 片

酸豆（鹽漬酸豆為佳）15 公克
＋15 公克
洋香菜手抓 1 小把
美奶滋 100 公克
鹽、胡椒粉適量

烹煮前的備料程序：
削去所有蔬菜外皮，並切小塊。

② 醬汁的調製方式：鮪魚、鰻魚、15 公克酸豆、洋香菜、美乃滋與 150c.c. 的冷高湯加以研磨，以鹽與胡椒粉調味，放置冰箱冷藏。

③ 把小牛肉片成非常薄的薄片。

④ 把小牛肉片擺至餐盤上，淋上醬汁，灑點酸豆與洋香菜末，佐以芝麻菜與焗烤番茄一起食用。

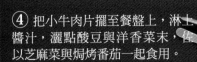

西西里風味旗魚

2 人份

20 分鐘 +
靜置 1 小時

45 分鐘

① 把酸豆細末、檸檬皮細末與橄欖油拌勻後，用以包裹旗魚魚塊，醃漬 1 小時。

食材：
旗魚 2 片（厚 1.5 公分）
鯷魚片 2 片
鹽漬酸豆 3 湯匙
檸檬 1 顆
自製麵包粉 80 公克
蒜頭 1 瓣
奧勒岡草 1 湯匙

橄欖油 3 湯匙
鹽、胡椒粉適量

烹煮前的備料程序：
以流動的水漂洗酸豆，再切成細末狀（用以取代鹽）。以 180℃預熱烤箱。

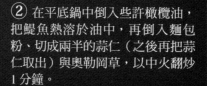

④ 送入烤箱烘烤 15 分鐘。完成後，淋上些許檸檬汁，佐以番茄沙拉或焗烤番茄一起食用。

② 在平底鍋中倒入些許橄欖油，把鯷魚熱溶於油中，再倒入麵包粉、切成兩半的蒜仁（之後再把蒜仁取出）與奧勒岡草，以中火翻炒 1 分鐘。

③ 讓魚片裹上綜合麵包粉，放至已抹油的烤盤上。在魚片上淋些許橄欖油。

① 洋蔥、紅蘿蔔、芹菜、洋香菜、肉桂葉、粗鹽、胡椒粒與 1 顆軟木塞放入水中，把水煮滾。

② 抓住章魚頭部，輕輕地放入水中，以中火熬煮 50 至 60 分鐘。將所有食材留置熬煮湯汁中放涼。

③ 取出章魚後，待溫度降至溫熱（烹煮過會縮至 2/3 的大小）。

④ 把章魚放至已切除上蓋的寶特瓶中（寶特瓶底部需要挖孔）。把章魚壓得緊實，放入冰箱冷藏 8 小時，上頭需以重物加壓。

章魚薄片沙拉

8 至 12 人份　　40 分鐘 +
　　　　　　　　靜置 8 小時　　1 小時

食材：
章魚 1 隻（重 2.5 公斤）

高湯食材：
西芹 2 根與洋蔥 2 顆
紅蘿蔔 2 根與洋香菜半把
月桂葉 1 片與胡椒粒 6 顆
粗海鹽適量

調味用食材：
切成小丁的芹菜 3 至 4 根

黑橄欖或綠橄欖 200 公克
洋香菜半把與芝麻菜 250 公克
橄欖油 6 湯匙
榨汁用檸檬 1 顆
鹽、胡椒粉適量

烹煮前的備料程序：
章魚洗淨。掏空章魚頭，切除章魚眼與章魚嘴，並把吸盤洗乾淨。

⑤ 把章魚切成薄片狀。

⑥ 將已調味的芝麻菜當作盤飾，在章魚薄片上擺芹菜丁與橄欖，以剩餘醬汁加以調味，並撒上香洋菜末。

章魚的烹煮方式：
當刀尖可輕易插入觸手時，表示章魚已煮熟。

調味方式：
洋香菜切成細末狀，檸檬汁、橄欖油、鹽與胡椒粉加以拌勻，以半量醬汁淋上芝麻菜。

保存方式：
煮熟的章魚可用冷凍方式保持鮮度。

壽司飯

880 公克　　　5 分鐘 +　　　20 分鐘
　　　　　　　靜置 1 小時

食材：
壽司米 330 公克

調味用食材：
米醋 2 湯匙
細砂糖 1 湯匙
鹽 2 茶匙

❶ 米洗乾淨，瀝乾水分 1 小時，再放入平底湯鍋中，加 375c.c. 的水，滾煮 5 分鐘。

❷ 火候轉小（若是以瓦斯烹煮的話），或把飯鍋從電磁爐上移開（若是以電磁爐烹煮的話）。蓋上鍋蓋，停止烹煮，讓米飯膨脹 10 分鐘。

❸ 加熱米醋，用以溶化糖與鹽。再把醬汁淋到攤放在平盤上的米飯，充分攪拌。

❹ 以一塊濕布加以覆蓋，放涼。壽司米只能擺放一天。適用於所有類型的壽司。

① 把一張紫菜海苔平放在竹捲簾上。

② 平鋪一層米，直到竹捲簾 2/3 長度的位置。

③ 在米飯層的中間抹上一條美乃滋醬。

④ 放入一排蟹肉棒與一排酪梨。

⑤ 從有米飯的那頭，把紫菜海苔捲起，捲成非常紮實的飯捲。

⑥ 用銳利的刀子把壽司捲一切為二，再把每半邊切成三塊等大的大小。佐以醬油與日式芥末醬一起食用。

壽司捲

4 人份

20 分鐘

20 分鐘

食材：
紫菜海苔 4 至 6 片
壽司米 550 公克（參見第 298 頁）
日式美奶滋 2 湯匙
蟹肉棒 8 根
切成薄片狀的酪梨 1 顆

佐餐用食材：
醬油
日式芥末醬

菜色變化：
可用鮪魚塊或鮭魚塊取代蟹肉棒。

私房小祕訣：
壽司捲可在用餐數小時前先備妥，
待至用餐前再切成小捲狀。

茶碗蒸

6 人份   **15 分鐘**   **15 分鐘**

❶ 香菇與雞肉切成小丁狀。

❷ 用 2 湯匙醬油與些許鹽,為雞肉塊與香菇丁調味,放置備用。

❸ 打蛋,用筷子由下往上拌攪蛋汁(避免打入空氣),勿過度拌打,蛋汁必須有如絲綢般光滑。

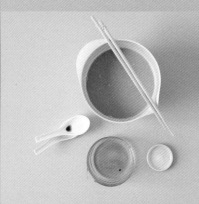

❹ 緩緩加入高湯,並以剩餘醬油與些許鹽調味。

食材:
蛋 4 顆
柴魚高湯 600c.c.(若無柴魚高湯,可用雞湯取代)
雞胸肉 250 公克
乾香菇 6 朵
醬油 4 湯匙
紫蘇嫩葉數片
鹽適量

烹煮前的備料程序:
乾香菇放入水中,吸飽水分。

私房小祕訣:
蛋汁對水比例為 1:3,把蛋打入量杯中,標記容量,以三倍以上的高湯加以調和。

❻ 最後以紫蘇嫩葉加以裝飾。

菜色變化:
可用蝦子取代雞肉,用芹菜嫩葉取代紫蘇嫩葉。

家常作法:
可把茶碗蒸煮成一大碗,全家一起享用,蒸煮時間為 18 至 20 分鐘。

❺ 將雞肉丁與香菇丁分別放入小碗或是布丁模內。蛋汁用網篩篩過,倒至小碗 4/5 的位置,再把碗放入蒸籠中。以大火蒸煮 1 分鐘後火候轉小,續煮 15 分鐘。確認烹煮是否完成的方法:插入 1 小根餐匙,取出時若餐匙是乾淨的,茶碗蒸就大功告成了。

日式雞肉串燒

① 竹籤浸泡在冷水中 15 分鐘。

② 醬汁食材煮至沸騰，續以微滾火候煮 5 分鐘。

③ 雞肉切成小塊狀，青蔥切成 5 公分的段狀。

④ 用竹籤串起雞肉塊與青蔥段。

🍴 4 人份　　🥄 20 分鐘　　🍲 20 分鐘

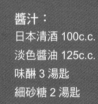

食材：
去骨雞腿肉 1 公斤
青蔥 8 根
竹籤數根

醬汁：
日本清酒 100c.c.
淡色醬油 125c.c.
味醂 3 湯匙
細砂糖 2 湯匙

⑤ 把燒肉串放至烤架上烘烤，烘烤過程中需數次浸泡於沾醬中。

⑥ 以剩餘醬汁佐以雞肉串上桌食用。

豬肉包子

10 至 12 顆　　40 分鐘 +　　25 分鐘
　　　　　　　　30 分鐘

食材：
中式包子皮麵團（參見第 497 頁）

包子內餡食材：
切成大丁的豬梅花肉 500 公克
醬油 2 湯匙
米酒 2 湯匙
蠔油 1 湯匙
甜麵醬 35 公克

麻油 1 湯匙
水 75c.c.
糖 20 公克
玉米粉 1 湯匙
鹽、胡椒粉適量

烹煮前的備料程序：
把烘焙紙裁剪成 5 公分的正方形。用些許的水調勻玉米粉。

① 除了玉米粉與豬肉之外，把所有的內餡食材放入平底湯鍋中，烹煮 5 分鐘。

② 加入豬肉，翻炒 5 分鐘。

③ 當豬肉已煮熟，倒入玉米粉水。

④ 繼續翻炒，直到醬汁變得濃稠（2 分鐘），放涼後再使用。內餡可提早 2 天準備。

⑤ 秤取約 70 公克的包子皮，將包子皮擀成直徑 10 公分的圓片狀。

⑥ 內餡放至包子皮中央，把包子皮邊緣折起，折成皺褶並緊緊壓住。每顆包子下面放一張方形烘焙紙。

⑨ 從蒸籠中取出包子即可食用，亦可佐越南辣椒醬（sauce sriracha）一起食用。

菜色變化：
可用臘肉塊取代豬梅花肉。

⑦ 把包子放到蒸籠中，以保鮮膜蓋住蒸籠，放置醒麵 30 分鐘。

⑧ 以大火清蒸包子 15 分鐘。

① 肉塊上、下方均放置一張保鮮膜。

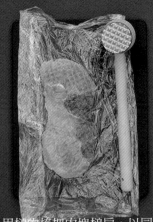

② 用槌肉棒把肉塊槌扁，以同樣的方式處理其他肉片。

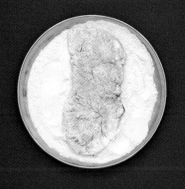

③ 在肉片上沾抹麵粉，稍微搖晃，讓多餘麵粉落下。

④ 把肉片放入蛋汁裡，再把肉片放入麵包粉盤中。

日式炸豬排

 4 人份　　 20 分鐘　　 10 分鐘

食材：
豬肉片 4 片
麵粉 125 公克
略為拌打的蛋 2 顆
日式麵包粉 60 公克（可用一般麵包粉取代）
油炸用花生油

高麗菜絲 150 公克
切成瓣狀的檸檬 1 顆

炸豬排醬汁食材：
番茄醬 40c.c.
梅林辣醬油（sauce Worcestershire）60c.c.

⑤ 以大火熱油，酥炸豬排（每一面炸 3 分鐘），再置於吸油紙巾上吸取油脂。

⑥ 番茄醬與梅林辣醬油調勻。高麗菜絲、檸檬瓣與醬汁佐以炸豬排一起食用。

綠咖哩雞

4 人份 　　 15 分鐘 　　 20 分鐘

食材：
泰國青檸檬葉 4 片
棕櫚糖 1 湯匙
植物油 1 湯匙
綠咖哩醬 2 至 3 湯匙（參見第 476 頁）
椰奶 500c.c.

切成塊狀的雞胸肉 500 公克
切成 2 塊或 4 塊狀的（圓形）
泰國茄子 6 小顆
魚露 1 湯匙
九層塔 1 小把
佐餐用米飯些許（參見第 298 頁）

❶ 泰國青檸檬葉切成細末狀，刨取棕櫚糖（可有可無）。

❷ 以中式炒鍋熱油，放入咖哩醬翻炒數分鐘，把香氣炒出。

❸ 倒入椰奶，不停攪拌熬煮 5 分鐘。

❹ 放入雞肉塊、茄子與泰國青檸檬葉，以微滾火候滾煮 5 分鐘，把肉煮熟。

❺ 以魚露調味，也可加入棕櫚糖調和。

❻ 以完整的九層塔葉片當作盤飾，佐以米飯一起食用。

私房小祕訣：
若能於前一夜或是早上準備當晚用的咖哩，那麼，咖哩的香氣將更加濃郁。用餐前，再以文火回溫加熱即可。

❶ 檸檬香茅與辣椒放入研缽中研磨。亦可用食物調理機研磨成均勻泥狀。

❷ 以中式炒鍋熱油，香炒泥醬 3 分鐘，讓香氣釋放出來。

❸ 放入雞肉塊，香炒 5 分鐘，加入糖與魚露。

❹ 再續煮數分鐘，讓醬汁略為收汁且成焦黃。趁熱拌飯食用。

檸檬香茅雞

4 人份

15 分鐘

25 分鐘

食材：
切成細末的檸檬香茅 5 根
去籽且切成細末狀的紅辣椒 2 大根
切成大塊狀的雞胸肉 750 公克
植物油 2 湯匙

棕櫚糖粉 1 湯匙
魚露 3 湯匙
佐餐用米飯（參見第 298 頁）

日式照燒雞

 4 人份　　 5 分鐘　　25 分鐘

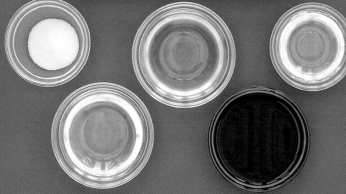

食材：

棒棒雞腿 8 根
植物油 2 湯匙
日本清酒 100c.c.
味醂 100c.c.

深色醬油 100c.c.
細砂糖 2 茶匙
佐餐用米飯（參見第 298 頁）
清蒸蔬菜些許

① 在棒棒腿上切幾道深深的切口，好讓雞肉更快熟透。

② 平底鍋熱油，香煎棒棒腿 10 分鐘，讓表面上色。

③ 蓋上鍋蓋，續煮 10 分鐘後，把棒棒腿從平底鍋中取出。

④ 在平底鍋裡倒入日本清酒、味醂、醬油與糖，以微滾火候將醬汁熬成濃稠狀。

⑥ 將棒棒腿佐以蔬菜，拌飯食用。另盛醬汁，可供沾取。

⑤ 再把棒棒腿放回平底鍋中，讓醬汁包裹住棒棒腿。

印尼巴東咖哩牛肉

6 人份　　35 分鐘 +　　1 小時 30 分
　　　　　30 分鐘

① 辣椒浸泡在滾水中 15 分鐘，
瀝乾水分後，切成大塊狀。

② 把辣椒、薑、芫荽、小茴香、
丁香粉、薑黃粉、蒜瓣與紅蔥頭
一起研磨。

③ 加點水，把全部香料食材打成
泥狀。

④ 用此香料醬醃漬肉塊 30 分鐘。

食材：

大紅辣椒乾 60 公克
芫荽籽 1 茶匙
薑末 1 湯匙
小茴香粉 2 茶匙
丁香粉半茶匙
薑黃粉 1/4 茶匙
蒜頭 3 瓣
切成細末的紅蔥頭 10 顆

牛腿肉 1 公斤
椰粉 30 公克
椰奶 500c.c.
檸檬香茅 2 根
切成細末的南薑 1 湯匙
棕櫚糖粉 2 茶匙
佐菜用米飯些許（參見第 298 頁）

⑤ 把肉塊放入中式炒鍋中，加入其他食材（米飯除外）一起翻炒。

⑥ 煮至沸騰，把火候轉小，以微
滾火候續煮 1 小時 30 分。拌飯食
用。

佛來福丸子

 24 顆　　 25 分鐘　　 6 分鐘

食材：
鷹嘴豆 125 公克
韭蔥 1 小根
櫛瓜半根
芫荽 6 公克
洋香菜 6 公克
蒜頭 1 瓣
胡椒粉 1/4 茶匙
肉桂粉 1/4 茶匙
芫荽粉半茶匙

鹽 1 茶匙
小蘇打粉半茶匙
炸油

烹煮前的備料程序：
前一晚把鷹嘴豆洗淨，剔除損壞或皮皺的豆子。以半茶匙小蘇打粉溶入大量的水中，用以浸泡鷹嘴豆，放至冰箱冷藏。

① 芫荽與洋香菜洗淨，拭乾水分，摘取葉片。

② 韭蔥外層厚皮剝除，蔥綠部分切除，再把蔥白部位洗乾淨，切成大塊狀。

③ 剝去蒜膜，櫛瓜洗淨，切成塊狀。

④ 瀝乾鷹嘴豆水分，把鷹嘴豆、蔬菜與提香蔬菜一起打成麵團質地。

⑤ 把蔬菜麵團放置工作檯上，加入香料、鹽與小蘇打粉。

⑥ 充分揉麵，揉出一顆扎實且均質的麵團（需揉 1 至 2 分鐘）。

⑨ 用濾杓把佛來福丸子撈出，再把丸子放在吸油紙巾上。趁熱食用。

食用建議：
佛來福丸子可佐塔哈朵檸檬芝麻醬（參見 455 頁）一起食用。

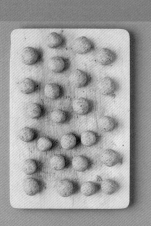

⑦ 把麵團切成 25 塊，並且用沾濕的雙手把麵團揉成丸子狀。

⑧ 以大平底鍋加熱炸油，油炸丸子 6 分鐘

土耳其風味蔬菜羊肉串燒

🍴 4 人份　　🍲 40 分鐘 + 靜置時間　　🥘 6 至 8 分鐘

① 薄荷葉與迷迭香洗淨，拭乾水分後摘取葉片。摘取迷迭香葉片的方式：用兩隻手指握住莖部，從底部逆向往上推。

② 剝除蒜膜，去除蒜芽。削取半顆檸檬的皮，榨取半顆檸檬的汁液。

③ 香草料、檸檬皮、檸檬汁、橄欖油、鹽、胡椒粉與蒜瓣一起研磨，磨成非常均勻的醃漬醬料。

④ 肉切大丁狀。

食材：

羊腿肉 1 公斤（去皮且無肥肉）	迷迭香 1 小株
黃甜椒 1 顆	蒜頭 3 瓣
紅甜椒 1 顆	檸檬 1 顆
橘甜椒 1 顆	橄欖油 50c.c.
紫皮洋蔥 1 顆	鹽 1 茶匙
薄荷 1 小株（薄荷葉 8 片）	胡椒粉適量

⑤ 肉塊與醃漬醬料一起放入密封袋中，充分拌勻後，放入冰箱冷藏 24 小時。

⑥ 甜椒洗淨，上下兩端切除，剖半。去除甜椒籽與白膜，切成塊狀。

⑦ 剝除紫皮洋蔥皮，並切成 4 塊，取用外三層最厚的洋蔥片，再切成 4 小塊。

⑧ 加熱烤箱烤架，把肉塊、甜椒與洋蔥串成 8 串，烤肉串放在烤盤上。

⑨ 把烤肉串放入烤箱烘烤 6 至 8 分鐘，烘烤時必須不斷地翻轉，直到甜椒烤熟。若喜歡酸口味，可將剩餘半顆檸檬的汁液澆淋至烤肉串上。

重要提示：
假如不易買到橘甜椒，只使用紅甜椒與黃甜椒也行，只是顏色不會那麼繽紛。

世界之最 - 331

地中海風味三角羊肉餃

14 顆　　　40 分鐘　　　40 分鐘

食材：
羊腿肉 100 公克（去皮且無肥肉）
薄餅皮 4 張
洋蔥半顆
松子 20 公克
橄欖油 1 湯匙
洋香菜 2 小株
奶油 40 公克
優格 1 湯匙

鹽 1 大撮
胡椒粉適量

烹煮前的備料程序：
以 200℃ 預熱烤箱。洗淨洋香菜，拭乾水分，摘取香菜葉，粗切成小片狀。融化奶油。剝除半顆洋蔥皮，並切成細末。

❶ 把肉切大塊，放入食物調理機中打成絞肉狀。

❷ 以中大火乾炒松子，不斷翻炒，把松子炒黃。

❸ 松子取出，倒入橄欖油，香炒洋蔥末。加入羊肉與松子後，火候轉小。

❹ 不斷翻炒，打散絞肉。掀蓋翻炒 10 分鐘。以鹽與胡椒粉調味，離火，加入優格與洋香菜末，充分拌勻後放涼。

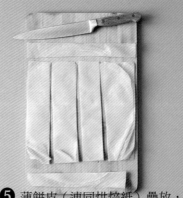

❺ 薄餅皮（連同烘焙紙）疊放，把多餘的邊緣切除，然後用刀子把薄餅皮切成 4 條長方形條狀。

❻ 取下 1 條長條餅皮，塗上已融化的奶油，在餅皮上放 1 大茶匙內餡。

❽ 把羊肉餃放至已鋪好烘焙紙的烤盤上，送入烤箱烘烤 15 分鐘，把表面烤得金黃，即可趁熱食用。

以平底鍋煎製：
大火加熱 3 湯匙橄欖油與 1 湯匙奶油，酥炸三角羊肉餃 3 至 4 分鐘，酥炸過程中需翻面，把羊肉餃炸得酥脆，撈起後放至吸油紙巾上瀝乾油分。

❼ 以對角直角的方式折起餅皮，內餡略為壓扁，以同樣方式摺疊，直到盡頭，把多餘邊緣，折進最後一折縫裡。以同樣步驟製作羊肉餃，直到內餡用完。

❶ 洋蔥去皮切成細末狀，肉塊切打成絞肉，先取 500 公克絞肉放入冰箱冷藏備用。

❷ 以中大火加熱橄欖油，炒香松子

❸ 松子取出，再倒入洋蔥末，香炒 10 分鐘

❹ 加入絞肉，以鹽與胡椒粉調味，翻炒 10 分鐘。舀起一大湯匙松子放置一旁備用，剩下的松子放入離火的平底鍋中。

中東風味羊肉烤餅

25 至 30 塊　　50 分鐘　　1 小時

❺ 把放在冰箱裡的絞肉、中東細麥粉及 2 茶匙鹽拌勻後，放入食物調理機中拌打（分次）成極為柔軟的麵餅糊狀。

❻ 用 1 湯匙油塗抹大烤盤，放入半量麵餅糊，加壓緊黏烤盤底部後，再鋪上內餡。

食材：
羊腿肉 700 公克
中東細麥粉（bourgoul fin）350 公克
松子 75 公克
洋蔥 6 顆
橄欖油 100c.c. + 3 湯匙
鹽、胡椒粉適量

烹煮前的備料程序：
羊肉切成小丁狀，放入冰箱冷藏備用。中東細麥粉放至大量的冷水中浸泡 10 分鐘。以 180℃ 預熱烤箱。用雙手擠壓中東細麥粉，盡量把水分壓出，放置備用。

❼ 用濕潤的手掌把剩餘的麵餅糊捏成出數個小薄圓餅，再把小薄圓餅擺放在內餡層上。用濕潤的指尖加壓，讓它緊實地黏在內餡上，並將烤餅切割成菱格狀。

❽ 在每個菱格中央，輕輕地壓入 1 顆松子。再用 2 湯匙油塗抹烤餅表面，送入烤箱烘烤 40 至 45 分鐘，直到表面變得緊實且上色。

注意事項：
若要炒出成功的內餡，翻炒過程中必須把絞肉炒開，避免結塊。當絞肉釋出的水分炒乾，即可停止拌炒。

摩洛哥檸檬橄欖雞

4 人份　　　35 分鐘　　　1 小時 30 分

食材：

雞腿 4 隻

洋蔥 1 顆

蒜頭 3 瓣

鹽 1 茶匙

胡椒粉 1 茶匙

奶油 40 公克

橄欖油 2 湯匙

薑粉 1 茶匙

摩洛哥綜合香料（raz el hanout）

1 茶匙

水 500c.c.

芫荽 10 公克

洋香菜 20 公克

去籽的綠橄欖或紫橄欖 110 公克

糖漬檸檬 2 顆

烹煮前的備料程序：

洋蔥去皮，切成細末狀。剝除蒜膜，對半切開，去除蒜芽，拍扁。

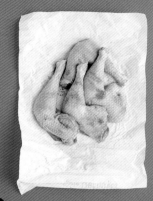

❶ 半量鹽與半量胡椒粉略為拌勻，撒在雞腿上（前後兩面都須灑勻）。

❷ 加熱融化奶油與橄欖油，香煎雞腿，先煎帶皮面。把雞腿取出後，火候轉小。

❸ 放入洋蔥翻炒，加入蒜末炒香，再加入薑粉、摩洛哥綜合香料、剩餘未用的胡椒粉與鹽，充分拌勻。

❹ 倒入水攪拌，再把雞腿放回鍋內，煮至沸騰。蓋上鍋蓋，以中小火煮 1 小時。

❺ 芫荽與洋香菜洗淨，拭乾水分，摘取葉片。把葉片疊放在一起，緊緊捲起，切成細末狀。橄欖洗淨，瀝乾水分。

❻ 糖漬檸檬切成四等分，切下檸檬果肉，用大量清水清洗檸檬皮，拭乾水分後，每瓣檸檬皮切成兩條細瓣。

❾ 雞腿放入餐盤中，淋上醬汁，另盛醬汁佐餐備用。

❼ 糖漬檸檬、橄欖與香草料放入炒鍋中，蓋上鍋蓋，熬煮 15 分鐘。

❽ 掀開鍋蓋，取出雞腿。把火候轉成大火，熬煮醬汁 5 至 7 分鐘，把醬汁熬成濃稠狀。

❶ 剝除洋蔥外皮，切成細末狀。剝除蒜膜，去芽後拍扁。

❷ 3 湯匙油、薑粉、肉桂粉、番紅花、蒜瓣與洋蔥末一起拌勻，以鹽與胡椒粉調味。

❸ 把上述醃漬醬料塗抹在羊肉塊上，加以覆蓋，於室溫下醃漬 2 小時。

❹ 以中大火加熱大炒鍋，用剩餘的油把肉塊表面煎黃。

❺ 倒入微滾的高湯至肉塊半高的位置，再把食材倒入塔吉鍋中，蓋上鍋蓋，以文火燉煮 1 小時 15 分鐘。

❻ 加入黑棗，以中火火候掀蓋續煮 15 分鐘。

黑棗羊肉塔吉鍋

4 人份　　　20 分鐘 +　　1 小時 45 分
　　　　　　靜置 2 小時

食材：
切成 12 小塊的去骨羊肩肉 2 公斤
雞高湯半公升（或以 1 塊雞湯塊
調製）
洋蔥 2 顆
蒜頭 2 瓣
橄欖油 4 湯匙
番紅花 1 份（0.1 公克）
薑粉 1 茶匙

肉桂粉 1 茶匙
去籽黑棗 20 顆
整顆的杏仁 70 公克
芝麻 10 公克
鹽、胡椒粉適量

烹煮前的備料程序：
雞高湯煮至微滾狀態。

❼ 以中火火候加熱平底鍋，乾炒杏仁（不加任何油脂）。

❽ 用前述方法乾炒芝麻。

❾ 把芝麻與杏仁撒進塔吉鍋裡，即可食用。

注意事項：
把炒鍋內食材倒入塔吉鍋之前，請先用鍋鏟把鍋中烹煮醬汁刮乾淨，連同食材一併倒入塔吉鍋，那濃稠醬汁可是美味的精華所在呢！

北非羊肉小米飯

 4人份   35分鐘 1小時

食材:
切成 12 塊的去骨羊肩肉 600 公克
雞高湯 500c.c.（或以 1 塊雞湯塊調製）
紅蘿蔔 2 根
紅皮白蘿蔔 3 顆
青椒 1 顆與番茄 2 顆
紫皮洋蔥 1 顆
櫛瓜 1 根與生薑 10 公克
新鮮的微辣辣椒半根
番紅花 2 份與芫荽籽 1 茶匙
橄欖油 2 湯匙

洗淨且瀝乾水分的熟鷹嘴豆 250 公克
法式四香粉半茶匙

北非小米食材:
北非細粒小米 300 公克
奶油 30 公克
雞高湯 220c.c.（或以 1 塊雞湯塊調製）

烹煮前的備料程序:
720c.c. 雞高湯煮至微滾狀態。
羊肉從冰箱中取出。

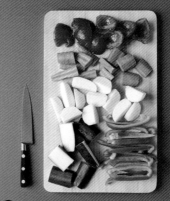

❶ 把蔬菜切成大塊狀，番茄與青椒去籽。

❷ 剝除洋蔥外皮，切成 4 塊。刨除生薑皮，磨取薑泥。

❸ 辣椒洗淨，與芫荽籽一起放入研缽中研磨，磨出混合泥狀醬料。

❹ 以大火熱油，把肉塊表面煎黃（必要時可翻煎數次），肉塊取出後，火候略為轉小。

❺ 用作法❹的鍋子，先倒掉多的油，再炒香洋蔥末、薑泥、辣椒芫荽泥以及香料食材 2 分鐘，把鷹嘴豆加入拌勻，再放入番茄與羊肉塊。倒入 500c.c. 高湯，蓋上鍋蓋，以微滾火候煮 20 分鐘。

❽ 把小米飯盛在深盤中，佐以羊肉配菜一起食用。

❻ 利用熬煮羊肉的空檔，準備小米飯（參見 306 頁）。

❼ 放入紅蘿蔔、白蘿蔔與青椒，熬煮 15 分鐘後，再加入櫛瓜，續煮 10 分鐘。

① 以大火加熱橄欖油，香煎鮟鱇魚骨與魚肚。加入蒜瓣翻炒，倒入水至鍋子一半的高度，煮至沸騰。

② 加入洋香菜、番紅花、八角籽與摩洛哥綜合香料，熬煮 20 分鐘後，以鹽與胡椒粉調味。離火浸泡 15 分鐘，將湯汁過濾。

鮟鱇魚塔吉鍋

🍴 **4 人份**　　🥘 **50 分鐘**　　🍲 **1 小時**

③ 把此湯汁倒入已洗乾淨的炒鍋中，以中火微滾的狀態熬煮。

④ 橄欖油與番紅花調勻。

魚高湯食材：
橄欖油 2 湯匙
鮟鱇魚肚與魚骨（請魚販保留）
水 500c.c.
洋香菜 40 公克
蒜頭 1 瓣
摩洛哥綜合香料（raz el hanout）
1 刀尖沾取的量
八角籽 1 茶匙
番紅花 1 份（0.1 公克）

塔吉鍋食材：
口感紮實的馬鈴薯 500 公克
鮟鱇魚肉 1.5 公斤（切除魚頭後淨重）
番紅花 1 份（0.1 公克）
番茄 4 顆與去皮洋蔥 1 顆
糖漬檸檬 2 顆與黑橄欖 100 公克
橄欖油 1 湯匙＋1 茶匙

烹煮前的備料程序：
剝除蒜膜，拍扁蒜瓣。洋香菜洗淨，將菜梗綁在一起。

⑤ 馬鈴薯去皮，切成圓薄片，拭乾水分，塗上番紅花風味橄欖油。

⑥ 除去番茄外皮，再把番茄切成 4 塊，去除番茄籽。洋蔥切成圓片狀。

⑦ 把 1 顆糖漬檸檬的果肉切除，皮切成 8 長條，再把另 1 顆檸檬切成 4 塊。

⑧ 在塔吉鍋的底部抹油，放入馬鈴薯，再放入洋蔥、番茄，最後放入橄欖。

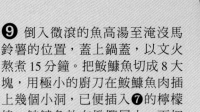

⑨ 倒入微滾的魚高湯至淹沒馬鈴薯的位置，蓋上鍋蓋，以文火熬煮 15 分鐘。把鮟鱇魚切成 8 大塊，用極小的廚刀在鮟鱇魚肉插上幾個小洞，已便插入⑦的檸檬棒。鮟鱇魚放在橄欖層上，再把糖漬檸檬條插在鮟鱇魚肉裡，續煮 45 分至 1 小時。直接把塔吉鍋端上桌享用。

摩洛哥風味香草魚

 4 人份

 20 分鐘 +
30 分鐘

3 至 6 分鐘

食材：
白肉魚菲力 650 公克
芫荽 40 公克
洋香菜 40 公克
蒜頭 2 瓣
檸檬 1 顆
微辣辣椒半茶匙

小茴香粉半茶匙
紅酒酒醋 40c.c.
橄欖油 70c.c. ＋ 1 茶匙
鹽適量

烹煮前的備料程序：
芫荽與洋香菜洗淨，拭乾水分。

① 切除芫荽尾端與洋香菜梗，剁除蒜膜，刨取檸檬皮細末，榨取檸檬汁。

② 蒜仁剖開，去芽，連同一小撮鹽與辣椒打成泥狀。

③ 放入小茴香粉、芫荽葉與小洋香菜葉，打成麵糊狀。

④ 加入檸檬汁、半量的檸檬皮細末、醋與 70c.c. 橄欖油，用叉子拌勻。

⑤ 把香草醬料分成兩等分。

⑥ 把魚片放在盤中，抹上半量的香草醬料，加以淹沒，放置冰箱冷藏半小時。

⑨ 將剩餘的香草醬淋在魚片上，撒上備用的檸檬皮細末，即可食用。

重要提示：
此道料理冷食也很美味喔！

⑦ 用平底不沾鍋，以中大火加熱 1 茶匙橄欖油，再放入魚片，依其厚度煎煮 3 至 8 分鐘。

⑧ 至少要翻面 1 次（除非魚片非常薄，則無須翻面）。

❶ 倒入些許滾水，稍微搖晃幾圈，將水倒出。

❷ 以滾水完全覆蓋茶葉，靜置 1 分鐘，讓葉片伸展開來。

❸ 用濾匙將茶葉濾起，把水倒掉，再把茶葉放入茶壺中。

❹ 略為搓揉薄荷梗後，把薄荷放入茶壺中，讓薄荷釋放出香氣，然後加糖。

❺ 以滾水覆蓋，靜置 3 分鐘，無須攪拌。

❻ 回沖方式：可回沖 2 至 3 次，每次以 1 杯的水量回沖，依據個人喜好靜置 5 至 10 分鐘。

薄荷茶

1 壺

10 分鐘

5 分鐘

食材：
水 750 cc
綠茶茶葉（thé vert Gunpowder）
1 湯匙
薄荷葉 20 公克
糖 50 公克

烹煮前的備料程序：
薄荷葉洗淨，去除葉梗底部。把水煮至沸騰。

注意事項：
茶葉泡得越久，茶香就越濃，否則只會有薄荷葉的味道。

印度風味馬鈴薯花椰菜

 4 人份　　 20 分鐘　　 30 分鐘

食材：

印度酥油 2 湯匙

黑芥末籽 1 茶匙

小茴香籽 1 茶匙

薑黃粉半茶匙

切成細末狀的紫皮洋蔥 1 顆

薑蒜泥 1 湯匙（參見 476 頁）

切成小丁的去皮馬鈴薯 2 顆

切成小花束的花椰菜 500 公克

切成細末的芫荽葉數片

佐餐用檸檬數瓣

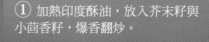

① 加熱印度酥油，放入芥末籽與小茴香籽，爆香翻炒。

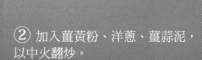

② 加入薑黃粉、洋蔥、薑蒜泥，以中火翻炒。

③ 加入花椰菜、馬鈴薯與 500c.c. 的水。蓋上鍋蓋烹煮 15 分鐘，把蔬菜煮軟。

④ 撒上芫荽末，淋點檸檬汁，佐以沙拉一起食用。

① 烹煮菠菜，把菠菜磨成均勻泥狀。

② 熱油，把小茴香籽與葫蘆巴炒黃。

③ 加入薑蒜泥，加以翻炒。

④ 倒入菠菜泥、芫荽、250c.c. 的水與鮮奶，熬煮成濃稠狀。

印度豆腐乳酪菠菜羹

🍴 4 人份　　🍲 20 分鐘　　🥘 30 分鐘

食材：

洗淨的菠菜 1 公斤	鮮奶或鮮奶油 250c.c.
葵花籽油 3 湯匙	切成小丁的印度豆腐乳酪（Paneer）
小茴香籽 1 茶匙	400 公克（參見 478 頁）
薑蒜泥 2 湯匙（參見 476 頁）	印度酥油 1 湯匙
葫蘆巴半茶匙	印度什香粉（garam masala）1 茶匙
芫荽粉 2 茶匙	佐餐用的印度豆腐乳酪
	海鹽適量

⑤ 加入印度豆腐乳酪與印度酥油，翻炒至奶油融化，以鹽調味。

⑥ 添加印度什香粉，蓋上鍋蓋靜置。表面灑上印度豆腐乳酪。

印度帕拉塔餡餅

🍴🍴 6塊　　🍳 25分鐘　　🍲 20分鐘

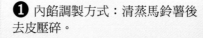

❶ 內餡調製方式：清蒸馬鈴薯後去皮壓碎。

❷ 加入洋蔥、菠菜、薑、印度茴香籽、薑黃粉與芫荽，充分攪拌。

❸ 把麵粉、鹽與印度酥油拌勻，加入水，每次加入 1 湯匙，總量最多加入 125c.c.，直到麵團成型。

❹ 搓揉出均勻麵團：用手指加壓後，麵糰需能膨回原形。把麵團切成十二等分。

內餡食材：
未削皮的馬鈴薯 150 公克
刨成細末的洋蔥 1 小顆
切成碎葉的菠菜 30 公克
現磨生薑泥 1 茶匙
印度茴香籽（ajowan）半茶匙
薑黃粉半茶匙
芫荽細末 1 湯匙

帕拉塔餅皮食材：
印度純麥粉（Atta）或全麥麵粉
250 公克
鹽 1 小撮
印度酥油（ghee）2 茶匙

菜色變化：
帕拉塔餡餅的內餡不拘任何食材，也可在餅皮食材中添加香草、菠菜或香料，烹製方法皆同。

注意事項：
帕拉塔餡餅可提前煎好，食用前再用溫熱烤箱烘烤回溫即可，若能用乾淨的餐布加以覆蓋保溫，風味更佳。

❺ 把小麵球放在略微抹上麵粉的檯面上，擀成光滑圓形麵餅狀。把 1 或 2 湯匙內餡放在餅皮上，須預留約 2 公分的邊緣，以免內餡外漏。將另一塊圓麵團擀成圓麵皮，覆蓋在前塊麵皮上，在邊緣加壓，讓邊緣麵皮相黏。

❻ 加熱平底不沾鍋或印度煎餅不沾鍋（tawa），煎製印度帕拉塔餡餅，直到雙面表皮變黃，重複上述方式煎製其他餡餅，將已煎好的放入微溫的烤箱中，保溫備用。

① 以水煮或清蒸方式烹調馬鈴薯，略微放涼後，削去外皮、壓碎，以鹽與胡椒粉調味。

② 以1或2湯匙的馬鈴薯泥量製作丸子。

③ 將葡萄乾、腰果一起拌勻，在每顆丸子正中央挖一個洞，放入1茶匙的葡萄乾腰果內餡。

④ 將丸子裹上玉米粉，拍除表面多餘的玉米粉，放置備用。

⑤ 以平底湯鍋加熱印度酥油，放入非粉狀的香料食材炒黃。

⑥ 加入洋蔥末、香料粉、薑蒜泥與60c.c.的水，不斷翻炒，把水分炒乾。

⑦ 加入杏仁粉、椰奶粉、番茄與鮮奶，煮至沸騰後，火候轉小，蓋上鍋蓋，繼續熬煮10分鐘。

⑧ 以熱葵花籽油酥炸薯泥丸子。

北印度風味薯泥丸子咖哩

4人份　　40分鐘　　40分鐘

食材：

整顆的馬鈴薯 500 公克
切成細末的葡萄乾 50 公克
切成細末的腰果 80 公克
玉米粉 2 湯匙
印度酥油 2 湯匙
整顆黑胡椒 5 顆
丁香 2 顆
拍扁的小豆蔻仁 2 顆
葫蘆巴 1 茶匙

肉桂棒 1 根
切成細末的紫皮洋蔥 1 顆
薑黃粉半茶匙
辣椒粉 1/4 茶匙
薑蒜泥 2 湯匙（參見 476 頁）
杏仁 1 湯匙
椰奶粉 1 湯匙
切成小丁的番茄 200 公克
鮮奶 250c.c.
海鹽、黑胡椒粉適量

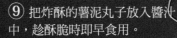

⑨ 把炸酥的薯泥丸子放入醬汁中，趁酥脆時即早食用。

注意事項：
可事先備妥薯泥丸子，以平底鍋煎煮，或待食用前再直接放入醬汁中烹煮。請先確認薯泥丸子表面乾燥，以免烹煮過程崩解變形。

印度鷹嘴豆咖哩

 4 人份　　 **20 分鐘**　　**1 小時**

❶ 前一晚先浸泡鷹嘴豆，隔天將鷹嘴豆的水分瀝乾，以 1.5 公升的水滾煮 40 分鐘。

❷ 用熱印度酥油炒洋蔥末 5 分鐘，加入香料後續炒 2 分鐘，直到香料釋出香氣。

食材：

乾燥的鷹嘴豆 220 公克
切成細末的紫皮洋蔥 1 顆
印度酥油 2 湯匙
小茴香籽 1 茶匙
印度什香粉（garam masala）
1 茶匙

黑胡椒粉半茶匙
薑黃粉 1 茶匙
薑粉 1 茶匙
切成小丁的番茄 300 公克
高麗菜絲 75 公克
鮮奶 375c.c.
芫荽末 2 湯匙

❸ 把瀝乾水分的鷹嘴豆放入鍋內，再倒入番茄、高麗菜絲與鮮奶，煮至沸騰後，火候轉小，熬煮 20 分鐘。

❹ 加入芫荽末，佐以印度酸奶醬（raïta）一起食用。

❶ 用熱油香炒蒜末與洋蔥末 10 分鐘，加入牛肉，把牛肉炒上色。

❷ 放入薑蒜泥、辣椒粉、乾辣椒末與印度黑豆仁，熬煮 3 分鐘，直到黑豆仁變黃。

印度馬德拉斯咖哩牛肉

4 至 6 人份　　20 分鐘　　1 小時 20 分

食材：

葵花籽油 2 湯匙
切成細末的紫皮洋蔥 1 顆
切成丁的牛腿肉 500 公克
薑蒜泥 1 湯匙（參見第 476 頁）
辣椒粉半茶匙
紅辣椒乾 2 根

印度黑豆仁 50 公克
切成細末的蒜頭 2 瓣
切成小丁的罐裝番茄 400 公克
丁香 3 顆
薑黃粉 1 茶匙
拍扁的棕小豆蔻仁 2 顆
芫荽末 3 湯匙

❸ 加入番茄、辛香料與 750c.c. 的水，蓋上鍋蓋，熬煮 1 小時，直到牛肉變軟。

❹ 加入芫荽末，拌飯或佐以印度酸奶醬（raïta）、醃泡菜、印度糖醋醬（chutney）一起食用。

阿富汗風味肉餅

12 人份	20 分鐘	30 分鐘

❶ 將印度鷹嘴豆、羊絞肉與香料粉放入平底鍋中。

食材：

浸泡於冷水 2 小時後瀝乾水分的
印度鷹嘴豆 2 湯匙
羊絞肉 500 公克
拍扁的棕小豆蔻仁 2 顆
拍扁的綠小豆蔻仁 2 顆
黑胡椒粒 3 顆

肉桂棒 1 根
丁香 3 朵
蛋白 1 顆
現磨生薑泥 1 湯匙
切成細末的綠辣椒 1 根
芫荽末 2 湯匙
葵花籽油

❹ 加熱油鍋，翻煎丸子，煎得酥黃。放涼後，佐以印度糖醋醬（chutney）一起食用。

❷ 以中火翻炒，直到肉質變軟、水分炒乾。把絞肉油脂瀝除，香料食材取出。

❸ 肉與蛋白拌成泥狀，再與薑末、辣椒末與芫荽末拌勻，做成小丸子。

① 以熱油炒香料籽，再加入咖哩葉、辣椒以及洋蔥片，翻炒 10 分鐘。

② 加入濃縮羅望子水、薑黃粉、鹽、胡椒粉以及半量的椰奶。

③ 煮至沸騰後，火候轉小，放入魚塊，熬煮 5 至 10 分鐘，熬煮過程當中須將魚塊翻面。

印度風味咖哩魚

4 人份　　　25 分鐘　　　40 分鐘

食材：

葵花籽油 2 湯匙
黑芥末籽 1 茶匙
葫蘆巴籽半茶匙
咖哩葉 10 片
切成片狀的紫皮洋蔥 1 顆
剖半的綠辣椒 2 根
濃縮羅望子水（tamarin）1 湯匙

薑黃粉半茶匙
鹽半茶匙
拍扁的黑胡椒半茶匙
椰奶 375c.c.
切大塊、肉質扎實的白肉魚菲力
500 公克
切成小丁的中型熟番茄 1 顆

④ 倒入剩餘未用的椰奶與番茄，熬煮 10 分鐘。佐以印度圓盤烤餅（naan）一起食用。

波斯風味羊肉咖哩

4 至 6 人份　　20 分鐘 +　　2 小時
　　　　　　靜置 4 小時

食材：

切成塊的羊肩肉 750 公克
薑蒜泥 2 湯匙（參見 476 頁）
原味優格 250 公克
喀什米爾辣椒粉 1 茶匙
小茴香粉 2 茶匙
芫荽粉 2 茶匙
印度酥油 2 湯匙
壓扁的棕小豆蔻仁 2 顆

切成細末的紫皮洋蔥 1 顆
綠小豆蔻仁 2 顆
月桂葉 2 片
丁香 6 朵
肉桂棒 1 根
茴香籽 1 茶匙
鹽 1 茶匙
番紅花絲半茶匙
芫荽末 2 湯匙

❶ 羊肉、薑蒜泥、優格與香料粉放入碗中，覆蓋醃漬 4 小時。

❷ 平底湯鍋加熱印度酥油，以中火翻炒洋蔥 10 分鐘，把洋蔥炒上色。

❸ 放入醃漬後的羊肉、香料食材與 375c.c. 水，蓋上鍋蓋熬煮 1 小時 30 分，直到肉質變軟。

❹ 加入芫荽末，蓋上鍋蓋，靜置 5 分鐘後，佐以青檸檬瓣與些許芫荽末一起食用。

① 以 200℃ 預熱烤箱。加熱印度酥油與 1 湯匙油，把洋蔥與腰果炒得金黃。

② 乾炒香料，讓香料釋放出香氣，再把洋蔥、腰果，連同香料一起放入食物調理機中打成粉狀。

③ 將醬料撒於雞肉上，醃漬 2 小時（或盡量延長醃漬時間），淋上剩餘未用的橄欖油。

④ 番紅花、玫瑰水與 2 湯匙水放入小平底湯鍋，加熱 3 分鐘。

⑤ 把雞肉放至烤盤上，加入 125c.c. 水，送入烤箱中烘烤 50 分鐘，直到雞肉肉質變得金黃且鬆軟，以鋁箔紙加以覆蓋後，靜置 10 分鐘。

⑥ 將番紅花醬汁澆淋在雞肉上，即可上桌食用。

印度風味烤雞

4 人份　　　15 分鐘 +　　　1 小時
　　　　　靜置 2 小時

食材：

印度酥油 2 湯匙
葵花籽油 2 湯匙
切成圓片的洋蔥 2 顆
腰果 80 公克
肉桂棒 1 根
丁香 3 朵
壓碎的綠小豆蔻仁 3 顆

雞 1 隻（約 1.3 公斤重）
番紅花絲 1 大撮
玫瑰水 1 湯匙
鹽適量

菜色變化：
可將整隻雞包裹起來，放至烤肉架上燒烤，會帶有些許的煙燻風味，與香料的香氣很搭配喔！

私房小祕訣：
亦可用雞肉塊取代整隻雞，不過烘烤時間要略作調整。

家傳甜點

可麗餅

 4 人份

 15 分鐘 + 靜置 1 小時

3 小時

食材：
鮮奶 400c.c.
調製麵糊用的低筋麵粉 120 公克

蛋 4 顆
鹽適量
無鹽奶油些許
含鹽奶油些許（可有可無）

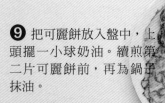

❾ 把可麗餅放入盤中，上頭擺一小球奶油。續煎第二片可麗餅前，再為鍋子抹油。

可麗餅蛋糕：
把可麗餅層層疊起，緩緩淋上略加糖的柳橙汁。

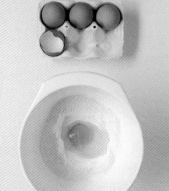

❶ 麵粉放入沙拉碗中，加入 1 小撮鹽，麵粉中間挖洞，打入第 1 顆蛋。

❸ 分次倒入鮮奶。

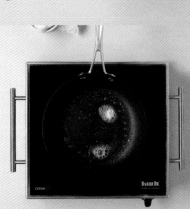

❺ 加熱直徑 20 公分的平底不沾鍋。用廚房餐巾紙（Sopalin）沾一小團奶油，抹在平底鍋上。

❼ 當餅皮不黏鍋面時，表示此面已完成（需時 1 分鐘）。

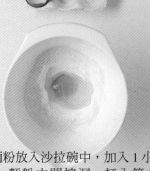

❷ 用木杓把麵粉撥到蛋上並攪拌，陸續再把剩下的 3 顆蛋打入。

❹ 以保鮮膜覆蓋沙拉碗，放入冰箱，靜置 1 小時以上。

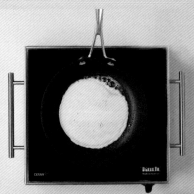

❻ 火候轉成中火，倒入一小湯杓麵糊。

❽ 迅速翻動鍋子或是藉助鍋鏟，將可麗餅翻面，第二面約煎 30 秒即可。

❶ 土司切厚片，平放在工作檯上略微晾乾。

❷ 以手持攪拌棒將蛋、鮮奶、糖、香草精拌打均勻。

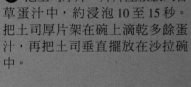

❸ 把土司厚片一片片陸續放入香草蛋汁中，約浸泡 10 至 15 秒。把土司厚片架在碗上滴乾多餘蛋汁，再把土司垂直擺放在沙拉碗中。

❹ 平底煎鍋以中大火加熱 15 公克奶油。當奶油開始上色，即可將土司平放入鍋中，把土司煎得金黃（需時 2 至 3 分鐘）。

❺ 將土司翻面，續煎 1 至 2 分鐘上色。

❻ 法國土司佐以香蕉片、草莓片、楓糖並灑點糖粉一起食用。

法國土司

 6 人份　　 15 分鐘　　5 分鐘

食材：

未切片的土司麵包 500 公克
蛋 2 顆
全脂鮮奶 350c.c.
細砂糖 40 公克
香草精數滴

無鹽奶油 45 公克
香蕉 2 根
草莓 1 小盒
楓糖糖漿
糖粉（可有可無）

私房小祕訣：
最理想的狀態是同時使用數支平底鍋煎製土司。若只有一支鍋，請每煎一次土司前，先放入 15 公克奶油。

注意事項：
可提前數小時備妥蛋汁：把蛋汁食材攪拌均勻後，封上保鮮膜，放入冰箱冷藏備用。

浮島蛋白霜

 3 人份　　 15 分鐘　　 20 分鐘

食材：
鮮奶 1 公升
蛋白 3 顆
糖 3 湯匙
鹽 1 小撮

英式香草蛋黃醬食材（參見 488 頁）：
鮮奶 350 cc

蛋黃 3 顆
糖 2 湯匙
香草莢 1 根

糖漿食材：
水 2 湯匙
糖 3 湯匙

⑨ 隨即享用。

燉煮技術：
舀起數湯匙量的蛋白雪霜，放鮮奶上，2 分鐘後翻面，再續燉 2 分鐘。

① 依照 488 頁作法，調製英式香草蛋黃醬。

② 把蛋黃醬平均倒入小碗或陶瓷烤碗中，放涼後置於冰箱冷藏。

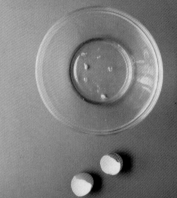
③ 蛋白與一小撮鹽放入沙拉碗中。

④ 拌打蛋白，糖分次加入，把蛋白打成紮實雪霜狀。

⑤ 加熱鮮奶，煮至微滾時，火候轉小，保持微滾狀態，燉煮蛋白雪霜，每面燉煮 2 分鐘。

⑥ 把燉煮後的蛋白雪霜放至吸水紙巾上，再放入作法②的蛋黃醬上。

⑦ 調製糖漿：把水與糖放入小平底湯鍋中加熱。

⑧ 當糖水變得金黃，即可淋至蛋白雪霜上。

① 以平底湯鍋煮糖水，微滾時，放入西洋梨，熬煮 10 分鐘，直到刀尖可輕易插入梨子。

巧克力西洋梨

4 人份

15 分鐘

20 分鐘

食材：
果肉紮實且不過熟的西洋梨 6 顆
糖 2 湯匙
巧克力 200 公克
鮮奶油 2 湯匙

香草冰淇淋 500c.c.

烹煮前的備料程序：
西洋梨削皮去籽。

② 把巧克力放在小鋼盆中，再把小鋼盆放在已離火的微滾水裡。用隔水加熱的方式融化巧克力。

③ 鮮奶油倒入已融化的巧克力中。

④ 將西洋梨佐以巧克力醬與香草冰淇淋一起享用。

烤蘋果

4 人份　　　　10 分鐘　　　　40 分鐘

食材：
蘋果（reinette 雪乃特品種為
佳）7 至 8 顆
含鹽奶油 40 公克
香草莢 1 根

烹煮前的備料程序：
以 190℃ 預熱烤箱。

④ 或用湯匙挖取蘋果果肉，再刮取香草籽，拌成蘋果果泥食用。

① 蘋果洗淨，用刀尖或去果核刀把蘋果果核挖除，放至烤盤中。

② 香草莢剖半，切成小段狀，在每顆蘋果果核的位置塞入一小段香
草莢與一小球奶油。

③ 送入烤箱烘烤 40 分鐘，取出蘋果，佐以些許鮮奶油或法式酸奶
酪，整顆享用。

烤水蜜桃

4 人份

20 分鐘

30 分鐘

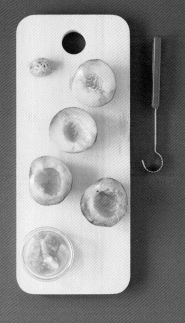

❶ 水蜜桃剖半（無須削皮），去籽，挖出些許果肉，挖出的果肉留置備用。

❷ 把義式杏仁餅、蛋黃、可可粉與挖出的水蜜桃果肉一起放入食物調理機攪拌。

食材：
熟度適中的黃蜜桃 4 顆
鬆軟的義式杏仁餅（amaretti）
8 塊＋2 塊（180 公克）
蛋黃 1 顆

可可粉 1 湯匙
葡萄甜酒（muscat 麝香葡萄酒）1 小杯
無鹽奶油 15 公克
糖粉 1 茶匙（可有可無）

❸ 將水蜜桃餅乾泥填入水蜜桃中，再放到已抹上奶油的焗烤盤，水蜜桃上放 1 小球奶油，淋點甜酒。

❹ 放入烤箱，以 180℃烘烤約 20 分鐘，以烤汁澆淋 1 至 2 次。降至溫涼或室溫溫度即可享用。

重要提示：
食用前一夜即可備妥此道甜點。

義式三重奏蛋糕

 4 人份　 **30 分鐘 + 15 分鐘**　**10 分鐘**

食材：

海綿蛋糕或義大利黃金麵包
（pandoro）4 片
義式杏仁餅（amaretti 義式馬卡
龍）4 至 5 塊
麝香葡萄酒 1 小杯與橙酒
（Grand Marnier）些許

覆盆子 2 小盒
鮮奶 350c.c.
蛋黃 3 顆
糖 4 湯匙
香草莢 1 根
全脂鮮奶油 300c.c.

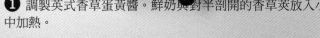

❶ 調製英式香草蛋黃醬。鮮奶與對半剖開的香草莢放入小平底湯鍋中加熱。

❷ 把蛋黃與糖放入平底湯鍋中拌打均勻。

❹ 蛋黃鍋以文火加熱，並繼續拌打，直到香草蛋黃醬汁變得濃稠，放涼。

❸ 把近乎滾燙的鮮奶倒入蛋黃鍋中，繼續拌打。

❺ 把糕餅放入沙拉淺碗中，淋上麝香葡萄酒與橙酒。

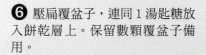

6 壓扁覆盆子，連同 1 湯匙糖放入餅乾層上。保留數顆覆盆子備用。

7 把鮮奶油拌打成香堤伊鮮奶油霜（參見 491 頁）。

8 1/3 的香堤伊鮮奶油霜與英式香草蛋黃醬拌勻。

9 把蛋黃霜醬倒在覆盆子層上。

10 最後再抹上剩餘的 2/3 香堤伊鮮奶油霜。

11 放入冰箱隔夜冷藏。以覆盆子或杏仁片當作裝飾。

裝飾要訣：
以數瓣糖漬紫羅蘭花瓣當作裝飾，既漂亮又新奇有趣。

菜色變化：
此道食譜是傳統作法，若是搭配草莓與略浸泡過檸檬汁的熟香蕉片也很對味。

適於孩童食用的作法：
用柳橙汁取代酒類食材。

巧克力慕斯

 450 公克　 **15 分鐘 +
靜置 2 小時**　 **5 分鐘**

食材：
黑巧克力 200 公克
鮮奶 100c.c.
蛋黃 2 顆
蛋白 4 顆

烹煮前的備料程序：
細切巧克力。

① 鮮奶煮至沸騰。

② 把鮮奶倒在巧克力上，充分攪拌，直到巧克力融化。

③ 加入蛋黃，繼續攪拌。

④ 把蛋白打成雪霜狀後，將 1/3 的蛋白雪霜加入巧克力蛋黃醬中，繼續拌打。

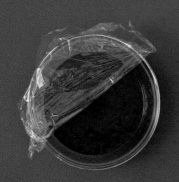

⑥ 放入冰箱冷藏 2 小時以上，讓慕斯定型。

⑤ 再用木杓緩緩把剩餘的蛋白雪霜從下而上拌入。

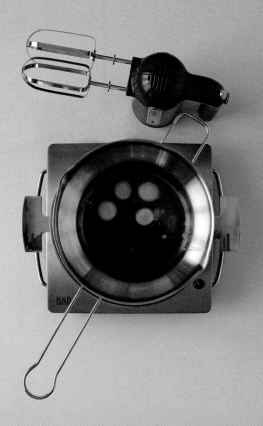

❶ 蛋黃、糖與馬撒拉葡萄酒放入碗中拌勻，再以隔水加熱的方式烹調。

沙巴雍蛋黃醬

 6 人份 **15 分鐘** **10 分鐘**

食材：
蛋黃 6 顆
黃蔗糖 100 公克

不甜的馬撒拉葡萄酒
（marsala）150c.c.

❷ 用手持攪拌器攪打蛋黃醬。

❸ 拌打 5 分鐘後，醬汁應呈現略具慕斯感的質地。

❹ 佐以不甜餅乾，熱食或溫食均可（把裝有沙巴雍蛋黃醬的鍋碗放入冰水中，降溫過程中，需不時攪拌）。

菜色變化：
沙巴雍奶油醬的調製方法：把冷沙巴雍蛋黃醬與 200c.c. 拌打成香堤伊鮮奶油霜狀的奶油調勻。佐以鮮果一起食用。

簡易米布丁

4 人份　　**5 分鐘**　　**35 分鐘**

食材：
圓米 150 公克
鮮奶 750c.c.
鮮奶油 200c.c.

香草莢 1 根
糖 1 湯匙
無鹽奶油 15 公克

❶ 把米、鮮奶油、鮮奶與香草莢放入小平底湯鍋中，倒入 1 杯水，煮至沸騰。

❷ 火候轉小，掀開鍋蓋，以微滾火續煮 35 分鐘，讓米飯呈現乳狀，但仍保有「彈牙」口感。

玫瑰米布丁的作法：
在最後一道步驟中加入 2 茶匙玫瑰水，及多加 1 湯匙的糖。

❸ 倒入糖與奶油。

❹ 熱食、冷食皆宜。

① 糖與蛋黃一起拌打，倒入些許熱鮮奶與鮮奶油。

② 把剩餘未用的鮮奶與鮮奶油再倒入，一起以文火攪拌加熱，熬煮成濃稠醬汁，讓醬汁能夠輕易附著在湯匙上的程度。

③ 把熱的作法②倒在巧克力上，用打蛋器拌勻。

法式巧克力小布丁

🍴 6 人份 　　 🍲 15 分鐘 + 靜置 3 小時 　　 🍲 5 分鐘

食材：
黑巧克力 200 公克
鮮奶 250c.c.
鮮奶油 250c.c.
蛋黃 4 顆
糖 50 公克

烹煮前的備料程序：
把巧克力敲成小塊狀。鮮奶與鮮奶油放至小湯鍋中煮至沸騰。

④ 當巧克力蛋黃醬已極為均勻柔滑時，即可倒入小容器中，放入冰箱中冷藏 3 小時以上，待其定型即可。

提拉米蘇

8 人份　　15 分鐘 +　　—
　　　　　靜置 6 小時

食材：
濃咖啡 250c.c.（或以 10 公克即溶咖啡粉調製）
蛋 5 顆
馬斯卡朋乳酪 500 公克
手指餅乾 300 公克（約 35 根）

糖 60 公克
可可粉 2 湯匙

烹煮前的備料程序：
將熱咖啡倒入碗中，加入 10 公克（1 湯匙）的糖，攪拌之後放涼。

① 蛋白與蛋黃分開。在蛋黃中加入 50 公克糖，拌打，直到蛋黃醬變白。

② 倒入馬斯卡朋乳酪，用手持攪拌器拌打成輕盈的霜狀。

③ 把蛋白打發成雪霜狀，但切勿過硬。

④ 用橡皮刮刀將蛋白雪霜分兩次拌入蛋黃霜醬中。

⑤ 把餅乾一根根分次浸入咖啡中，迅速取出（以免餅乾崩壞）再鋪在方形大烤模底部。

⑦ 食用前，利用網篩，在提拉米蘇上灑點可可粉。

注意事項：
手指餅乾質地鬆軟，切勿在咖啡中浸泡過久。亦可用長條硬餅乾取代，但浸泡於咖啡中的時間就需多幾秒鐘，讓餅乾變軟。

⑥ 淋上一層薄薄的奶油霜醬覆蓋，再鋪上一層餅乾層，再淋入一層奶油醬。以保鮮膜覆蓋，放入冰箱冷藏 6 小時以上。

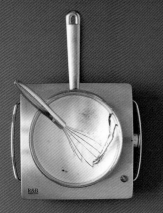

① 鮮奶油、對半剖開的香草莢與檸檬皮細末攪拌加熱 3 分鐘。

② 加入布丁粉，不停拌打。

③ 拌打至煮滾為止。

④ 離火，刮取香草籽，拌入布丁奶油醬攪拌 5 分鐘，降至溫熱狀態。

⑤ 以流動水流清洗烤模（無須拭乾水分，以便脫膜）。把奶油醬倒入廣腹瓶中，再裝填烤模。放涼後，覆蓋保鮮膜，放入冰箱中冷藏 3 小時。

⑥ 脫膜前，先用刀尖沿著模緣劃上一圈，再倒扣在盤子上。

義式奶酪

6 至 8 人份　　25 分鐘 + 靜置 3 小時　　10 分鐘

食材：
全脂鮮奶油 1 公升
剖成兩半的香草莢 1 根

香草布丁粉 3 湯匙
刨取皮末用的檸檬 1 顆

私房小祕訣：
可用 3 湯匙糖加 10 公克吉利丁（或 2 茶匙滿的洋菜粉）取代布丁粉。

菜色變化：
以些許利口酒（馬撒拉葡萄酒或蘭姆酒）與些許香氛水（玫瑰水、橙花水）為義式奶酪增添香氣。咖啡口味義式奶酪的製作方式：加入 50 公克糖與 6 茶匙即溶咖啡粉。

食用建議：
佐以草莓果醬（或紅漿果醬）一起享用。

蛋白雪霜檸檬派

8 人份　　**30 分鐘**　　**25 分鐘**

食材：
油酥麵團 400 公克（參見 492 頁）
蛋白 2 顆
糖 125 公克與糖粉 10 公克
水 24 公克
卡士達奶油醬 350 公克（參見
489 頁）

檸檬半顆（榨汁＋取皮）
對半剖開的香草莢半根

烹煮前的備料程序：
先在派盤（直徑 28 公分）內緣
抹上奶油，放入冰箱冷藏備用。

① 把麵團擀成比派盤還大的圓片狀，用叉子在麵皮上戳洞。

② 輕輕拿起麵皮，放入派盤中（戳洞面朝向派盤內部），將麵皮貼緊。

③ 用擀麵棍壓過烤模，切除多餘麵皮。放入冰箱冷藏 15 分鐘。以 170℃ 預熱烤箱。

④ 取出麵皮，放置烘焙重石（可用米或紅豆代替），以無料烘烤方式烘烤麵皮 20 分鐘，取出烘焙重石，續烤 10 分鐘。靜待降溫。

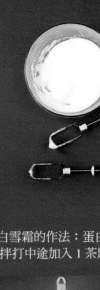

⑥ 蛋白雪霜的作法：蛋白打成雪霜狀，拌打中途加入 1 茶匙糖。

⑤ 卡士達奶油醬的調製方式（參見 489 頁）：鮮奶與剖開取籽後的香草莢煮滾，後加入檸檬汁與檸檬皮細末。再以保鮮膜覆蓋鍋面，放涼。

⑦ 把剩餘未用的細砂糖與 3 湯匙水放入小平底湯鍋中，煮至沸騰。

⑧ 滾煮維持冒小水泡的狀態約 3 分鐘。把煮好的糖水沿著攪拌棒與鍋緣倒至蛋白雪霜上，以最低速拌打約 5 分鐘，讓蛋白雪霜溫度變得溫熱。

⑨ 把 1/3 的蛋白雪霜拌入卡士達奶油醬中，讓卡士達奶油醬質地變得更加輕盈。預熱烤箱。

⑩ 把卡士達奶油醬倒入已放涼的派皮底部。再以蛋白雪霜覆蓋，並在表面塑造出數個小山峰。

⑪ 灑點糖粉，檸檬派放至烤箱中層，將蛋白雪霜烤成金黃色（烘烤時間最多 2 分鐘）。

小酥餅

🍴	🍲	🍳
25 至 30 片	20 分鐘	15 分鐘

❶ 在灑上麵粉的工作檯上擀平麵皮。用壓模器切出直徑 4 公分的小圓麵皮。

❷ 把小圓麵皮放在已鋪好烘焙紙的烤盤上。

❸ 放入 180℃ 預熱的烤箱中烘烤，直到麵皮變得金黃（15 分鐘）。放涼。

❹ 馬斯卡朋乳酪、瑞可塔乳酪、糖、檸檬皮細末與葡萄酒混入沙拉盆中，用湯匙拌打。

食材：
油酥麵團 1 顆（參見 492 頁）
瑞可塔乳酪（ricotta）200 公克
馬斯卡朋乳酪 150 公克
糖粉 40 公克
香草糖 1 小包

檸檬皮細末些許
甜葡萄酒 2 湯匙
覆盆子半小盒
草莓半小盒
櫻桃手抓 2 把

私房小祕訣：
可事先將小酥餅做好，食用前再抹上乳酪醬與水果。

菜色變化：
利用同樣的餅皮，可以做出一塊大酥派，只要將馬斯卡朋乳酪增至 250 公克，瑞可塔乳酪增至 250 公克，以及糖粉增至 50 公克即可。

❺ 把滿滿 1 茶匙的瑞可塔乳酪醬擺放在餅乾上，再以覆盆子、草莓與櫻桃果粒當作裝飾。

❻ 大功告成囉！

① 水倒入小平底湯鍋，加糖，以中火攪拌熬煮糖漿（參見418頁）。

② 煮至沸騰後，不再攪拌，糖漿必須呈琥珀色。

6 至 8 人份　　　25 分鐘　　　1 小時 20 分

③ 離火後，加入奶油塊，拌打至奶油充分融合。

④ 把焦糖糖漿倒入蛋糕模底部。

⑤ 蘋果削皮，去籽，切成四塊。

⑥ 蘋果塊放入派模中，緊靠排列，大塊面朝下擺放，再拿數塊蘋果翻轉過來，插入第一層蘋果的縫隙中。

食材：
油酥麵團 200 公克（參見 492 頁）
糖 200 公克
水 65 公克
含鹽奶油 60 公克
略酸的青蘋果 1 公斤

烹煮前的備料程序：
以 220℃預熱烤箱，把烤架放至烤箱中層。

⑨ 取出蘋果派，馬上倒扣在盤子上，放涼後享用。

私房小祕訣：
在糖漿中加入奶油，糖漿就會結晶，但只要再次放入烤箱加熱，結晶就會溶解。若想避免結晶現象，可在糖漿中加 1 茶匙檸檬汁。

⑦ 送入烤箱烘烤 1 小時。烘烤結束前 15 分鐘，取出存放於冰箱中的麵團。

⑧ 把麵團擀成直徑 24 公分的圓麵皮，鋪在蘋果層上，送入烤箱續烤 15 至 20 分鐘。

巧克力派

6 人份 | **15 分鐘 +靜置 2 小時** | **20 分鐘**

食材：
甜酥麵團 1 顆（參見 492 頁）
純度 64% 巧克力 180 公克

牛奶巧克力 30 公克
鮮奶油 250c.c.
香草莢 1 根

① 麵團擀平，放入已抹奶油（直徑 22 公分）的烤模中，用叉子在麵皮底部戳洞，放入冷凍庫 15 分鐘。

② 覆蓋一層烘焙紙，放入烘焙重石（可用米或紅豆代替），送入烤箱烘烤 20 分鐘，脫膜後，擺至烤架上放涼。

③ 依照 487 頁作法，將去籽香草莢放入醬汁中，製作甘納錫巧克力醬。

④ 把仍溫熱的巧克力醬倒入冰涼的派皮，置於室溫或是放入冰箱冷藏，加速降溫定型。

柳橙沙拉

4 人份　　　20 分鐘 +　　　2 小時
　　　　　　靜置 1 小時

① 刨取 1 顆分量的橙皮細末，放入小平底湯鍋中，再加入 3 顆分量的柳橙汁。

② 放入糖與肉桂棒，攪拌煮至沸騰。離火，浸漬。

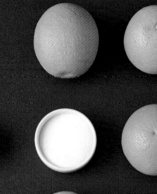

③ 切除柳橙兩端的皮（剩餘 4 顆），再用刀子削去整顆柳橙外皮。

④ 柳橙切薄片，以圓花花瓣樣式分別擺放在四塊盤子上。

食材：
柳橙 7 顆
糖 50 公克（若柳橙非常甜，則只需 25 公克的糖）

橙花水 2 湯匙
肉桂棒 1 根
洗淨、拭乾、摘取葉片用的薄荷葉 1 小株

⑤ 橙花水倒入柳橙汁中，再淋到橙瓣上，蓋上保鮮膜，放入冰箱冷藏 1 小時。

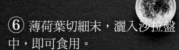    

⑥ 薄荷葉切細末，灑入沙拉盤中，即可食用。

私房小祕訣：
若想更速成此道甜點，可將柳橙片、橙汁肉桂糖漿與橙花水一起放入沙拉碗中，覆蓋保鮮膜，放入冰箱冷藏，然後再佐以細切的薄荷葉一起享用。

巧克力風味馬德蓮蛋糕

15 人份　　**15 分鐘 +** 　　**10 分鐘**
　　　　　　　　靜置 12 小時

① 奶油、糖、蜂蜜與香草精一起拌打。

② 將蛋一顆顆打入香草奶油中，繼續攪拌，然後再加入已過篩的粉類食材拌勻。放入冰箱冷藏 2 小時，冷藏一整夜更佳。

食材：
已軟化的奶油 100 公克
砂糖 80 公克
蛋 2 顆
低筋麵粉 80 公克
蜂蜜 40 公克
香草精 1 茶匙

可可粉 20 公克
泡打粉 5 公克

烹煮前的備料程序：
以 220℃ 預熱烤箱。將麵粉、泡打粉與可可粉一起過篩。

④ 把熱度降至 180℃，續烤 5 分鐘。脫膜後馬上品嚐享用。

③ 將帶有孔隙的巧克力醬倒至馬德蓮蛋糕烤模的 3/4 處，送入烤箱以 220℃ 烘烤 5 分鐘。

核桃可可餅乾

25 塊   20 分鐘 + 15 分鐘   10 分鐘

① 巧克力切小塊,核桃仁切粗粒。

② 奶油拌打成膏狀。

③ 糖與鹽加入奶油中,拌打至顏色變淺。

④ 加入蛋與香草精。

食材:
砂糖 200 公克
無鹽奶油 100 公克
黑巧克力(或巧克力餅乾)170 公克
中筋麵粉 220 公克
蛋 1 顆
核桃仁 100 公克

香草精 1 茶匙
泡打粉半茶匙
鹽半茶匙

烹煮前的備料程序:
麵粉與泡打粉一起過篩。

⑤ 緩緩加入麵粉及泡打粉。

⑥ 最後加入巧克力塊與核桃粗粒,充分拌勻後,放入冰箱冷藏 15 分鐘以上。

⑨ 放涼後,再從烤盤上取出。餅乾內部應是鬆軟的。

重要提示:
餅乾麵糊可用冷凍方式保鮮。把麵糊倒在保鮮膜上,捲起保鮮膜兩端,把麵糊捲成長條狀。需要時,切成小圓塊即可。將小麵團邊緣略微擀平,以免形狀太過規則。

⑦ 在烤盤上鋪烘焙紙,放入小球麵糊。

⑧ 送入以 170℃ 預熱的烤箱烘烤 10 分鐘。

布列塔尼小酥餅

 20 片　　 30 分鐘 + 30 分鐘　　14 分鐘

食材：
優質的含鹽奶油 90 公克
糖 90 公克
置於室溫下的蛋黃 1 顆
中筋麵粉（farine T45）125 公克

烹煮前的備料程序：
糖放入食物調理機中研磨 2 至 3 分鐘，把糖磨得更細。以 180℃ 預熱烤箱。

❶ 奶油拌打成膏狀。

❷ 加入糖，以手持攪拌器拌打，先以慢速拌打，再慢慢增快拌打速度。

❸ 把奶油膏拌打成乳狀（切勿拌打過久，以免奶油過熱）。

❹ 倒入蛋黃，再以攪拌棒拌打，把蛋黃與奶油膏拌勻。

❺ 麵粉倒入蛋黃奶油膏裡，以攪拌棒打至麵團成型。

6 用手掌迅速搓揉麵團。

7 把麵團壓平，以保鮮膜包裹，放入冰箱冷藏 30 分鐘。

8 取出麵團，放至略灑麵粉的工作檯上，擀成 5 公釐厚度的麵皮。

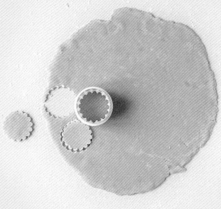

9 用有折邊花飾的壓模器壓製直徑 5 公分的小酥餅皮。

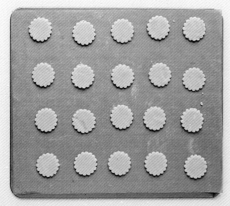

10 把小酥餅皮放在鋪烘焙紙的烤盤上，送入烤箱，以 180℃烘烤 14 分鐘。

11 烘焙過程中，小餅乾應會略微上色。把烤盤從烤箱取出，放至架高的烤架上。

重要提示：
可將這些小餅乾放入鐵盒裡，於室溫下保鮮。（切勿完全密封，以免餅乾濕氣無法散除），保存期的長短，視濕度而定。

藍莓馬芬

6 個　　　15 分鐘　　　25 分鐘

 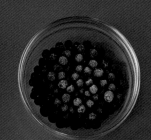

食材：
無鹽奶油 30 公克
蛋 1 顆
糖 80 公克
鮮奶油 150 公克
中筋麵粉（farine T55）120 公克
鹽 2 公克

泡打粉 6 公克
冷凍藍莓 70 公克

烹煮前的備料程序：
以 180℃ 預熱烤箱。用奶油塗抹
6 個馬芬蛋糕模。

私房小祕訣：
混和攪拌乾性食材與液態食材時，
需避免過度拌打，否則馬芬蛋糕會
變硬。別把烤模倒滿，須預留膨脹
空間，讓蛋糕成型時，呈現小山丘
狀。

食用建議：
依照美國傳統，抹一小球奶油在馬
芬蛋糕上，佐以茶或咖啡，當早餐
食用。

① 融化奶油後，鍋子離火。把蛋與糖拌勻。當蛋汁呈乳狀，再加入
融化奶油拌打，然後分兩次加入鮮奶油。

② 麵粉、鹽與泡打粉拌勻。把藍莓從冷凍庫取出，馬上與麵粉一起
拌勻，在麵粉堆中挖個小洞，倒入液態食材，迅速攪拌。

③ 馬上把麵糊倒入蛋糕模 2/3 高的位置（迅速攪拌，才能避免藍莓退
冰），將蛋糕模輕敲工作檯面後，送入烤箱烘烤 25 分鐘（若是使用小
馬芬蛋糕模，烘烤 15 分鐘即可）。

④ 從烤箱中取出蛋糕模，以刀尖劃過烤模壁。放涼 10 分鐘後再脫
模，脫模後放至烤架上降溫。

巧克力馬芬

6 個   **20 分鐘**   **30 分鐘**

① 以隔水加熱或微波爐加熱的方式融化巧克力與油。放置備用。

② 拌打蛋、糖與蜂蜜。

③ 加入杏仁粉，繼續拌打。

④ 緩緩灑落麵粉與泡打粉，拌勻。

食材：
黑巧克力 135 公克
杏仁粉 120 公克
蛋 3 顆
麵粉 20 公克
糖 50 公克
蜂蜜 50 公克

泡打粉半茶匙
油 40c.c.

烹煮前的備料程序：
將麵粉與泡打粉一起過篩。
以 160℃ 預熱烤箱

菜色變化：
在麵糊中加入一些巧克力小餅乾。
若無小餅乾，則加入巧克力塊。

確認烘烤程度：
把牙籤插入馬芬中，取出時，不沾黏任何麵糊即完成。

⑤ 用橡皮刮刀將蛋糕與巧克力油拌勻。

⑥ 把巧克力糊填滿馬芬蛋糕模，送入烤箱烘烤約 30 分鐘。

簡易馬卡龍

🍴 8 人份　　🥘 20 分鐘 + 30 分鐘　　🍲 20 分鐘

食材：
中筋麵粉 20 公克
砂糖 50 公克＋60 公克
杏仁粉 40 公克
蛋白 2 顆（75 公克）
糖粉 20 公克

甘納錫內餡醬食材：
鮮奶油 100c.c.
黑巧克力 90 公克

烹煮前的備料程序：
在烘焙紙上畫直徑 5.5 公分的圓圈，整齊排列。以 180℃ 預熱烤箱

❶ 以巧克力與鮮奶油調製甘納錫內餡醬（參見 487 頁）。

❷ 依照 426 頁的作法，並以 50 公克砂糖取代糖粉製作麵糊。

❹ 將餅殼翻面，在兩面餅殼間抹上內餡，以內餡沾黏餅殼，將馬卡龍放入冰箱冷藏 30 分鐘後享用。

❸ 把麵糊填入裝有 12 公釐擠花嘴的擠花袋，依照烘焙紙上的線條，壓製餅殼，放入烤箱中烘烤 20 分鐘。放涼後，灑點糖粉。

❶ 把剖成兩半，刮籽後的香草莢放入鮮奶中加熱。

❷ 糖與麵粉放入有傾倒嘴的容器中拌勻。

可麗露

8 人份　　20 分鐘 +　1 小時 15 分
　　　　　靜置 12 小時

❸ 加入蛋，用木匙拌勻，倒入熱鮮奶（無須放入香草莢），不停以木匙攪拌。

❹ 放入奶油塊，繼續攪拌，直到奶油融化。再把香草莢放回鮮奶油麵糊中。

❺ 待奶油麵糊溫度降至室溫後，再倒入蘭姆酒攪拌，覆蓋，放入冰箱冷藏 12 小時以上。

❻ 烘烤前 1 小時，取出麵糊，以 270℃ 預熱烤箱，烤架放入烤箱中層。

食材：
全脂鮮奶 250c.c.
香草莢 1 根
糖 125 公克

中筋麵粉（farine T55）50 公克
全蛋 1 顆 + 蛋黃 1 顆
無鹽奶油 25 公克
蘭姆酒 10 公克

❼ 麵糊拌打均勻，取出香草莢。

❽ 烤模放至烤盤上，將麵糊倒至烤模 3/4 高度（留 1 公分高度），送入烤箱中烘烤。

❾ 烘烤至膨脹上色（需時 10 分鐘）。當可麗露烤得極為金黃時，即可將烤箱的溫度降至 180℃，再繼續烘烤（1 小時至 1 小時 10 分），直到表面呈深棕色，且耐得住手指加壓。放至溫涼後再脫模。

巧克力麵包

8 塊　　30 分鐘 +　　20 分鐘
　　　　1 小時 15 分

食材：
高筋麵粉 250 公克
鮮奶 100c.c.
酵母粉 5 公克
蛋 1 顆 + 塗抹用蛋 1 顆
糖 50 公克
塗抹用巧克力醬 100 公克或
牛奶巧克力 8 小塊

切小丁的已軟化奶油 60 公克
鹽 3 公克

烹煮前的備料程序：
用微波爐略微加熱鮮奶，微溫即
可，用以活化泡打粉。以 40℃
預熱烤箱（當發酵箱用）。

① 內餡抹醬倒在保鮮膜上，做成
長捲狀，以便擠出，放入冷凍庫
備用。

② 麵粉過篩，倒入鹽、糖、1 顆
蛋與酵母、鮮奶一起拌勻。

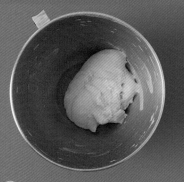

③ 把麵糊放入揉麵機中拌打 10
分鐘，打成不沾黏揉麵機機壁的
麵團。

④ 加入奶油，繼續拌打，直到麵
團完全拌勻、柔軟光滑。烤箱熄
火，麵團放入烤箱中，放置發酵
醒麵 30 分鐘。

⑤ 取出麵團甩拍（把麵團高高舉
起，再摔下），蓋上乾布，放至
涼處靜置 15 分鐘。

⑥ 再次以 40℃ 預熱烤箱。捏出
每個 60 公克重的小麵團。

⑨ 以 180℃ 烘烤 20 分鐘，待
溫度降至溫涼後享用。

菜色變化：
可在搓捏小麵團時，將剩餘的抹醬
或巧克力丁（黑巧克力、牛奶巧克
力或白巧克力）塞入小麵團中。

⑦ 把 1 小撮已變硬的抹醬或 1 小
塊巧克力塞入小麵團中。

⑧ 將小麵團放入烤模中，覆蓋，
放入已熄火的烤箱中靜置 30 分
鐘。再把小麵團從烤箱中取出，
以蛋汁塗抹小麵團表面。

① 把軟化的奶油、糖粉與香草精一起拌勻。

② 加入蛋，攪拌均勻。

雙色鑽石餅乾

 40 片　　 30 分鐘　　 20 分鐘

③ 加入麵粉，攪拌成麵團，勿過分揉麵。

④ 麵團切成兩半，把過篩的可可粉加入其中一塊麵團。兩塊麵團放入冰箱，冷藏 15 分鐘備用。

食材：
低筋麵粉 250 公克
無鹽奶油 125 公克
糖粉 150 公克

細砂糖 100 公克
蛋 1 顆
無糖可可粉 20 公克
香草精 1 茶匙

⑤ 把白麵團擀成 2 至 3 公釐厚度的長方形麵皮（21x15 公分）。也把可可粉麵團擀成長方形（20.5x14.5 公分）。

⑥ 將可可麵皮擺在香草麵皮上，兩張麵皮間不留任何空隙，一起縱向捲起。

⑦ 麵皮捲放在細砂糖上滾動。

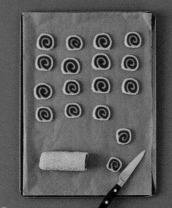

⑧ 再切成 3 公釐厚度的片狀，把餅片放在鋪好烘焙紙的烤盤上。

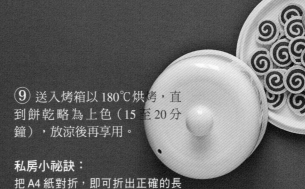

⑨ 送入烤箱以 180℃ 烘烤，直到餅乾略為上色（15 至 20 分鐘），放涼後再享用。

私房小祕訣：
把 A4 紙對折，即可折出正確的長方形尺寸。

瞪羚角餅

🍴 15 塊　　🥣 40 分鐘 + 靜置時間　　🍲 15 分鐘

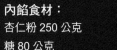

麵團食材：
中筋麵粉 180 公克
沙拉油 50c.c.
橙花水 30c.c.
鹽 1 小撮
打成蛋液的蛋 1 顆

內餡食材：
杏仁粉 250 公克
糖 80 公克
肉桂粉 1 茶匙
切成塊狀的軟化無鹽奶油 20 公克
橙花水 50c.c.

① 麵粉、鹽、蛋與油一起拌打，製成麵糊，再倒入橙花水。

② 用手拌勻，做出一顆圓麵團，以保鮮膜包裹，放置備用。

③ 杏仁粉、肉桂粉、糖加以研磨。加入橙花水細磨後，再加入奶油拌勻。

④ 把內餡從食物調理機取出，徒手搓揉均勻（需時 1 分鐘）。

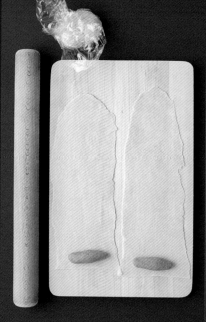

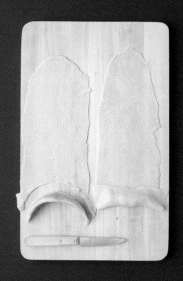

⑤ 取 1 核桃大小的內餡放在潮溼的掌心中，搓成小棍狀。以 170℃ 預熱烤箱。

⑥ 烘焙紙平鋪烤盤表面，取出麵團切成兩半。

⑦ 將其中一個麵團塑成長方形，放在已鋪灑麵粉的檯面上，並擀成極薄麵皮，再把薄麵皮切成兩半。把小內餡棍擺在麵皮一端。

⑧ 用麵皮由下往上捲起小內餡，用指尖加壓，以麵皮裹住小內餡。

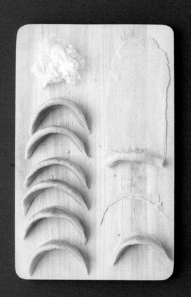

⑪ 送入烤箱烘烤 15 分鐘，留置烤盤上，放涼後再取出。

私房小祕訣：
約取一顆核桃仁分量的內餡，放至手掌心，即可揉捲出小雪笳狀的內餡棒，且內餡棒中間自然會比兩端粗壯。

⑨ 用指尖輕壓做出弦月狀，把邊緣部分彌封住，切除瞪羚角餅多餘麵皮。

⑩ 把瞪羚角餅放至烤盤上，第 1 球麵團用盡後，再擀第 2 顆麵團，直到內餡用完為止。

土耳其巴克拉瓦果仁蜜餅

15 至 20 塊　　**40 分鐘**　　**2 小時 25 分**

食材：
核桃仁 125 公克與杏仁 125 公克
糖 70 公克
肉桂粉 1 茶匙
薄餅皮 20 張
無鹽奶油 125 公克

糖漿食材：
檸檬 1 顆

水 230c.c.
糖 70 公克
蜂蜜 120 公克

烹煮前的備料程序：
以 150℃ 預熱烤箱，把烤架放至
烤箱中層，下層擺放滴油盤。
加熱融化奶油。

① 核桃仁與杏仁一起研磨成粗粒粉狀，加入糖與肉桂粉拌勻。

③ 將 6 張薄餅放至烤盤底部，每張薄餅之間塗抹奶油。

⑤ 把 10 張薄餅皮放在核桃杏仁粉層上，每張薄餅皮之間都要抹上奶油。煮滾一湯鍋的水。

② 全部薄餅疊放在砧板上，把烤盤放在薄餅上，以烤盤底部的尺寸切割烤餅。

④ 撒上 1/3 的核桃杏仁粉，再放上 2 張已塗抹奶油的薄餅皮，再撒上 1/3 的核桃杏仁粉，最後再重複此步驟一次。

⑥ 果仁蜜餅切成菱格狀，滾水倒入滴油盤中，蜜餅送入烤箱烘烤 2 小時。

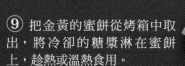 

⑨ 把金黃的蜜餅從烤箱中取出，將冷卻的糖漿淋在蜜餅上，趁熱或溫熱食用。

私房小祕訣：
進烤箱前，可於蜜餅上灑些水，以免薄餅皮在烘烤過程扭曲變形。只要以手指沾水，在餅上灑幾滴即可。

⑦ 利用烘烤空檔準備糖漿：檸檬皮切成長條狀，再搾取 1 茶匙的檸檬汁。

⑧ 將水、糖、檸檬皮與檸檬汁一起加熱。不斷攪拌煮至沸騰，火候轉小熬煮 15 分鐘，再加入蜂蜜，繼續微滾熬煮 5 分鐘，取出檸檬皮丟棄。

❶ 杏仁粉、糖、肉桂粉與橙花水混合，用攪拌棒拌打。

❷ 加入切成小片狀的奶油，用指尖搓揉拌勻。

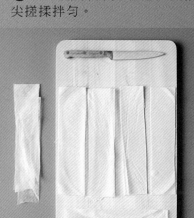

❸ 再加入蛋白，搓揉出均勻內餡（需時 1 分鐘）。

❹ 薄餅皮疊放（不須取下餅皮間相隔的烘焙紙），把多餘的邊緣切掉，再用刀子切出 4 條長方條。

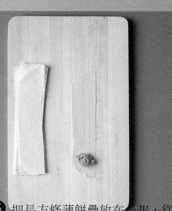

❺ 把長方條薄餅疊放在一起，從烘焙紙上取下 1 張薄餅條，在餅皮邊緣放上 1 大茶匙內餡。

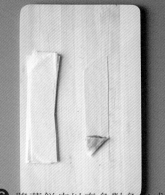

❻ 將薄餅皮以直角對角方式折起，把內餡略為壓扁，再繼續以直角對角的方式折至頂端。

❼ 在最後一折的位置把邊緣多餘的麵皮塞入。

❽ 以大平底鍋熱油，酥炸三角杏仁餅 2 至 3 分鐘，直到金黃，即可撈起，放至吸油紙巾上。

摩洛哥三角杏仁餅

16 塊　　　30 分鐘　　　2 至 3 分鐘

食材：
杏仁粉 125 公克
糖 50 公克
肉桂粉半茶匙
橙花水 1 茶匙

無鹽奶油 10 公克
蛋白 1 小顆
薄餅皮 4 張
炸油半公升
蜂蜜 100c.c.

❾ 以小平底湯鍋加熱蜂蜜，當蜂蜜呈現液態，即離火，把三角杏仁餅浸漬在蜂蜜裡，翻轉 1 到 2 次，再把三角餅放至架高的網架上，滴除多餘的蜂蜜。

注意事項：
若想做出甜度較低的杏仁餅，可將蜂蜜從食材中剔除。

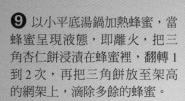 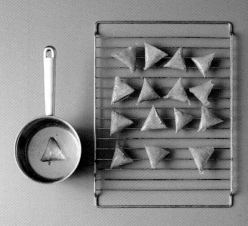

土耳其玫瑰糖

25 塊　　　**15 分鐘**　　　**35 至 40 分鐘**

食材：
糖 400 公克
檸檬 2 顆
玉米粉（Maïzena）90 公克 +
裹粉用玉米粉 2 湯匙
玫瑰水 2 湯匙
食用紅色色素（約 4 滴）或甜菜
汁 1 茶匙

水 230c.c.
糖粉 2 湯匙

烹煮前的備料程序：
在方形或長方形烤模鋪烘焙紙。
榨取檸檬汁。

❶ 用 100c.c. 的水調和玉米粉。

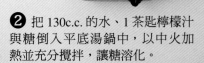

❷ 把 130c.c. 的水、1 茶匙檸檬汁與糖倒入平底湯鍋中，以中火加熱並充分攪拌，讓糖溶化。

❸ 沸騰後繼續熬煮，將糖漿煮成黏稠醬汁，讓糖漿足以沾附橡皮刮刀（但別讓糖漿變色）。

❹ 湯鍋離火，倒入檸檬汁拌勻，再次攪拌玉米粉漿，然後把玉米粉漿倒入湯鍋中一起攪拌均勻。

❺ 煮至沸騰後，以中火續煮並不斷攪拌 20 至 25 分鐘，過程中應不再釋出蒸氣。

❻ 當糖糊變得難以攪拌時，再倒入玫瑰水，並加入食用色素，攪拌均勻。

❾ 用剪刀把糖果剪成塊狀，讓每一面都裹上玉米糖粉。

注意事項：
當橡皮刮刀可一舉把玫瑰糖糊撐起，即代表已烹煮完成。

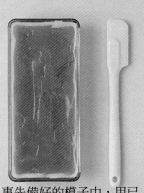

❼ 倒入事先備好的模子中，用已抹油的橡皮刮刀將表面抹得光滑，放涼。

❽ 當糖糊降回室溫溫度，即可脫模，倒在盤中，盤子上需先裝滿已拌勻的糖粉與玉米粉，讓糖果能充分沾黏玉米糖粉。

① 以中火熬煮 800c.c. 的水、糖與蜂蜜（約 8 至 10 分鐘），溫度不可高於 130℃。

② 蛋白打成雪霜慕斯狀（半發的程度）。

法式巧克力棉花糖

| 15 塊 | 40 分鐘 + 靜置 3 小時 | 10 分鐘 |

③ 把糖漿緩緩倒入蛋白雪霜，不停用攪拌棒拌打。

④ 一邊攪打，一邊加入香草精與瀝乾水分的吉利丁片，攪打 5 分鐘，直到蛋白糖霜變得濃厚且溫熱。

食材：
糖 250 公克
蜂蜜 10 公克
吉利丁片 6 片（12 公克）
蛋白 3 顆
香草精 1 湯匙

牛奶巧克力 200 公克
以甜菜萃取的菜油或葡萄籽油 2 湯匙

烹煮前的備料程序：
吉利丁片放入碗中，以冷水浸泡。

⑤ 蛋白糖霜倒入鋪好烘焙紙的烤盤上，把表面抹平，靜置室溫下 2 小時，待凝固成型。

⑥ 取出長方形棉花糖糖霜，以浸泡在熱水中的壓模器壓製形狀。

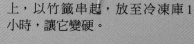

⑦ 把棉花糖放在略抹油的烘焙紙上，以竹籤串起，放至冷凍庫 1 小時，讓它變硬。

⑧ 以隔水加熱的方式融化巧克力與油。

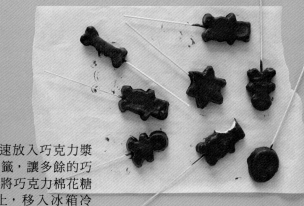

⑨ 把棉花糖迅速放入巧克力漿中，不斷轉動竹籤，讓多餘的巧克力醬滴下，再將巧克力棉花糖棒放至烘焙紙上，移入冰箱冷藏，讓巧克力漿變硬。

藍莓鬆餅

16 塊　　　　15 分鐘　　　　5 分鐘

食材：
冷凍藍莓 130 公克（藍莓秤重後冷凍）
檸檬汁 10 公克
放置室溫下的全脂鮮奶 460 公克
無鹽奶油 60 公克
放置室溫下的蛋 1 顆
中筋麵粉（farine T55）280 公克
細砂糖 25 公克
泡打粉 12 公克（或 1 小包）

小蘇打 4 公克
鹽 4 公克
楓糖糖漿

烹煮前的備料程序：
以平底煎鍋融化奶油。將一些奶油留置鍋中，以文火加熱，煎製鬆餅（其餘部分則留做麵糊用）。

❶ 鮮奶與檸檬汁拌勻，把蛋打入，充分攪拌。

❷ 加入已融化的奶油，繼續攪拌。

❸ 麵粉、泡打粉、小蘇打、糖與鹽一起放入大碗中拌勻，在粉料的中央挖洞，在洞裡倒入液態食材，以攪拌棒拌勻。

❹ 當麵糊攪拌均勻，即可停止（若過度攪拌，口感會變得很乾）。

❺ 以中火緩緩熱鍋，倒入 1 湯杓麵糊，煎製鬆餅，鬆餅間切勿沾黏。

❻ 從冷凍庫取出藍莓，大量地灑在鬆餅上。

私房小祕訣：
最理想的狀態是同時使用數支平底鍋煎製鬆餅。若只有一支平底鍋，每煎一次，都得要再上一次油。

食用建議：
鬆餅疊放在盤中，淋上楓糖糖漿享用。

❼ 當麵糊表面產生泡泡，且底部出現漂亮的金黃色時（最多 2 分鐘），將鬆餅翻面，煎另一面。把煎好的鬆餅放至溫控於 100℃的烤箱保溫。

❶ 麵粉、泡打粉與鹽拌勻,加入奶油小丁,搓揉至捏不到奶油塊。

❷ 再加入葡萄乾細末攪拌均勻。並在中間挖一小洞。

❸ 蛋與糖混合,拌打成乳狀,倒入鮮奶油後,再次拌勻。

❹ 作法❸倒入麵粉小洞中,用橡皮刮刀攪拌成麵糊。將麵糊倒在工作檯上(工作檯須灑麵粉),迅速地揉麵,揉成均質麵團。

司康

10 顆　　　20 分鐘　　　14 分鐘

食材:
中筋麵粉 280 公克
無鹽奶油 60 公克
糖 40 公克
葡萄乾 50 公克
蛋 1 顆
鮮奶油 160 公克(加表面塗抹打光用鮮奶油些許)

泡打粉 12 公克
鹽 1 大撮

烹煮前的備料程序:
以 220℃預熱烤箱。烤盤鋪上烘焙紙。

❺ 將麵團壓成 3 至 4 公分厚的圓餅狀,並灑點麵粉,再用擀麵棍均勻擀平厚度。切勿加壓,以免黏在砧板上,把壓模器從下往上脫膜,在司康表面刷些許鮮奶油,送入烤箱烘烤 14 分鐘。

注意事項:
請在直徑 5 公分的壓模器中抹麵粉(每壓一次都需再抹上麵粉)。

司康 + 草莓抹醬:
20 個司康可使用的草莓抹醬:把 100 公克的軟化奶油拌打變白,拌入 70 公克的草莓果醬,拌打均勻(別打過頭,最好還留點「果粒」口感)。

甜甜圈

 12 個　 30 分鐘　5 分鐘

❸ 140 公克的麵粉、糖、泡打粉、鹽、小蘇打與肉豆蔻粉混合，拌打均勻。

❹ 蛋、蛋黃與發酵乳另外拌打均勻後，再加進融化的奶油，持續攪拌。

食材：
無鹽奶油 50 公克
中筋麵粉 490 公克＋60 公克
（抹灑工作檯面用）
糖 200 公克
發酵乳 170 公克
全蛋 2 顆＋蛋黃 1 顆
小蘇打粉 4 公克＋泡打粉 8 公克
鹽 8 公克
現磨肉豆蔻仁粉 4 公克

肉桂糖食材：
糖 150 公克
肉桂粉 4 公克

烹煮前的備料程序：
當麵糊快完成時，即可把 1 公升的花生油倒入鑄鐵燉鍋中，以中大火熱油，或以 190℃ 預熱酥炸鍋。

❺ 蛋黃醬倒入作法❸。

❻ 用木杓持續拌打，直到麵糊均勻為止。

❶ 把肉桂糖的食材放在碗中拌勻，再倒入平盤裡。

❷ 融化奶油，降溫至微熱。

❼ 把剩下的麵粉（350 公克）加入麵糊中，略微攪拌，直到不再出現乾麵粉即可。

❽ 將麵團放在灑上麵粉的工作檯上，以沾了麵粉的擀麵棍擀平（擀成 1 公分厚度）。

❾ 用抹了麵粉的壓模器（一個直徑 9 公分與一個直徑 3 公分的圓模），陸續做出數個環狀麵皮，把壓除的剩餘麵皮捏在一起，可再壓製出完整麵環。

❿ 把甜甜圈麵團放入熱油中，可多放一點，但切勿相疊。

⓫ 當甜甜圈浮出表面，且非常金黃（約 2 分鐘），再將甜甜圈翻面。

⓬ 再油炸 1 分鐘。

⓭ 當甜甜圈兩面都炸得金黃時，撈起，放在架高的烤架上或是吸油紙巾上瀝乾油脂，等到鍋中油溫回到足夠溫度時，再油炸下一批甜甜圈。利用油炸空檔，把熱甜甜圈放到肉桂糖粉中，加以翻轉沾黏糖粉。

楓糖風味甜甜圈

12 個　　　5 分鐘　　　—

食材：
糖粉 50 公克
楓糖糖漿 40 公克

私房小祕訣：
若要調製出更為流質的刷面糖霜，須增加楓糖糖漿的分量，最多增加 10 公克。切勿留下指痕，因為這種糖霜並不會完全凝固變硬。

❶ 糖粉篩入小碗中。

❷ 楓糖糖漿倒入糖粉裡。

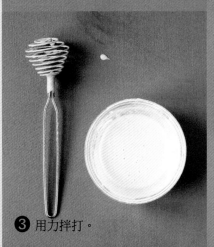

❸ 用力拌打。

❹ 把糖霜淋在甜甜圈上，用橡皮刮刀抹平，靜待數分鐘，讓刷面糖霜凝結。

紅蘿蔔蛋糕

8 塊　　　　20 分鐘　　　　55 分鐘

食材：
中筋麵粉 180 公克
泡打粉 4 公克
小蘇打粉 4 公克
肉桂粉 4 公克
法式四香粉 4 公克
鹽 4 公克
蛋 3 顆與糖 210 公克
葵花籽油 140 公克
蘋果泥 60 公克

紅蘿蔔絲 225 公克
核桃仁粗粒 50 公克
葡萄乾 45 公克

烹煮前的備料程序：
以 180℃ 預熱烤箱，把烤架放至
烤箱中層，烤架上擺放糕點烤
盤。為蛋糕烤模（28 公分）抹
上奶油。

① 麵粉、小蘇打粉、泡打粉、香
料與鹽混合攪拌均勻，並在正中央
挖一小洞。

② 以另一鋼盆拌打雞蛋，把蛋黃
打勻。

③ 加入糖後，拌打成乳狀。

④ 緩緩倒入橄欖油，就像製作美
乃滋醬一樣。

⑤ 隨後加入蘋果泥。

⑥ 把蛋醬倒入作法①的小洞中。

⑧ 蛋糕模放至烤箱中的糕點
烤盤上，烘烤 55 分鐘。當蛋糕
烤熟，用刀刃在糕點與糕模之
間劃一圈，靜置 15 分鐘後再脫
模。完全變涼後，再塗上刷面
糖霜。切成 2 公分厚度，即可
食用。

私房小祕訣：
將蛋糕模輕敲工作檯面，即可消除
麵糊中的氣泡，並讓麵糊緊實填滿
蛋糕模。

⑦ 用橡皮刮刀攪拌，中途再放入
紅蘿蔔絲、核桃仁粒與葡萄乾，繼
續攪拌直到均勻為止。把麵糊倒入
蛋糕模中。

❶ 榅桲塊放至平底湯鍋中，倒入足夠的水覆蓋，煮至沸騰，繼續熬煮 1 小時（需把榅桲煮軟）。

❷ 當榅桲降溫之後，放至篩網上過篩或以蔬果研磨器研磨。

水果糕

17X27 公分	15 分鐘 +	1 小時 15 分
的水果糕 1 塊	靜置 3 小時	

食材：
切成大塊的榅桲 1 公斤
白砂糖約 500 至 750 公克

烹煮前的備料程序：
水果洗淨，無須削皮。

❸ 把榅桲泥放入乾淨的平底湯鍋中，再加入等量的糖。

❹ 加以熬煮，並且不時攪拌，直到榅桲醬變得濃稠且呈現光亮色彩。

❺ 把榅桲泥倒入舖好烘焙紙的烤模中。

❻ 蓋上烘焙紙，放入冰箱冷藏，直到水果糕變得紮實。若要風味更加濃郁，可放置 4 至 6 星期後再食用。水果糕的品味期可長達一年。

私房小祕訣：
若想知道水果糕是否煮好，可用木杓刮鍋子底部，若鍋底刮痕出現數秒才消失，代表大功告成。

注意事項：
可將水果糕倒入底部裝有甘油的烤模中，最後再倒入融化的食用軟蠟覆蓋。

紅絲絨蛋糕

10 至 12 人份　　**25 分鐘**　　**25 至 30 分鐘**

❶ 麵粉、泡打粉、鹽、可可粉篩入大盆中，保留備用。

❷ 把糖與油放入碗中，拌打，直到兩者充分融合。

❸ 加入雞蛋，繼續攪拌。

❹ 加入食用色素、香草精、白脫乳與醋汁後再充分攪拌。

食材：
中筋麵粉 300 公克
泡打粉 15 公克
鹽 1 茶匙
可可粉 2 湯匙
糖 275 公克
植物油 175c.c.
蛋 2 顆
天然紅色色素 2 湯匙
香草精 1 茶匙
白脫乳 200c.c.
清醋 1 茶匙

馬斯卡朋乳酪抹醬食材：
馬斯卡朋乳酪 300 公克

已軟化的無鹽奶油 4 湯匙
糖粉 200 公克
香草精 1 茶匙
核果 125 公克

烹煮前的備料程序：
將兩個蛋糕烤模（直徑 23 公分）鋪上烘焙紙。以 180℃ 預熱烤箱。

馬斯卡朋乳酪抹醬製作方式：
將馬斯卡朋乳酪與軟化的奶油拌打均勻，加入過篩的糖粉拌勻，再加入香草精後繼續攪拌。

❺ 作法❹醬汁加入作法❶的麵粉中攪拌，直到不再出現麵粉顆粒。

❻ 把麵糊倒入兩個蛋糕模中，送入烤箱烘烤 30 分鐘。

❼ 蛋糕靜置 10 分鐘後脫模，留置烤架上放涼。

❽ 把兩塊蛋糕體疊放在一起，中間抹上 1/3 的馬斯卡朋乳酪抹醬。

❾ 剩下的馬斯卡朋乳酪抹醬則抹在蛋糕表面與側面。

❿ 核果仁切成粗粒狀，保留 15 顆完整的核果仁當作裝飾用。

⓫ 把核果仁粗粒沾黏在蛋糕側邊，再把完整核果仁擺在蛋糕上。

菜色變化：
若想做出美味的巧克力蛋糕，則可用 1 湯匙可可粉取代天然紅色色素。

優格蛋糕

8 人份　　　15 分鐘　　　50 分鐘

食材：
蛋 3 顆
原味優格 250c.c.
葵花籽油 120 公克＋塗抹蛋糕
模用油些許
糖 240 公克
中筋麵粉 240 公克
泡打粉 2.5 公克

鹽 4 公克
檸檬半顆

烹煮前的備料程序：
以 180℃ 預熱烤箱。為蛋糕模
（直徑 22 公分）抹油。榨取檸
檬汁備用。

① 蛋打入大碗中，拌打成蛋汁。

② 加入優格，拌打。

③ 把油倒入，繼續拌打。

⑥ 先把麵粉、泡打粉與鹽拌勻，再一邊拌打，一邊拌入作法⑤。把
麵糊倒入蛋糕模中，送入烤箱烘烤 50 分鐘，留置架高的烤架上放涼。

④ 一邊拌打，一邊倒入糖。

⑤ 緩緩倒入檸檬汁。

❶ 麵粉、杏仁粉與可可粉一起過篩，保留備用。

❷ 一邊隔水加熱，一邊拌打加了糖的蛋汁，直到蛋汁變得濃稠並且膨脹至 3 倍的大小。

巧克力杏仁海綿蛋糕

8 人份　　　25 分鐘　　　25 分鐘

食材：
蛋 4 顆
糖 125 公克
低筋麵粉 100 公克
杏仁粉 25 公克
可可粉 30 公克

烹煮前的備料程序：
以 180℃ 預熱烤箱，為烤模上油，抹上麵粉。

❸ 當蛋汁微溫，即離火，繼續拌打，直到蛋汁降溫（大約 10 分鐘），若蛋汁可拉出厚實帶狀，則表示已充分拌打。

❹ 將粉類食材緩緩加入，輕輕翻攪麵糊，以免糕體體積變小。

❺ 把麵糊倒入蛋糕模中，送入烤箱烘烤 25 分鐘。

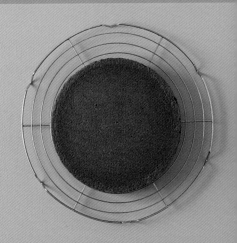

❻ 趁熱脫模，放涼切塊。

菜色變化：
剔除可可粉，添加 20 公克已放涼的融化奶油，即可做出原味海綿蛋糕。

大理石蛋糕

8 人份　　　30 分鐘　　　1 小時 05 分

食材：
無鹽奶油 200 公克
蛋 4 顆
糖 200 公克
鹽 4 公克
中筋麵粉 200 公克
香草糖粉 10 公克
可可粉 30 公克

烹煮前的備料程序：
以 180℃ 預熱烤箱，把烤架放至烤箱中層。為蛋糕烤模（直徑 28 公分）抹上奶油。

① 以平底湯鍋融化奶油，奶油一融化，即離火。

② 蛋白與蛋黃分置 2 個盆中。

③ 糖與鹽放入蛋黃盆中，用木杓充分拌勻。

④ 輪流加入少量麵粉與融化奶油。

⑤ 將一半香草糖粉加入蛋白中，並把蛋白打成雪霜狀。

⑥ 蛋白雪霜拌入蛋黃麵糊中，用木杓攪拌。

⑨ 送入烤箱烘烤 1 小時，若要確認是否烘烤完成，可用刀尖插入蛋糕中心，刀尖拔出時是乾的，即大功告成。

⑦ 把麵糊分別倒入 2 只碗裡，可可粉加入其中一只碗中，剩餘的香草糖粉則拌入另一只碗裡。

⑧ 用湯匙分別舀起兩種麵糊，輪流放入蛋糕烤模。

① 蜂蜜、糖、肉桂粉、八角與薑粉放入耐熱碗中。

② 倒入 100c.c. 滾水，再倒入薑酒拌勻，靜置冷卻 15 分鐘。把八角取出。

③ 麵粉與泡打粉過篩，加入作法②中，再加入蛋、蔗糖漿、乾果與醃薑薑末充分攪拌。

④ 把麵糊倒入蛋糕模中，烘烤 1 小時，略冷卻後，表面抹上蜂蜜，溫熱食用。

蜂蜜香料蛋糕

6 至 8 人份　　30 分鐘　　1 小時

食材：
濃醇蜂蜜 100 公克
棕砂糖 100 公克
肉桂粉 1 茶匙
八角 1 顆
薑粉半茶匙
薑酒 50c.c.
麵粉 250 公克
泡打粉 1 茶匙
蛋 1 顆

蔗糖漿 1 湯匙
綜合乾果 80 公克
醃薑薑末 50 公克

塗抹用食材：
濃醇蜂蜜 4 湯匙

烹煮前的備料程序：
蛋糕模抹油，以 150℃ 預熱烤箱。

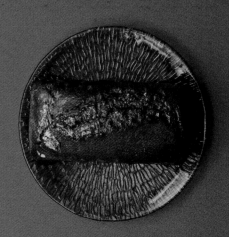

巧克力鬆糕

 8 人份   20 分鐘   25 分鐘

食材：
巧克力 200 公克
無鹽奶油 200 公克
糖 150 公克
蛋 5 顆
麵粉 1 湯匙

烹煮前的備料程序：
以 180℃ 預熱烤箱。

❶ 以隔水加熱或用微波爐融化奶油與巧克力。

❷ 加入糖，攪拌。

❸ 把蛋白與蛋黃分開。

❹ 蛋白打成雪霜狀（不要打得太發，以免難以攪拌）。

❺ 當巧克力醬變溫熱，再放入蛋黃拌勻。

❻ 放入已過篩的麵粉。

❼ 把蛋白雪霜緩緩拌入巧克力蛋黃醬中，先加 2 湯匙，攪拌均勻後其餘再分次加入，小心攪拌。

❽ 用烘焙紙為蛋糕模鋪底，倒入巧克力醬，放入烤箱烘烤 20 至 25 分鐘。

❾ 大功告成了！溫食冷食皆宜。

烘烤熟度確認：
把刀子插入蛋糕中，拔出的刀刃需是濕潤的，但糕體不黏刀。

菜色變化：
可用 100 公克杏仁粉取代麵粉。

巧克力蛋糕

 6 人份　　 **20 分鐘**　　 **40 分鐘**

① 以隔水加熱或以微波爐融化 140 公克巧克力。

② 蛋黃與蛋白分開。

食材：
蛋 6 顆
黑巧克力 240 公克
無鹽奶油 100 公克
杏仁粉 140 公克
糖 80 公克

烹煮前的備料程序：
以 170℃ 預熱烤箱，100 公克的 巧克力切小丁，當作巧克力錠使 用。

③ 蛋黃加入巧克力中攪拌，再加 入杏仁粉。

④ 蛋白打發成雪霜狀，一邊拌打 一邊加糖。

⑥ 倒入已抹好奶油與麵粉的烤模中，送入烤箱烘烤 35 至 40 分鐘。

⑤ 把蛋白雪霜與巧克力錠拌入巧克力杏仁糊中。

① 以隔水加熱或用微波爐融化巧克力與奶油。

② 把糖加入蛋裡，不停拌打，直到蛋汁變白且呈現慕斯狀。

③ 蛋霜加入已冷卻的巧克力醬中拌勻，再加入已過篩的麵粉。

熔岩巧克力蛋糕

4 人份　　15 分鐘　　7 分鐘

食材：
黑巧克力 200 公克
無鹽奶油 70 公克
蛋 4 顆
糖 70 公克
低筋麵粉 50 公克

烹煮前的備料程序：
以 220℃預熱烤箱。

④ 把麵糊倒入抹上奶油與麵粉的烤模中，烘烤 7 分鐘，靜置 2 分鐘後再脫模。

布朗尼

 16 塊　　 20 分鐘　　35 分鐘

食材：
黑巧克力 350 公克
核果碎粒 200 公克
無鹽奶油 250 公克
砂糖 250 公克
蛋 3 顆

低筋麵粉 85 公克
泡打粉 1 茶匙

烹煮前的備料程序：
以 160℃預熱烤箱，為烤模抹上
奶油與麵粉。

① 融化奶油與巧克力，拌勻後放置備用。

② 將蛋與糖打發成白色。

③ 巧克力醬倒入蛋汁中拌勻後，再加入麵粉、泡打粉與核果仁。

④ 把巧克力麵糊倒入正方形或是長方形的烤模中，送入烤箱烘烤 35
分鐘，靜置冷卻後再切塊。

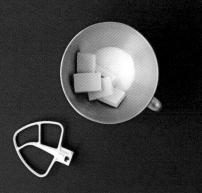

① 拌打奶油與糖 2 至 3 分鐘，直到奶油醬較為鬆軟且呈慕斯狀。

② 將香草莢對半剖開，刮取香草籽，把香草籽加入奶油糖醬中。

杏仁李子蛋糕

8 至 10 人份　　20 分鐘　　35 至 40 分鐘

③ 再放入杏仁粉、蜂蜜、麵粉、泡打粉、鹽與蛋，拌打 1 分鐘。

④ 李子對半剖開，去籽，切成瓣狀。

食材：
已軟化的無鹽奶油 200 公克
細砂糖 100 公克
香草莢 1 根
杏仁粉 150 公克
紐西蘭麥盧卡蜂蜜（Manuka）7 湯匙
低筋麵粉 50 公克
泡打粉 2.5 克
鹽 1 小撮
蛋 4 顆
李子 4 顆

刷面抹醬食材：
無鹽奶油 20 公克
紐西蘭麥盧卡蜂蜜 4 湯匙

烹煮前的備料程序：
為烤模（直徑 23 公分）上油，並鋪上烘焙紙。以 180℃ 預熱烤箱。

⑤ 蛋糕麵糊倒入烤模中，擺上李子瓣，送入烤箱烘烤 35 至 40 分鐘，直到蛋糕體充分膨脹且金黃上色。

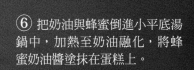 

⑥ 把奶油與蜂蜜倒進小平底湯鍋中，加熱至奶油融化，將蜂蜜奶油醬塗抹在蛋糕上。

注意事項：
可用優質的香草精取代香草莢。

法式蛋塔

8 人份　　25 分鐘　　50 分鐘

食材：
油酥麵團 300 公克（參見 492 頁）
塗抹麵皮的蛋 1 顆

蛋塔內餡食材：
全脂鮮奶 1 公升
糖 220 公克
玉米粉 120 公克
全蛋 2 顆＋蛋黃 1 顆

香草精 8 公克
鹽 2 公克

烹煮前的備料程序：
以 200℃ 預熱烤箱。為方型烤模
抹上奶油與麵粉，略微晃動，甩
出多餘麵粉。

❶ 油酥麵團擀成 3 公釐厚度的麵
皮，放入烤模，邊緣須略微超出
烤模邊。

❷ 麵皮掐捏成略微凸起的形狀，
以免在烘烤過程中變形。用擀麵
棍沿著邊緣壓過，切除多餘麵皮。

❸ 用叉子在麵皮底部戳孔，將已
抹上些許奶油的烘焙紙鋪在麵皮
上（蓋住底部與邊緣），送入烤
箱烘烤 10 分鐘，再取出烘焙紙。

❹ 用蛋汁塗抹麵皮，再送入烤
箱烘烤 3 至 4 分鐘，把蛋汁烤
乾。麵皮取出後，烤箱熱度調為
220℃。

❺ 將 750c.c. 鮮奶倒入平底湯鍋中，加糖攪拌，煮至沸騰。蛋與蛋黃倒入另一個碗中，拌打蛋汁。

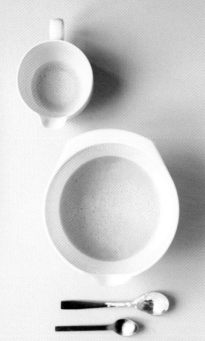

❻ 玉米粉加入剩餘未用的鮮奶（250c.c.）馬上拌打，再加入蛋汁、香草精與鹽。

❼ 蛋汁以細目網篩過濾，除去雜質（若不經此道手續，蛋汁會在烹煮過程中出現小塊凝結）。

❽ 鮮奶煮至沸騰，隨即離火。將蛋汁緩緩倒入鮮奶中，不停拌打，鮮奶蛋黃醬會變得濃稠。

❾ 將鮮奶蛋黃醬倒入派皮底部，送進烤箱烘烤 35 分鐘。完成後取出蛋塔，放至架高的烤架上。降溫後以保鮮膜覆蓋，放入冷藏，完全變涼後再食用。

注意事項：
若要速成此道甜點，可略過派皮的製作。亦可用 1 小包香草糖取代香草粉，如此細砂糖只需 210 公克即可。

西洋梨蘋果奶酥

4 人份　　　15 分鐘　　　35 分鐘

食材：
蘋果泥（參見 356 頁）
西洋梨 4 顆
檸檬 1 顆
麵粉 150 公克
含鹽奶油 120 公克

糖 1 或 2 湯匙
杏仁片 2 湯匙
佐餐用鮮奶油些許

烹煮前的備料程序：
以 190℃ 預熱烤箱。

 ① 麵粉與奶油放入大沙拉盆中。

 ② 用指尖搓揉奶油，讓它稍微與麵粉結成小塊。

 ③ 加入糖，加以拌和。

 ④ 蘋果泥倒入烤盤中，把切成薄片狀的西洋梨擺在蘋果泥上，並且淋上檸檬汁。

 ⑤ 把作法③灑在梨片上，再灑上杏仁片。

 ⑥ 送進烤箱烘烤 35 分鐘，佐以鮮奶油一起食用。

李子乾奶油蛋糕

4 人份

10 分鐘

40 分鐘

① 除了李子乾與蘭姆酒之外，把所有食材加在一起拌打。

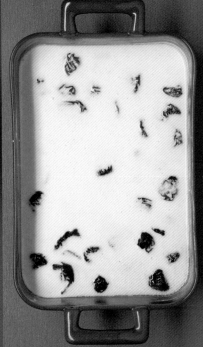

② 先以奶油塗抹烤盤，放入李子乾及蘭姆酒後，把作法①食材淋到李子乾上。

食材：
蛋 4 顆
低筋麵粉 75 公克
糖 50 公克 + 烘烤出爐用糖 1 湯匙
濃厚鮮奶油 200c.c.（若是喜歡清爽
口感，可用低脂鮮奶油取代）
鮮奶 200c.c.
鹽 1 小撮

含鹽奶油 25 公克
蘭姆酒 1 湯匙
去籽李子乾 350 公克

烹煮前的備料程序：
把李子乾浸泡於蘭姆酒中。以
200℃預熱烤箱。

③ 烘烤 40 分鐘。奶油必須成型，而且表面須呈金黃隆起。

④ 在冷卻過程中，奶油糕體將會略為縮小下降。灑一點糖，溫熱品嚐或冷食均可。

乳酪蛋糕

  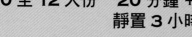

10 至 12 人份　　20 分鐘 +　　1 小時 15 分
　　　　　　　　靜置 3 小時

❶ 餅乾剁小塊，放入食物研磨機中，研磨 30 秒至 1 分鐘，打成細末狀。

❷ 以小平底湯鍋融化奶油，融化後鍋子即離火。

❸ 把餅乾粉與糖放在盆中攪拌均勻。

❹ 淋入融化的奶油，再用叉子攪拌。

底層派皮食材：
無鹽奶油 75 公克
糖 45 公克
餅乾 125 公克（「thé」de Lu，
法國欄牌茶風味餅）

內餡食材：
起士奶油 390 公克
糖 220 公克
馬斯卡朋乳酪 195 公克

蛋 3 顆
香草精 10 公克

烹煮前的備料程序：
以 150℃ 預熱烤箱。把烤架放入烤箱中層，第二個烤架放在下層，放一個深盤在下層烤架上。

❺ 把「餅乾粉」倒入直徑 20 公分的雙層蛋糕烤模中。

❻ 輕壓餅乾粉，放入冰箱冷藏 5 至 10 分鐘。

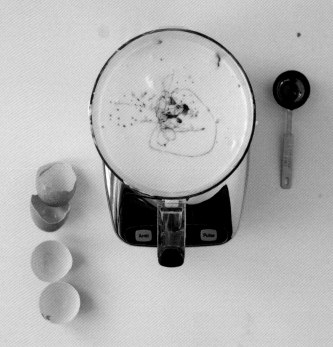

❼ 把起士奶油與糖放入裝上刀刃的食物調理機中，拌打 1 分鐘，打到起士奶油變得非常軟。

❽ 加入馬斯卡朋乳酪，再次拌打 10 至 20 秒。打開食物調理機，用橡皮刮刀刮下沾黏於容器邊緣的食材。

❾ 把蛋一顆顆加進去（須等到第一顆蛋已充分拌勻，再加入第二顆），完成刮下沾黏於容器邊緣的食材後，再倒入香草粉，拌勻幾秒鐘。

❿ 把乳酪食材倒入烤模裡。

⓫ 倒些許高溫熱水在下層烤架上的烤盤裡，再把蛋糕模擺放在中層烤架上，烘烤 1 小時 15 分（直到乳酪蛋糕的中心位置不再呈現液態）。

靜置時間：
把乳酪蛋糕從烤箱中取出，放至烤架上降溫，一旦降至溫熱熱度，即可覆蓋保鮮膜，放入冰箱冷藏 3 小時以上，待定型後即可食用。最理想的定型時間為 12 小時以上。

水果風味乳酪蛋糕

10 至 12 人份　　15 分鐘 +　　60 分鐘
　　　　　　　　靜置 3 小時

❶ 用食物調理機將餅乾磨成細粉狀。

❷ 以小平底湯鍋融化奶油，將奶油與餅乾粉拌勻。

❸ 把奶油餅乾粉平鋪在蛋糕模底，加以輕壓，讓餅乾粉可以平均鋪至邊緣。

❹ 將紅漿果平均放在餅乾粉上，放入冰箱冷藏。

食材：
消化餅或不甜的餅乾 175 公克
無鹽奶油 50 公克
紅漿果 150 公克（額外多備幾顆）
馬斯卡朋乳酪 800 公克
白脫乳 185c.c.
玉米粉 50 公克
橙皮細末些許
細砂糖 150 公克
全蛋 2 顆 + 蛋黃 1 顆
香草精 1 湯匙

裝飾用食材：
白巧克力薄片數片（參見 487 頁）

烹煮前的備料程序：
雙層蛋糕模（直徑 23 公分）上油，並用雙層鋁箔紙包裹住整個烤模。以 150℃ 預熱烤箱。

❺ 把剩餘的食材拌打成乳狀。

❻ 將作法❺的食材倒入冷藏後的餅乾層上。

❽ 灑上數顆紅漿果與白巧克力薄片當作裝飾。

❼ 送入烤箱以隔水加熱方式烘烤 1 小時，取出乳酪蛋糕，糕體須略具彈性，再放進水中浸泡 45 分鐘，留置烤模中降溫，放涼後，再用刀子沿著蛋糕模邊緣劃上一圈，以利乳酪蛋糕脫模，脫模時須小心。

① 餅乾放入塑膠袋中,用擀麵棍壓碎,別壓太大力,以免塑膠袋撐破。

② 用小平底湯鍋融化奶油,把奶油倒入壓碎的餅乾上,充分拌勻。

檸檬風味乳酪蛋糕

10 至 12 人份　　35 分鐘 +　　60 分鐘
　　　　　　　　 靜置 3 小時

③ 餅乾粉均勻放入蛋糕模底部,略為加壓,讓餅乾平鋪至邊緣,放置冰箱冷藏 15 至 20 分鐘。

④ 拌打玉米粉、瑞可塔乳酪、糖與所有的蛋黃,直到食材呈現乳狀。

食材:
消化餅或不甜的餅乾 200 公克
已融化的無鹽奶油 50 公克
玉米粉 40 公克
瑞可塔乳酪(ricotta)550 公克
砂糖 225 公克
蛋白與蛋黃分開的全蛋 2 顆 +
蛋黃 1 顆
全脂鮮奶油 200c.c.
檸檬汁 1 湯匙
檸檬皮細末

裝飾用食材:
糖粉
切圓薄片的檸檬 1 顆

烹煮前的備料程序:
雙層蛋糕模(23 公分)上油,並用雙層鋁箔紙包裹住整個烤模。以 150℃ 預熱烤箱。

⑤ 把蛋白放入乾淨盆中,打發成紮實雪霜狀,再緩緩將蛋白雪霜拌入瑞可塔乳酪蛋黃醬中。

⑥ 再倒入鮮奶油、檸檬汁與檸檬皮細末,加以拌勻。

⑦ 把蛋黃奶油醬倒入餅乾粉層上,送入烤箱,以隔水加熱的方式烘烤 1 小時,放置冷卻。

⑧ 當乳酪蛋糕充分冷卻後,用刀子沿著烤模四周刮一圈,小心脫模。

⑨ 在乳酪蛋糕上撒點糖粉,以檸檬薄片裝飾。

奢華甜點

千層派皮

900 克　　　**30 分鐘 +**
　　　　　　　　靜置 2 小時　　　**—**

食材：
奶油 320 公克
中筋麵粉 420 公克
冰水 145 公克
糖 18 公克
鹽 12 公克

烹煮前的備料程序：
把奶油丁放在工作檯的麵粉上。

❶ 用手指把奶油剁成小片狀，拌入麵粉中，挖個小洞，把水倒入。

❷ 把糖與鹽加入水中，用手指調勻，拌入粉料中。

❸ 先調製出具有顆粒狀的可麗餅麵糊，再撥取周圍粉料往麵糊聚集拌勻。

❹ 當麵糊略成型，用手掌輕壓麵糊，再次把粉料往內部聚集，用手掌加壓。

❺ 做出一顆不均勻塊狀，再重壓一次，做出一顆球狀。

❻ 塑成磚狀，以保鮮膜包裹，放進冰箱冷藏 1 小時。

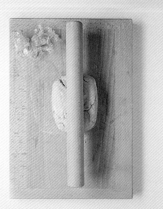 

❼ 把麵團取出，放在已略撒麵粉的工作檯上，把擀麵棍放在麵團中央位置。

❽ 略微加壓，來回擀平，擀成約 40x25 公分的長方形麵皮。

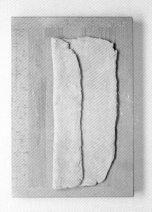

❾ 把 1/3 麵皮往裡折，再把右邊的 1/3 麵皮折疊在前 1/3 麵皮上。

❿ 把麵皮分成三等分由下往上折起。

⓫ 用手掌略微加壓麵皮。

⓬ 用擀麵棍擀成約 15x10 公分的長方形麵皮。

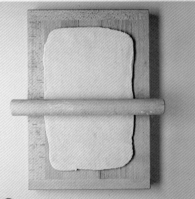

⓭ 重複以下步驟：在工作檯上灑點麵粉，用擀麵棍擀出一個約 40x25 公分的長方形麵皮。

⓮ 再次折成三等分（重複作法❾）。

⓯ 然後再分成三等分，由下往上折起。

⓰ 若只需用到半量的麵皮，可將麵團切成兩半，一半擀成 20x10 公分的長方形麵皮（將未用的麵團放入冷凍庫，使用前再放入冷藏室冷藏退冰 1 小時）。

焦糖糖漿

 100 克 **5 分鐘** **5 分鐘**

食材：
糖 100 公克
水 30 公克

私房小工具：
備妥糕點刷，沾水塗抹鍋壁，可
避免糖結晶黏鍋。

私房小祕訣：
洗鍋時，把水裝滿鍋子，煮至沸
騰，加以拌攪，可洗去黏鍋的糖
漿，再連同洗鍋水一起倒掉。

① 把水倒入厚底小湯鍋中，再加
入糖。

② 緩緩加熱，並攪拌，讓糖溶於
水中。

③ 加熱過程中，以溼刷子刷鍋
壁，避免糖結晶黏鍋。

④ 待至沸騰，即不再攪動糖水，
任糖水熬煮上色。

⑤ 把鍋底浸入冷水中降溫幾秒鐘，以阻斷烹煮作用。

⑥ 請立即使用：糖漿一變冷，就
會變硬，將變得難以使用。

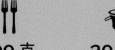

1 加熱糖與水。糖融化後（123℃），繼續熬煮 5 分鐘。

2 把蛋黃拌打成略白的慕斯狀。

3 讓糖水沿著鍋緣緩緩倒入蛋黃醬中。糖水若黏仕鍋緣，無須刮除，否則蛋黃醬會產生顆粒。以高速拌打，讓蛋黃醬降溫。

4 減緩拌打速度，分次加入少量奶油繼續拌打，最後放入從香草莢刮下的香草籽。當奶油醬質地顯得光滑均勻，就大功告成了！

香草奶油醬

300 克	20 分鐘	5 分鐘

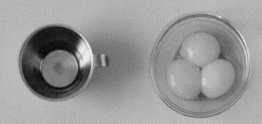

食材：
砂糖 75 公克
水 300c.c.

置於室溫下的蛋黃 3 顆
已軟化的奶油 150 公克
香草莢 1 根

菜色變化：
若想做出巧克力奶油醬，只要在最後步驟加入 60 公克已融化的黑巧克力即可。

保存方式：
把香草奶油醬放入密封罐中，可保持鮮度 2 天，亦可放入冷凍庫。使用前，再加以拌打數分鐘。

巧克力閃電泡芙

20 塊　　**10 分鐘**　　**5 分鐘**

食材：
烤好的長條狀泡芙 300 公克（參見 424 頁）
巧克力卡士達奶油醬 700 公克（參見 489 頁）

巧克力糖衣抹醬食材：
巧克力 100 公克

糖粉 80 公克
奶油 40 公克
水 3 湯匙

烹煮前的備料程序：
用鋸齒餐刀把泡芙單邊切開，用擠花袋把巧克力卡士達奶油醬擠進麵包裡。

❶ 糖衣抹醬的製作方式：以極微火（或隔水加熱的方式）融化巧克力。用橡皮刮刀拌出巧克力光滑亮度。

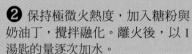

❷ 保持極微火熱度，加入糖粉與奶油丁，攪拌融化。離火後，以 1 湯匙的量逐次加水。

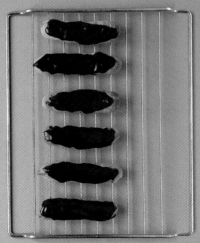

❹ 把填好內餡的泡芙放至烤架上，用平杓抹上一層厚厚的糖衣抹醬。

❸ 讓糖衣抹醬略微降溫。溫度過高，糖衣抹醬容易流下，溫度過低，則難以塗抹。

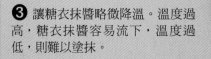

❶ 在糕點烤盤上做出 4 個圓環與 12 個小泡芙的造型，送入烤箱，以 220℃ 烘烤 10 至 15 分鐘，再將烤箱門半開，續烤 5 分鐘。把烤盤取出。10 分鐘後，把圓環剖成兩半，用刀了在泡芙底部挖個小洞。

玫瑰聖歐諾黑

4 人份　　**20 分鐘**　　**15 至 20 分鐘**

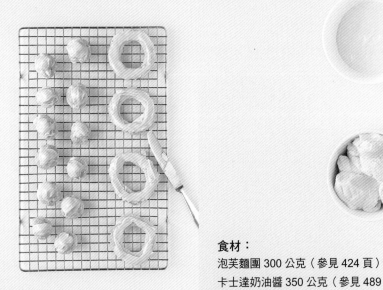

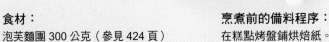

❷ 接著調製糖衣抹醬（參見 491 頁），在最後的調製步驟加入食用色素。

❸ 用擠花袋把卡士達奶油醬抹在每個下層圓環上，再將上層圓環蓋上。將卡士達奶油醬填入小泡芙中。用光滑的刀面塗上糖衣抹醬。

食材：
泡芙麵團 300 公克（參見 424 頁）
卡士達奶油醬 350 公克（參見 489 頁）＋玫瑰水半茶匙
香堤伊鮮奶油霜 225 公克（參見 491 頁）＋紅色食用色素 2 滴
原味糖衣抹醬 100 公克（參見 491 頁）＋紅色食用色素 2 滴

烹煮前的備料程序：
在糕點烤盤鋪烘焙紙。以 220℃ 預熱烤箱。調製卡士達奶油醬時，先在鮮奶中加入玫瑰水一起熬煮。

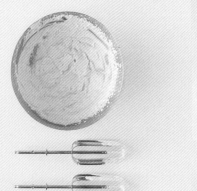

❹ 調製香堤伊鮮奶油霜（參見 491 頁），在調製前，先把食用色素加入鮮奶油中。

❺ 把備妥的圓環放至盤上，中央位置擺上香堤伊鮮奶油霜。

❻ 每個圓環擺上 3 顆小泡芙。隨即享用（或放入冰箱冷藏 1 小時內享用）。

簡化上糖衣的步驟：
可在糖衣抹醬中額外添加數滴檸檬汁，把每個上圓環的表面與每顆小泡芙的上表面浸入半流質的糖衣抹醬中。

義式冰淇淋蛋糕

10 人份　　**30 分鐘 +**　　**—**
　　　　　　　　靜置 6 小時

食材：
沙巴雍蛋黃醬 1 份（參見 361 頁）
冰的鮮奶油 500c.c.
杏仁口味牛軋糖 200 公克
巧克力 100 公克（可可脂含量
70%）

烹煮前的備料程序：
將一個大糕模（或 10 個小糕
模）上油，並鋪上保鮮膜。

紅漿果冰淇淋蛋糕的作法：
400 公克的綜合紅漿果及用 200c.c. 鮮奶油拌打而成的香堤伊鮮奶油霜，加入
沙巴雍蛋黃醬中充分拌勻。

❶ 牛軋糖與巧克力切碎。

❷ 拌打鮮奶油，再拌入已變冷的沙巴雍蛋黃醬中。

❸ 把 1/3 的巧克力牛軋糖鋪在烤模底部，以 1/3 分量的奶油醬加以覆
蓋，重複 2 次後，放入冷凍庫冷凍 6 小時。

❹ 把冰淇淋蛋糕取出後，放置室溫下 10 至 15 分鐘，讓糕模底部過
點熱水，即可將冰淇淋蛋糕脫膜至盤上。

❶ 蛋白打發，趁蛋白霜仍鬆軟時，倒入糖，繼續拌打，直到蛋白雪霜變得紮實。灑上已過篩的糖粉，用橡皮刮刀拌勻。

❷ 在烘焙紙上畫兩個直徑 12 公分的圓圈，用擠花袋以螺旋方式擠出蛋白霜。以同樣方式擠出棒狀造型。送入烤箱以 90℃烘烤 1 小時 30 分。

法式冰淇淋蛋糕

6 人份　　55 分鐘 +　1 小時 30 分
　　　　　　30 分鐘

❸ 蛋白雪霜烘烤完畢前 10 至 20 分鐘，先把冰淇淋取出，分別以兩個容器盛裝，用湯匙攪拌鬆軟。

❹ 以相同直徑（12 公分）的小平底鍋，用保鮮膜包裹起來，保鮮膜邊緣需超過鍋緣，當蛋白雪霜變涼後，把一片蛋白雪霜圓片放入鍋底。

❺ 把冰淇淋放入鍋中，填至幾乎滿鍋的高度，再用另一片蛋白雪霜片覆蓋在冰淇淋上，放入冷凍庫冷凍 2 小時，讓糕體成型。

❻ 食用前 1 小時，把蛋白雪霜棒切成與糕體齊高的小手指狀。調製香堤伊鮮奶油霜（參見 491 頁）。

食材：
香草冰淇淋半公升
草莓冰淇淋半公升
佐餐用紅漿果果醬 250 公克
（參見 486 頁）
另備裝飾用新鮮漿果數顆

法式雪霜醬食材：
蛋白 3 顆
細砂糖 100 公克
糖粉 100 公克
香堤伊鮮奶油霜 225 公克（參見 491 頁）

❼ 從冷凍庫中取出小平底鍋，拉起保鮮膜，即可脫膜。把取下保鮮膜的冰淇淋蛋糕放在平盤上，在糕體各面抹上一層厚厚的香堤伊鮮奶油霜，整平。

❽ 用蛋白雪霜棒裝飾糕體四周，再放入冷凍庫 15 至 30 分鐘，讓蛋白雪霜棒黏住香堤伊鮮奶油霜。

❾ 把剩餘未用的香堤伊鮮奶油霜放入冰箱冷藏，食用前，在冰淇淋蛋糕上再抹一層厚厚的香堤伊鮮奶油霜。可使用擠花袋，在冰淇淋蛋糕上擠一些造型鮮奶油，擺上幾顆紅漿果，佐以紅漿果醬一起享用。

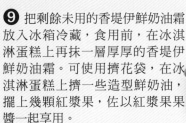

小泡芙

40 顆　　1 小時　　25 分鐘

巧克力卡士達奶油醬食材：
蛋黃 4 顆
糖 100 公克
鮮奶 500c.c.
玉米粉 20 公克
切成大塊的黑巧克力 170 公克

泡芙麵團食材：
鮮奶 125c.c. 與水 125c.c.
奶油 110 公克
糖 5 公克與蛋 4 顆

鹽半茶匙
已過篩的麵粉 140 公克

甘納錫抹醬食材：
鮮奶油 150c.c.
巧克力 150 公克

烹煮前的備料程序：
把鮮奶煮至沸騰。以 250℃ 預熱
烤箱。

① 把熱鮮奶倒入已調勻的玉米粉甜蛋黃醬中，翻攪熬煮 2 分鐘，調製巧克力卡士達奶油醬（參見 489 頁）。

② 離火後，加入巧克力，拌打成光滑乳狀。放涼之後用保鮮膜覆蓋備用。

③ 在烘焙紙上畫數個直徑 3.5 公分的圓圈。把烘焙紙翻面放至烤盤上備用。

④ 將水、鮮奶、奶油、鹽與糖煮至沸騰。

⑤ 離火後，分數次加入麵粉，充分攪拌。

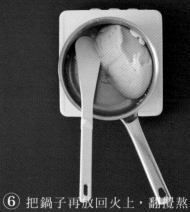

⑥ 把鍋子再放回火上，翻攪熬煮至麵團成型不黏鍋壁（約 2 分鐘）。

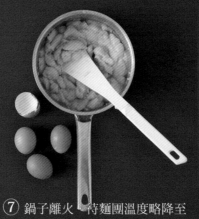

⑦ 鍋子離火，待麵團溫度略降至溫熱，逐顆加入 4 顆蛋，用力拌打。

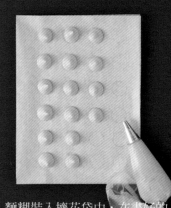

⑧ 麵糊裝入擠花袋中，在畫好的圓圈位置擠上小球麵糊。

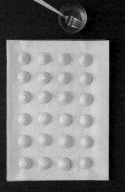

⑨ 把叉子浸在冷水中，輕拍小泡芙，讓形狀均勻。

⑩ 烤箱溫度降至 160℃，烘烤 20 至 25 分鐘，取出小泡芙，留置烤架上放涼。

⑪ 用擠花嘴在泡芙底部挖個小洞。

⑫ 把巧克力卡士達奶油醬填入擠花袋中，充填小泡芙，放入冰箱冷藏備用。

⑬ 以鮮奶油與巧克力製作甘納錫抹醬（參見 487 頁）。把每顆小泡芙表面浸入糖衣抹醬中，放至烤盤上，隨後放入冰箱冷藏。

⑭ 當糖衣變硬，即可品嚐。

私房小祕訣：
把小泡芙上層浸入抹醬中，用食指抹去流下的醬汁，即可完成裹糖衣的步驟。

菜色變化：
可在小泡芙中填入杏仁奶油醬或巧克力慕斯醬（參見 360 頁）。

巧克力馬卡龍

20 顆　　　45 分鐘 +　　　20 分鐘
　　　　　靜置 24 小時

馬卡龍餅殼食材：
置於室溫下的蛋白 4 顆
細砂糖 60 公克
杏仁粉 125 公克
糖粉 225 公克
可可粉 20 公克

甘納錫內餡食材：
鮮奶油 200c.c.
黑巧克力 180 公克
即溶咖啡 1 茶匙

① 調製甘納錫內餡（參見 487頁），在最後步驟加入即溶咖啡，用保鮮膜直接蓋上內餡，保留備用。

② 在烘焙紙上畫數個直徑 5.5 公分的圓圈。把烘焙紙翻面放至烤盤上。

③ 杏仁粉、糖粉與可可粉一起過篩。用食物調理機把粉類食材磨得更細些。

④ 把蛋白拌打成十分紮實的雪霜狀，拌打過程中分次少量加入細砂糖。

⑤ 把粉類食材（杏仁粉、糖粉、可可粉）加入雪霜中，由下往上拌勻。攪拌 2 分鐘後，蛋白雪霜應呈現光滑、閃亮且柔軟狀。

⑥ 把蛋白雪霜填入裝上 12 公釐擠花嘴的擠花袋中，沿著圓圈線擠出餅殼，放至室溫下 30 分鐘，待其變硬。

⑨ 利用內餡黏住上下兩個餅殼，把馬卡龍放入冰箱冷藏一夜。隔天食用前 30 分鐘，從冰箱中取出，放置室溫下。

保存方式：
以冷凍方式保存馬卡龍的效果極佳。可單純冷凍餅殼，之後再裝填內餡，亦可把內餡填好，整顆放入密封盒中冷凍，從冷凍庫取出 1 小時後，即可享用。

⑦ 送入烤箱烘烤 20 分鐘。若是製造小馬卡龍，則烘烤 15 分鐘即可。取出放涼。

⑧ 將餅殼翻面，在兩塊餅殼中間填入內餡。

巧克力夏洛特蛋糕

6 至 8 人份　　15 分鐘 +　　　—
　　　　　　　　靜置 3 小時

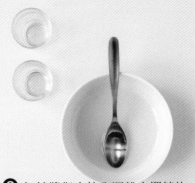

❶ 將夏洛特蛋糕烤模（直徑 15 公分）底部上油。把烘焙紙切成圓盤狀，在烘焙紙上抹奶油，放入烤模底部（油面朝上）。

❷ 把糖漿與水放入深盤中攪拌均勻。

❸ 預留 10 根欲裝飾蛋糕面的手指餅乾。將其餘的手指餅乾迅速浸入糖水中。

❹ 把浸過糖水的手指餅乾緊貼蛋糕模壁擺放，餅乾圓面朝外。

❺ 擺滿整圈，底部留空。

❻ 巧克力慕斯醬倒入烤模中間。

食材：
手指餅乾 25 根
水 50c.c.
蔗糖糖漿 50c.c.
巧克力慕斯醬 600 公克（參見 360 頁）

烹煮前的備料程序：
備妥巧克力慕斯醬，放至冰箱冷藏備用。

❼ 將預留的手指餅乾迅速浸過糖水後，覆蓋表面。

❽ 在夏洛特蛋糕上疊放 2 塊與烤模同大的盤子，用保鮮膜加以包裹，放入冰箱中冷藏 3 小時。

❾ 脫膜步驟：先拆下保鮮膜，取下盤子，把烤模底部放入高溫熱水中，在烤模上放置一塊盤子，然後倒扣。小心取下烘焙紙，立刻享用吧！

食用建議：
可將巧克力夏洛特蛋糕佐以英式蛋黃醬（參見 488 頁）一起品嚐。

榛果風味巧克力夾心餅

🍴 8塊 　　🥄 40分鐘 + 靜置2小時 　　🍲 30分鐘

① 把蛋白拌打成雪霜狀，在拌打過程中逐次加入糖。

② 當蛋白拌打成紮實且光亮的雪霜，再加入拌勻後的杏仁粉與榛果粉。

餅片食材（直徑 22 公分的餅片 2 片）：
杏仁粉 40 公克
榛果粉 60 公克
糖 160 公克與蛋白 6 顆
榛果 70 公克

慕斯奶油醬食材：
糖 50 公克與玉米粉 10 公克
鮮奶 250c.c. 與蛋黃 2 顆

黑巧克力 100 公克
已軟化的無鹽奶油 200 公克
榛果醬（praliné）80 公克

烹煮前的備料程序：
在 2 張烘焙紙上畫 2 個直徑 22 公分的大圓，烘焙紙翻面，放在 2 塊烤盤上備用。

③ 把杏仁榛果蛋白霜倒在畫了圓的烘焙紙上，用攪拌杓抹平，灑上榛果碎粒。

④ 送入以 180℃ 預熱的烤箱烘烤 30 分鐘。

⑤ 以 50 公克的糖、玉米粉、蛋黃與鮮奶調製卡士達奶油醬（參見 489 頁）。將鍋子離火後，加入巧克力細片，用攪拌棒拌打均勻。

⑥ 拌打奶油，加入榛果醬。

⑨ 用另一片杏仁榛果餅蓋上雪霜層，放入冰箱中冷藏 2 小時以上，即可食用。

私房小祕訣：
黑巧克力與榛果醬可用比利時帕尼諾巧克力取代，把巧克力醬拌入仍有熱度的卡士達奶油醬中，把糖量減為 15 公克。

⑦ 作法⑤、⑥混和，攪拌均勻。

⑧ 把慕斯奶油醬裝入 15 公釐擠花嘴的擠花袋中，擠出數個奶油球，把餅乾全部擠滿。

① 蛋與糖一起拌打 5 分鐘，直到蛋汁變白。

② 可可粉、泡打粉、鹽與麵粉篩入大碗中，再把粉類食材拌入蛋汁裡。

③ 把蛋糊倒入蛋糕模中，送入烤箱烘烤 30 分鐘，烤至海綿體膨脹後脫膜。

④ 把鮮奶油拌打成濃稠狀，當作內餡醬。

黑森林蛋糕

10 至 12 人份　　40 分鐘　　30 至 35 分鐘

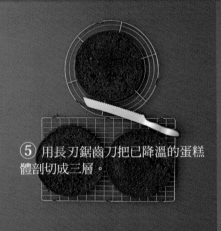

⑤ 用長刃鋸齒刀把已降溫的蛋糕體剖切成三層。

⑥ 在第一層蛋糕層抹上 2 湯匙櫻桃白蘭地、半量的果醬與 1/4 的鮮奶油霜，擺上幾顆櫻桃，蓋上第二層糕體，重複本步驟抹醬動作，再擺上第三層糕體，淋上些許櫻桃白蘭地。

食材：
蛋 6 顆
細砂糖 150 公克
優質的可可粉 50 公克
泡打粉 5 公克
鹽 1 小撮
低筋麵粉 125 公克
全脂鮮奶油 500c.c.
櫻桃白蘭地 8 湯匙
黑櫻桃果醬 100 公克
去籽的新鮮櫻桃 200 公克

裝飾用食材：
已烤過的杏仁片 75 公克
黑巧克力薄片（參見 487 頁）
整顆的櫻桃 50 公克

烹煮前的備料程序：
烤模（直徑 23 公分）上油，再抹上麵粉。以 180℃ 預熱烤箱。

⑦ 把剩下的奶油霜抹在糕體最上層與糕體周圍，再把烤杏仁片黏在糕體周圍。

⑧ 以數片巧克力薄片與整顆櫻桃裝飾蛋糕頂層。

私房小祕訣：
若無新鮮櫻桃，使用罐頭甜漬櫻桃亦可。

松露巧克力蛋糕

6 人份　　**15 分鐘**　　**35 分鐘**

食材：
蛋 3 顆
糖 150 公克
水 140 公克
巧克力 200 公克（可可脂含量
52%）
奶油 135 公克
麵粉 20 公克
可可粉適量

烹煮前的備料程序：
以 180℃ 預熱烤箱。把烤架放至
烤箱中層，另一塊烤架放至烤箱
下層，下層烤架擺放深盤。替蛋
糕模（直徑 22 公分）上油，並
在模底鋪上烘焙紙。

① 蛋打入盆中，打成蛋汁備用。

② 用小平底湯鍋以中火加熱糖與
水，多加攪拌助糖溶解。當糖完
全溶解，煮至沸騰，隨即離火。

③ 加入塊狀巧克力，攪拌，直
到巧克力融化。隨後加入奶油小
丁，充分拌勻。5 分鐘後再倒入蛋
汁。

④ 把麵粉灑入巧克力醬中，用攪
拌棒拌勻。

⑦ 把蛋糕放入冰箱冷藏，食用
前再取出（愈冷愈好）。把可
可粉篩至蛋糕上層後，即可享
用。

**在烤箱中以隔水加熱的方式烘
烤：**
預熱烤箱。把水倒入深烤盤中，再
將蛋糕模置於深烤盤裡。

⑤ 把麵糊倒入蛋糕模中，在烤箱
中以隔水加熱的方式烘烤 30 分鐘
（搖晃烤模，確定蛋糕中心不再
呈現液態晃動）。

⑥ 把蛋糕從烤箱中取出，放在架
高的烤架上降溫，放涼後脫膜，
放至盤上。當糕體已完全降溫，
再以保鮮膜包裹。

① 把糖與蛋拌打成乳狀。

② 加入融化的奶油、檸檬皮細末與檸檬汁，充分拌勻。

③ 放入已過篩的麵粉與杏仁粉，再充分拌勻。

④ 麵糊倒入烤模中，在麵糊表面小心放入白巧克力塊與藍莓。

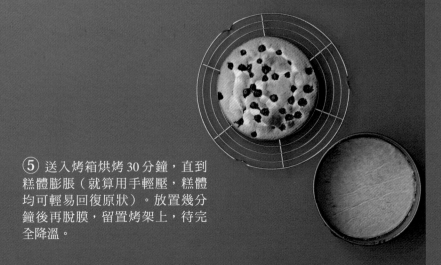

⑤ 送入烤箱烘烤 30 分鐘，直到糕體膨脹（就算用手輕壓，糕體均可輕易回復原狀）。放置幾分鐘後再脫膜，留置烤架上，待完全降溫。

白巧克力蛋糕

8 至 10 人份　　15 分鐘　　30 分鐘

食材：
蛋 2 顆
細砂糖 100 公克
融化的無鹽奶油 100 公克
刨取檸檬皮細末的檸檬 1 顆
檸檬汁（半顆量）
低筋麵粉 100 公克
杏仁粉 50 公克
泡打粉 5 公克

內餡醬食材：
敲成小塊的白巧克力 50 公克
藍莓 100 公克
白巧克力薄片（參見 487 頁）

烹煮前的備料程序：
蛋糕模（直徑 20 公分）上油，並在模底鋪上烘焙紙。以 180℃ 預熱烤箱。

⑥ 以白巧克力薄片當作蛋糕裝飾。

私房小祕訣：
將蛋糕放至烤箱烤盤中央位置，可讓糕體在烘烤過程中均勻上色。

菜色變化：
亦可依各人喜好使用新鮮覆盆子取代藍莓。

秋葉蛋糕

8 至 10 人份　　45 分鐘 +　　2 小時 30 分
　　　　　　　　靜置 2 小時

蛋白雪霜食材：
蛋白 4 顆（約 140 公克）
砂糖 140 公克
糖粉 140 公克
香草精 1 茶匙

巧克力慕斯食材：
鮮奶 100c.c.
黑巧克力 300 公克

蛋黃 3 顆與蛋白 6 顆
已軟化的無鹽奶油 50 公克

烹煮前的備料程序：
取一個直徑 22 公分的蛋糕模。在 2 張烘焙紙上畫出 3 個直徑 20.5 公分的圓圈。把烘焙紙翻面放入烤盤中。以 120℃ 預熱烤箱。

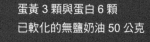

① 緩緩將 4 顆蛋白拌打成雪霜狀，在拌打過程中砂糖分 3 次倒入。

② 當蛋白雪霜變得紮實且光亮，倒入香草精，再加入已過篩的糖粉，用木杓拌勻。

③ 把 1/3 的蛋白雪霜倒入第一個烤盤圓圈內，用刮刀塗抹均勻。

④ 以相同的方法製作另外 2 個雪霜盤（1 公分厚度的薄圓片）。放入烤箱中烘烤 2 小時 30 分。充分降溫。

⑤ 熱鮮奶倒入巧克力中，再加入蛋黃，調製巧克力慕斯醬（參見 360 頁）。

⑥ 用橡皮刮刀拌打奶油。

⑦ 緩緩將奶油拌入巧克力慕斯中。

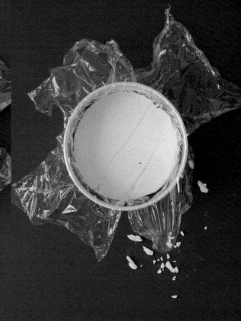

⑧ 把蛋白拌打成紮實雪霜狀，再拌入巧克力醬裡。

⑨ 用保鮮膜包裹住烤模，保鮮膜需超出蛋糕烤模邊緣。

⑩ 在烤模底部倒入些許巧克力慕斯。

⑪ 將蛋白雪霜薄片平整面朝上放入烤模中（不規則面朝向巧克力慕斯底層）。

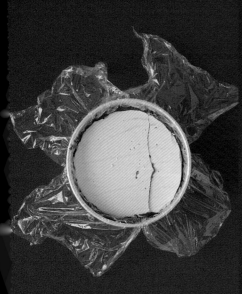

⑫ 倒入巧克力慕斯醬加以覆蓋，再放入第二塊蛋白雪霜薄片，略微加壓，讓巧克力慕斯溢出。

⑬ 再次以巧克力慕斯醬加以覆蓋，再把最後一片蛋白雪霜薄片放入，放至冷凍庫 1 小時，待其定型。

⑭ 拉扯保鮮膜邊緣，將蛋糕脫膜。放入冰箱冷藏 1 小時（讓蛋糕略微回溫）。

裝飾建議：
可在蛋糕面上淋甘納錫抹醬（參見 487 頁），並以巧克力薄片（參見 487 頁）加以裝飾。

蛋白雪霜海綿蛋糕

10 至 12 人份　　30 分鐘　　1 小時 30 分

海綿蛋糕體食材：
已軟化的無鹽奶油 100 公克
低筋麵粉 100 公克
泡打粉 5 公克
刨取檸檬皮細末用的檸檬 2 顆＋榨
汁用檸檬半顆
蛋 2 顆
細砂糖 100 公克
杏仁粉 100 公克

內餡醬食材：
蛋白 4 顆

細砂糖 250 公克
塔塔粉（crème de tartre）1 茶匙
醋 1 茶匙
檸檬蛋黃醬 150 公克
義大利檸檬甜酒（limoncello）
2 湯匙
馬斯卡朋乳酪抹醬（參見 394 頁）
杏仁片 10 公克

烹煮前的備料程序：
在烤模（直徑 20 公分）內緣抹
油。以 180℃預熱烤箱。

菜色變化：
可單純選用新鮮漿果與鮮奶油搭配
蛋白雪霜片，呈現夏日甜點的風
味。

❶ 把製作海綿蛋糕的所有食材拌
勻。保留半量的杏仁粉與檸檬皮
細末備用。

❸ 把 4 顆蛋白打成紮實雪霜，再
緩緩拌入糖，加入塔塔粉與醋。
以高速拌打，把剩餘備用的杏仁
粉與檸檬細末加入。

❺ 檸檬蛋黃醬與檸檬甜酒拌勻。

❷ 麵糊放入烤模中，送入烤箱烘
烤 25 分鐘。待蛋糕體降溫後，脫
膜。把烤箱溫度降至 140℃。

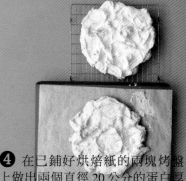

❹ 在已鋪好烘焙紙的兩塊烤盤
上做出兩個直徑 20 公分的蛋白厚
片。放入烤箱烘烤 60 分鐘，直到
蛋白雪霜底部不沾黏烘焙紙。放
至烤架上降溫。

❻ 把海綿蛋糕體剖切成兩半，抹
上 1/4 的檸檬甜酒蛋黃醬，再抹上
1/4 的內餡醬。

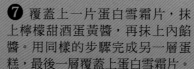

❼ 覆蓋上一片蛋白雪霜片，抹
上檸檬甜酒蛋黃醬，再抹上內餡
醬。用同樣的步驟完成另一層蛋
糕，最後一層覆蓋上蛋白雪霜片。

❽ 把剩下的內餡醬塗抹在蛋白雪
霜片上。淋上檸檬甜酒醬，灑上
幾片杏仁薄片當作裝飾。

① 蛋白與蛋黃分開。

② 蛋白打發成雪霜狀。

百香果蛋白雪霜

6 人份　　　45 分鐘　　　4 小時

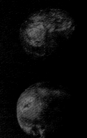 

③ 當蛋白雪霜已非常紮實，再緩緩加入 200 公克的糖，繼續拌打成亮度極高、極硬的蛋白霜。

④ 用湯匙做出漂亮的蛋白雪霜球，放置已抹油的不沾黏烤盤上，送入烤箱烘烤 4 小時（需將蛋白雪霜烤乾）。

 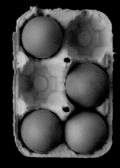 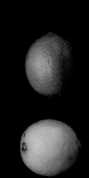

食材：
百香果 2 顆
青檸檬 1 顆
黃檸檬 1 顆
蛋 4 顆
糖 300 公克

奶油 100 公克
鮮奶油 200c.c.

烹煮前的備料程序：
以 90℃ 預熱烤箱。

⑤ 把檸檬汁與檸檬皮細末、百香果粒（保留一半的量備用）、剩餘的糖與奶油放入大盆中，以隔水加熱的方式加熱盆子。

⑥ 加入蛋黃。

⑦ 不停拌打，直到拌打出濃稠醬汁。把醬汁倒入其他容器中，放涼後，置於冰箱冷藏。

⑧ 鮮奶油拌打成非常紮實的香堤伊鮮奶油霜。

⑨ 把蛋黃醬淋在蛋白雪霜球上，佐以香堤伊鮮奶油霜一起享用。再放上幾顆備用的百香果果粒。

巧克力三重奏

8 人份　　　**30 分鐘 +**
　　　　　　　　3 小時 30 分　　　**—**

榛果巧克力餅乾層食材：
法國嘉味提餅乾（gavotte）125
公克
比利時帕尼諾巧克力
（pralinoise）180 公克

慕斯食材：
黑巧克力 150 公克

牛奶巧克力 150 公克
白巧克力 150 公克
鮮奶 50c.c. + 50c.c. + 50c.c.
鮮奶油 150c.c. + 150c.c. + 150c.c.

烹煮前的備料程序：
用手指壓碎餅乾。

① 用微波爐或隔水加熱的方式融化帕尼諾巧克力。

② 把嘉味提餅乾倒入巧克力醬中，充分攪拌，讓巧克力包覆住餅乾。

③ 把巧克力酥醬倒入雙層蛋糕模中，用湯匙壓實，放入冰箱冷藏30 分鐘。

④ 把鮮奶油拌打成香堤伊鮮奶油霜（參見 491 頁）。

⑤ 用微波爐或隔水加熱的方式把黑巧克力溶於 50c.c. 鮮奶中。

⑥ 把 1/3 的香堤伊鮮奶油霜拌入溫熱的巧克力醬中，再把巧克力醬倒入巧克力餅乾層上，放入冷凍庫 45 分鐘，讓糕體成型。

⑨ 放入冰箱冷藏退冰 1 小時後再脫膜。

菜色變化：
可將 80 公克已融化的牛奶巧克力與 120 公克杏仁巧克力拌勻，用以取代比利時帕尼諾巧克力。

⑦ 重複作法⑤與作法⑥，調理牛奶巧克力。

⑧ 重複作法⑤與作法⑥，調理白巧克力。若香堤伊鮮奶油霜略微縮小體積，可再拌打一下。

① 糖加入蛋黃中，拌打。

② 倒入百香果果汁（6 顆量），以文火熬煮 2 分鐘，熬成濃稠醬汁。

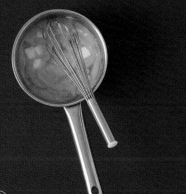

③ 鍋子離火，放入奶油，把醬汁倒入玻璃模中，放入冰箱冷藏。

④ 100c.c. 鮮奶油煮至沸騰，倒在巧克力塊上，充分攪拌後放涼。

⑤ 把 50c.c. 的鮮奶油打發成香堤伊鮮奶油霜（參見 491 頁），緩緩拌入溫熱的巧克力醬中（巧克力慕斯）。

百香果凝凍&巧克力慕斯

4 人份　　20 分鐘 +
　　　　　靜置 2 小時　　5 分鐘

百香果奶油醬食材：
百香果 8 顆
蛋黃 2 顆
糖 10 公克
已軟化的無鹽奶油 25 公克

巧克力慕斯食材：
牛奶巧克力 80 公克
鮮奶油 100c.c. + 50c.c.

烹煮前的備料程序：
將 6 顆百香果泥過篩，取 80 公克果汁。剩餘 2 顆百香果的果籽亦保留備用。

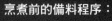

⑥ 把百香果籽（2 顆量）平均放入玻璃模中，倒入巧克力慕斯，放入冰箱冷藏 2 小時。

酥脆榛果雪糕

12 人份　35 分鐘 +　20 分鐘
　　　　靜置 4 小時

巧克力餅乾層食材：
法國嘉味提餅乾（gavotte）125 公克
比利時帕尼諾巧克力
（pralinoise）200 公克

英式香草蛋黃醬食材：
鮮奶 250c.c. 與蛋黃 3 顆
糖 10 公克與香草莢 1 根

巧克力慕斯食材：
牛奶巧克力 300 公克

鮮奶油 250c.c.

榛果奶酥食材：
麵粉 80 公克與糖 80 公克
已軟化無鹽奶油 80 公克
榛果粉 60 公克

烹煮前的備料程序：
用手指壓碎餅乾。
融化帕尼諾巧克力。

① 調製英式香草蛋黃醬（參見 488 頁）：鮮奶倒入蛋黃糖醬中，熬煮成濃稠醬汁。

② 把 150c.c. 的熱英式香草蛋黃醬倒入牛奶巧克力上，2 分鐘之後再攪拌，放涼。

③ 把非常冰涼的鮮奶油拌打成香堤伊鮮奶油霜（參見 491 頁），再把鮮奶油霜拌入放涼後的巧克力醬中，充分攪拌。

④ 巧克力慕斯醬倒入矽膠模中。放入冷凍庫 4 小時以上。

⑤ 奶酥食材全放在一個大盆中，徒手或用攪拌器拌勻，拌成餅乾粗屑狀。

⑥ 奶酥屑倒入烤盤中，以 180℃烘烤上色（15 至 20 分鐘）。放置備用。

⑨ 食用前，把入口即化的酥脆雪糕脫膜至餐盤上，再灑上榛果奶酥脆粒。

注意事項：
這道甜點也可使用馬芬蛋糕矽膠模，做成個人份的分量。脫膜時，把餐盤放在糕模上，翻轉倒扣俐落脫膜。

⑦ 把已融化的帕尼諾巧克力倒在嘉味提餅乾屑上，充分翻動，讓巧克力完整包裹住餅乾。

⑧ 當巧克力慕斯底層已定型，把巧克力餅乾倒入，用湯匙壓實，放入冰箱冷藏。

❶ 水加熱把糖融於水中。鍋子離火後，倒入威士忌，製成糖漿，放置備用。

❷ 把真空包裝的熟栗子與栗子醬一起攪拌研磨。

❸ 用打蛋器把栗子醬拌入奶油中。

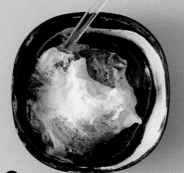

❹ 把 150c.c. 的鮮奶油與香草精拌打成紮實的香堤伊鮮奶油霜（參見 491 頁），再把香堤伊鮮奶油霜緩緩拌入栗子奶油醬中。

❺ 用保鮮膜鋪蛋盒子，把 1/3 栗子醬倒入盒子底部。把海綿蛋糕切成三塊面積比盒子略小的方形。

❻ 取一塊蛋糕方塊放入盒中，略微加壓，倒入適量糖漿，使糖漿浸濕糕體。再倒入另外 1/3 栗子醬，讓栗子醬滿出邊緣，放入栗子塊，加壓嵌入醬中。

❼ 重複上述作法，做出三層蛋糕＋栗子醬。蓋上盒蓋，放入冰箱冷藏 2 小時以上，讓方糕定型。

❽ 把熱鮮奶油倒在切成塊狀的巧克力上，調製糖衣抹醬（參見 491 頁）。

栗子可可方糕

12 人份　　45 分鐘 + 靜置 3 小時　　25 分鐘

食材：
已烘烤好的海綿蛋糕體 1 塊（參見 397 頁）

糖漿食材：
水 100c.c. 與糖 50 公克
威士忌 30c.c.（可有可無）

栗子奶油醬食材：
真空包裝的熟栗子 160 公克
栗子醬 450 公克
已軟化奶油 95 公克

鮮奶油 150c.c.
香草精 1 湯匙
糖漬栗子或是冰糖栗子 4 大顆

糖衣抹醬食材：
黑巧克力 150 公克
鮮奶油 150c.c.

烹煮前的備料程序：
以 180℃ 預熱烤箱。將麵粉、杏仁粉與可可粉過篩。

❾ 方糕脫膜至烤架上，再把烤架放在大盤上。把糖衣抹醬淋在方糕上，用小橡皮刀抹平，刮除多餘抹醬。把巧克力方糕放入冰箱冷藏，直到巧克力抹醬略微變硬為止。

私房小祕訣：
若是籌備餐宴，最好提前兩天準備此道糕點。把方糕留置盒中，用餐當天早上再淋上糖衣抹醬。

歐貝拉抹茶蛋糕

8 至 10 人份　　50 分鐘 +　　15 分鐘
　　　　　　　靜置 2 小時

海綿蛋糕（Biscuit Joconde）食材：
全蛋 4 顆與蛋白 4 顆
砂糖 10 公克
杏仁粉 150 公克
糖粉 150 公克
麵粉 40 公克
融化的無鹽奶油 35 公克
抹茶粉 10 公克
黑巧克力 60 公克

奶油醬食材：
砂糖 75 公克

置於室溫下的蛋黃 3 顆
已軟化的無鹽奶油 150 公克
抹茶 10 公克與水 300c.c.

甘納錫抹醬食材：
黑巧克力 200 公克
鮮奶 100c.c. 與鮮奶油 50c.c.
已軟化的無鹽奶油 50 公克

浸泡用香草糖漿食材：
砂糖 90 公克
香草莢 1 根

❶ 200 公克的黑巧克力切小塊，放入 50 公克切成小塊狀的軟化奶油裡。

❷ 鮮奶與鮮奶油煮至沸騰，倒入巧克力奶油醬中，調製甘納錫抹醬（參見 487 頁）。

❸ 攪拌成光滑的甘納錫抹醬。

❹ 把 90 公克砂糖、已刮除籽的香草莢與 200c.c. 的水一起加熱，當糖融化，取出香草莢，放置備用。

❺ 把 4 顆全蛋、杏仁粉與糖粉一起拌打，體積拌打成兩倍大（約需 3 分鐘）。

❻ 麵粉與 10 公克已過篩的抹茶粉一起倒入蛋糊中。

❼ 10 公克砂糖加入蛋白中，打發成雪霜狀。

❽ 蛋白雪霜緩緩拌入蛋糊中，最後再拌入已放涼的融化奶油。

9 在兩塊烤盤上鋪烘焙紙，倒入麵糊，送入烤箱以220℃烘烤8分鐘。當抹茶蛋糕降溫後，從烤盤中取出，剖成兩半。

10 用微波爐融化60公克的黑巧克力，把黑巧克力醬塗抹在抹茶蛋糕表面，放入冰箱冷藏。

11 調製奶油醬（參見419頁）：把水和糖加熱，當糖融化後，續煮5分鐘。

12 拌打蛋黃，把糖加入蛋汁中，再加入抹茶粉與奶油，攪拌得光滑且均勻。

13 抹茶蛋糕（抹了巧克力醬）從冰箱取出。用一把刷子沾取大量香草糖漿塗抹在蛋糕上層，讓蛋糕吸飽糖漿。

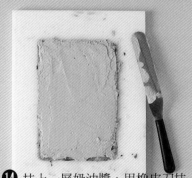

14 抹上一層奶油醬，用橡皮刀抹亮。

15 把第2層蛋糕疊放上去，同樣浸漬大量糖漿，再抹上一層甘納錫醬。

16 把第3層蛋糕疊放上去，浸漬大量糖漿後，倒入一層奶油醬。用完最後一片蛋糕與所剩的甘納錫醬。

17 放入冰箱冷藏至少2小時，享用前先用熱刀把不規則邊緣切除。

分層方式：

整體而言，共有4層吸飽糖漿的蛋糕層、2層奶油醬層與2層甘納錫醬層，分層如下：1蛋糕層、2奶油層、3蛋糕層、4甘納錫醬層、5蛋糕層、6奶油層、7蛋糕層、8甘納錫醬層。

焦糖巧克力派

6 至 8 人份　　30 分鐘　　20 分鐘
　　　　　　　　　　　　　靜置時間

食材：
甜酥派皮麵團 1 顆（參見 492 頁）

鹽味奶油焦糖食材：
糖 150 公克與含鹽奶油 15 公克
鮮奶油 150c.c.

甘納錫抹醬食材：
黑巧克力 180 公克
鮮奶油 150c.c.

烹煮前的備料程序：
派皮麵團擀平，放入已上油的
烤模，置於冷凍庫 15 分鐘。以
180℃預熱烤箱。

① 在派皮上鋪烘焙紙，再裝滿乾豆，送入烤箱無料烘烤 20 分鐘。

② 把糖與 1 湯匙的水放入小平底湯鍋中，加熱熬煮成漂亮的金黃色糖漿。

③ 鍋子離火，放在流理台上，緩緩倒入熱鮮奶油（小心沸滾與溢鍋的現象）。

④ 鍋子放回火上，加入含鹽奶油，續煮幾分鐘後放涼。

⑤ 把焦糖糖漿倒入放涼後的派皮底部，待糖漿層變硬。

⑥ 調製甘納錫抹醬（參見 487 頁）：加熱鮮奶油。

⑨ 放入冰箱冷藏，食用前再取出。

⑦ 把熱鮮奶油倒在巧克力上，2 分鐘後，再攪拌成光滑且均勻的巧克力甘納錫醬。

⑧ 當焦糖糖漿略微變硬，再倒入巧克力甘納錫醬加以覆蓋。

❶ 製作甜酥派皮（參見492頁）：可可粉加入麵粉中，用保鮮膜包裹麵團，放入冰箱靜置冷藏，讓麵團變得結實。

❷ 製作甘納錫醬：把200c.c.鮮奶油與即溶咖啡煮至沸騰，淋在巧克力上，靜置2分鐘。

卡布奇諾派

8人份　　**40分鐘**　　**25分鐘**
　　　　　　　　　　　　靜置時間

❸ 用攪拌棒以畫圓的方式從中心往外攪拌，放涼。

❹ 把150c.c.鮮奶油打發成香堤伊鮮奶油霜（參見491頁），再拌入溫熱的甘納錫醬中。放入冰箱冷藏。

可可風味甜酥派皮麵團食材：
奶油 140 公克與蛋 1 顆
糖 100 公克
麵粉 200 公克
杏仁粉 50 公克
無糖可可粉 10 公克
香草精 1 茶匙

馬斯卡朋乳酪醬食材：
馬斯卡朋乳酪 250 公克
濃度極高的義式濃縮咖啡 1 份

（或是將 1 茶匙即溶咖啡粉溶解在 50c.c. 的水中）
糖 10 公克（2 塊方糖）

咖啡口味甘納錫抹醬食材：
黑巧克力 250 公克
鮮奶油 200c.c. + 150c.c.
即溶咖啡粉 1 茶匙

烹煮前的備料程序：
以 180℃ 預熱烤箱。

❺ 冷麵團放在已灑上麵粉的工作檯上擀平，把派皮壓入已抹油的不沾黏烤模中。用叉子在麵皮底部戳洞，再放入冷凍庫中 15 分鐘。

❻ 鋪上烘焙紙，填滿烘焙重石或乾豆，放入烤箱無料烘烤 20 分鐘，脫膜至烤架上放涼。

❼ 用攪拌棒拌打馬斯卡朋乳酪與甜義式濃縮咖啡。把咖啡乳酪醬倒入已冰涼的派皮底部。

❽ 把甘納錫醬填入裝有條紋花樣擠花嘴的擠花袋中，在乳酪層上擠滿巧克力奶油小花。

❾ 把卡布奇諾派放入冰箱冷藏，食用前再取出。

注意事項：
烘烤前請把派皮放入冷凍庫。派皮愈涼，邊緣就愈耐烤。

私房小祕訣：
用刀尖在乳酪層上畫格子，這樣才能擠出正確數量的巧克力奶油小花。

紐約黑磚蛋糕

14 至 16 人份　　60 分鐘 +
　　　　　　　　靜置 2 小時　　　50 分鐘

食材：

鮮奶 500c.c.
細砂糖 500 公克
鹽半茶匙
玉米粉 5 湯匙
切成小塊的黑巧克力 170 公克
已融化奶油 50 公克
植物油 100c.c.
蛋 3 顆
香草精 2 茶匙

無糖可可粉 50 公克
泡打粉 1 湯匙
黑咖啡 170c.c.
低筋麵粉 200 公克
白脫乳 200c.c.

烹煮前的備料程序：

將兩個蛋糕模（直徑 23 公分）
上油。以 180℃預熱烤箱。

① 把鮮奶連同 250 公克的糖、鹽、玉米粉一起煮至沸騰，不時攪拌，使糖溶解。

② 加入巧克力，再次煮滾，不停攪拌，熬煮 3 至 4 分鐘，煮成濃稠狀。

③ 倒入碗中放涼 2 至 3 分鐘。以保鮮膜覆蓋，放入冰箱冷藏 45 分鐘。

④ 把奶油、剩餘的糖與油倒入大盆中，拌打出輕盈質地。

⑤ 放入蛋後攪拌均勻。

⑥ 一邊減速拌打，一邊放入香草精、可可粉、泡打粉與咖啡。

⑦ 拌入已過篩的麵粉，再加入白脫乳，充分攪拌。

⑧ 麵糊倒入蛋糕模中，烘烤 30 分鐘。留置蛋糕模中，15 分鐘後再脫膜。

⑨ 當糕體已降溫，以鋸齒刀將蛋糕剖切成四層。先把三層糕體放至一旁。

⑩ 把留下的糕體捏成粗塊狀，放入烤箱烘烤 20 分鐘，把蛋糕屑烤得酥脆。

⑪ 把一糕體放至餐盤上（最規則漂亮的那面朝上擺放），抹上已放涼的巧克力醬。

⑫ 用另一塊糕體覆蓋，再抹上巧克力醬，最後蓋上最後一層蛋糕體。

⑬ 把剩餘的巧克力醬全抹在蛋糕的上表面與周圍。

⑭ 把蛋糕放入冰箱冷藏 2 小時以上，最後分兩次在蛋糕表面灑上蛋糕脆粒。

私房小祕訣：
這道甜點最好出爐當天享用。可使用壓碎的 Oreo® 餅乾取代蛋糕脆粒。烤完蛋糕後，請勿降低烤箱熱度，可續烤裝飾用的蛋糕脆粒。

三王朝聖餅

6 至 8 人份　　**30 分鐘**　　**35 分鐘**

食材：
千層派皮麵團 450 公克（參見 416 頁）
派皮上色用的蛋 1 顆

內餡醬食材：
杏仁奶油醬 300 公克（參見 486 頁）

卡士達奶油醬 350 公克（參見 489 頁）

烹煮前的備料程序：
以 240℃ 預熱烤箱。調製濃稠度適中的卡士達奶油醬，取用 125 公克調製此道甜點。其餘部分放入冰箱冷藏。

❾ 送入烤箱以 240℃ 烘烤。當餅皮膨脹隆起（約烤 15 分鐘），把溫度調至 200℃，全程烘烤時間為 35 分鐘。以溫熱或室溫溫度食用皆宜。

❶ 以每次一湯匙的量，將卡士達奶油醬緩緩拌入杏仁奶油醬。以保鮮膜包好後，放入冰箱冷藏。

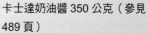

❸ 第一塊餅皮放至已鋪上烘焙紙的烤盤，切成直徑 24 公分的圓盤狀。

❺ 把作法❶的奶油醬抹在餅皮上，從中心位置往外抹，抹至離邊緣 3 公分處。

❼ 用刷子把蛋汁刷在餅皮上。用刀子從餅面中心畫出數道圓弧刀痕。

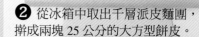

❷ 從冰箱中取出千層派皮麵團，擀成兩塊 25 公分的大方型餅皮。

❹ 沿著圓盤餅皮邊緣 1 公分寬處抹上蛋汁。將第 2 塊方形餅皮也切成圓形狀。

❻ 蓋上第 2 張餅皮，在邊緣處用力加壓，讓 2 張餅皮相黏。

❽ 沿著餅緣劃上幾道淺切口。在餅皮上戳幾個小洞（在餅皮中心位置戳一個大洞）。放入冰箱冷藏 30 分鐘。

法式千層酥

🍴 4 人份　🥄 25 分鐘　🍲 15 分鐘

❶ 把香堤伊鮮奶油霜一湯匙一湯匙拌入卡士達奶油醬中。

❷ 覆蓋保鮮膜，放入冰箱冷藏。

❸ 把麵團擀成與糕點烤盤同大（約 2 至 3 公釐厚度的派皮）。

❹ 用銳利的刀子把麵皮切成 12 塊長方形。用細叉子在派皮上戳洞。

❺ 把半數派皮放在烤盤上（其餘一半放入冰箱冷藏），送入烤箱烘烤 10 分鐘（切勿烘烤上色）。再烤另一半派皮。

❻ 預熱烤架。挑選 4 片派皮，翻面後（把未膨脹的那面朝上）灑上糖粉，放至烤架下層 1 分鐘，把糖粉烤成焦糖狀。

食材：
卡士達奶油醬 350 公克（參見 489 頁）
香堤伊鮮奶油霜 55 公克（參見 491 頁）
千層派皮麵團 450 公克（參見 416 頁）
糖粉 10 公克

烹煮前的備料程序：
調製濃稠度適中的卡士達奶油醬，放入冰箱冷藏備用。以 220℃ 預熱烤箱。把烘焙紙鋪在烤盤上。

❼ 在其他派皮酥片上抹一層卡士達奶油醬。

❽ 分別將兩塊酥片雙雙疊起，以抹有焦糖的酥片加以覆蓋。

❾ 趕緊享用，以免卡士達奶油醬把酥皮浸軟了。

擺盤建議：
也可做成單個大酥餅狀（先在邊緣畫線），再切成小等分。

菜色變化：
增加香堤伊鮮奶油霜的比重，即可調製出質地非常清爽的卡士達奶油醬。

基本用料

烹飪調味用料

醬汁

綜合歐式香草油

300C.C.　　10 分鐘 +　　　—
　　　　　靜置 24 小時

食材：
細香蔥 1 把
只摘取葉子用的洋香菜半把
只摘取葉子用的水芥菜 1 把
油菜籽油 250c.c.
橄欖油 4 湯匙

料理方式：
把洗淨的洋香菜放入沸騰的鹽水中
汆燙 15 秒，取出過完冰水後，瀝
乾水分，用乾布將所有蔬菜擦乾，
把油與蔬菜放入食物調理機中打成
泥 3 至 4 分鐘，用篩網過濾後，放
入冰箱靜置 24 小時。

菜色變化：
可用芝麻菜代替水芥菜，或是單純
調製洋香菜油。

橘香鹽

4 人份　　5 分鐘 +　　　—
　　　　　靜置 24 小時

食材：
有機薄皮小柑橘 1 顆
鹽 50 公克

料理方式：
把有機小柑橘的皮剝下，風乾一
天，連同鹽加以磨細。

抹茶風味鹽

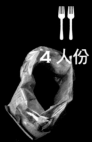

4 人份　　5 分鐘　　　—

食材：
抹茶粉 2 茶匙
鹽 50 公克

料理方式：
把 2 湯匙的抹茶粉與 50 公克的鹽
攪拌均勻。

橘香油

300C.C.　　10 分鐘 +　　3 小時
　　　　　靜置 24 小時

食材：
橄欖油 200c.c.
薄皮小柑橘 1 顆
葡萄柚半顆

料理方式：
緩緩加熱橄欖油，放入小柑橘及半
顆葡萄柚剝下的外皮細末，以極微
火熱煮浸漬 3 小時，過濾後再靜置
24 小時。

香草油

🍴🍴 300C.C.　🥄 5 分鐘 +
靜置 24 小時　🍲 3 小時

食材：
橄欖油 200c.c.
香草莢 2 根

料理方式：
以微火緩緩加熱橄欖油，放入剖開
的香草莢，再以極微火浸漬 3 小
時。過濾後再靜置 24 小時。

青檸檬風味鹽

🍴🍴 4 人份　🥄 5 分鐘 +
靜置 24 小時　🍲 —

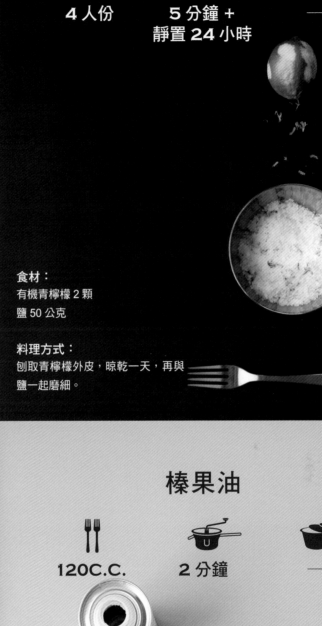

食材：
有機青檸檬 2 顆
鹽 50 公克

料理方式：
刨取青檸檬外皮，晾乾一天，再與
鹽一起磨細。

椰香鹽

🍴🍴 4 人份　🥄 5 分鐘　🍲

食材：
優質椰仁粉 50 公克
鹽 50 公克

料理方式：
把椰仁粉與鹽一起攪拌均勻。

榛果油

🍴🍴 120C.C.　🥄 2 分鐘　🍲 —

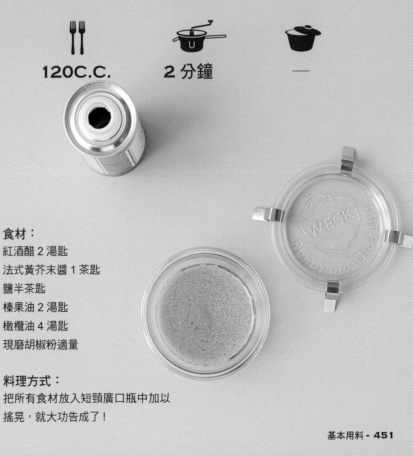

食材：
紅酒醋 2 湯匙
法式黃芥末醬 1 茶匙
鹽半茶匙
榛果油 2 湯匙
橄欖油 4 湯匙
現磨胡椒粉適量

料理方式：
把所有食材放入短頸廣口瓶中加以
搖晃，就大功告成了！

法式傳統醋醬

120C.C.　　5 分鐘　　—

食材：
紅酒醋 2 湯匙
法式黃芥末醬 2 茶匙
鹽半茶匙
現磨胡椒粉數圈
葵花籽油或橄欖油 6 湯匙

料理方式：
在碗裡倒入醋、芥末醬與鹽，用湯匙加以攪拌（鹽必須攪到溶解）。一邊攪拌一邊倒油，再以胡椒粉調味。用此道醬汁搭配有名的「醋味韭蔥」最棒不過了。

柑檸茴香醬

120C.C.　　5 分鐘　　—

食材：
柳橙 1 顆
青檸檬 1 顆
蜂蜜 1 湯匙
小茴香粉半茶匙
紅辣椒 1 小段
橄欖油 1 湯匙
芫荽 4 小株

料理方式：
把柳橙汁、青檸檬汁、蜂蜜、小茴香粉、辣椒細末與橄欖油拌在一起。加入洗淨的芫荽葉充分拌勻即可。

凱薩沙拉醬

180C.C.　　15 分鐘　　—

食材：
油漬鯷魚 2 尾
蛋黃 1 顆
蒜頭 1 瓣
檸檬 1 顆
梅林辣醬油（Worcestershire）些許
法式黃芥末醬 1 茶匙
橄欖油 150c.c.

料理方式：
剝除蒜膜後拍扁，鯷魚切成細末狀，榨取檸檬汁。把蛋黃、蒜末、鯷魚末、梅林辣醬油、芥末醬與 1 湯匙檸檬汁一起攪拌。再緩緩倒入油，調成濃稠的流質醬汁。這是優質凱薩沙拉不可或缺的要素。

蜂蜜醋醬

120C.C.　　10 分鐘　　—

食材：
法式黃芥末醬 1 茶匙
蜂蜜 1 茶匙
檸檬汁 2 至 3 湯匙
鹽 1 小撮
現磨胡椒粉適量
橄欖油 6 湯匙

料理方式：
除了油之外，所有食材放入碗中充分攪拌，再一邊拌打、一邊緩緩把油倒入即可。可將蜂蜜醋醬佐以雞絲沙拉一起食用。

蒜泥蛋黃醬

  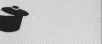

4 至 6 人份　　15 分鐘　　—

料理方式：
將蒜頭與鹽一起磨成泥。把蛋黃放在沙拉盆中，再加入鹽蒜末與芥末醬加以拌打，先加入數滴油，再以細流量慢慢倒入，最後用檸檬汁與胡椒粉調味。

食材：
蒜頭 2-4 瓣（依個人口味增減）
鹽 1 茶匙
蛋黃 1 顆
迪戎黃芥末醬 1 茶匙
橄欖油 100c.c.
植物油 200c.c.
檸檬汁 1-2 茶匙
現磨胡椒粉適量

美乃滋

4 至 6 人份　　15 分鐘　　—

料理方式：
蛋黃放入大沙拉盆中，加入鹽與芥末醬拌打均勻（以手持攪拌棒或攪拌器均可）。先滴入一滴油拌打，再陸續一滴滴慢慢加入，直到整個醬汁變得濃稠。加完 1/3 油量後，以細流量，一邊添加一邊拌打。待醬汁打發後，再以些許檸檬汁與胡椒粉加以調味。

失敗的美乃滋補救方法：
重新打顆蛋黃，慢慢加入打壞的醬汁與剩餘的油，不斷拌打。

食材：
蛋黃 1 顆
鹽 1 茶匙
迪戎黃芥末醬 1 茶匙
植物油 300c.c.
檸檬汁 1-2 茶匙
現磨胡椒粉適量

雞尾酒醬

4 人份　　10 分鐘　　—

食材：
番茄醬 3 湯匙
梅林辣醬油（Worcestershire）1 湯匙
干邑白蘭地或威士忌些許
傳統美乃滋醬 1 份
榨汁用檸檬 1 顆

料理方式：
把所有食材拌在一起，再緩緩加入檸檬汁（1 顆檸檬的量），先嚐嚐味道，必要時再調味。

綠仙子青醬

4 人份　　10 分鐘　　—

食材：
傳統美乃滋醬 1 份
切成細末的羅勒葉 3 小株
切成細末的洋香菜 3 小株
切成細末的細香蔥 3 小株
切成細末的歐芹 3 小株
拍扁的油漬鯷魚 2-3 尾
醋 2 茶匙
鮮奶油 3 湯匙

料理方式：
準備一份傳統美乃滋醬，再把其他食材加入拌勻，品嚐味道後再加以調味。

蒜辣蛋黃醬

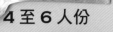

4 至 6 人份　　25 分鐘　　—

食材：

番紅花絲 1 小撮

麵包粉（自製為佳）100 公克

蒜頭 3 瓣

紅辣椒乾 3 小根或卡宴紅辣椒粉

（Cayenne）半茶匙

鹽之花 1 小撮

蛋黃 1 顆

橄欖油 180c.c.

鹽適量

料理方式：

番紅花放入 2 湯匙的水中，溶解後再加入麵包粉拌勻。若麵包粉太乾，可再加些許的水（需將麵包粉調成膏狀）。把辣椒、鹽與蒜頭放入研缽中磨細，再加入蛋黃充分攪拌。所有醬料食材放在大沙拉盆中，緩緩加入番紅花麵包糊，充分攪拌，再慢慢放油，如同拌打美乃滋，先將油一滴一滴倒入。接著再以細流量倒入，倒油過程中須不停攪拌，必要時再加以調味。

法式酸黃瓜熟蛋黃醬

4 至 6 人份　　20 分鐘　　9 分鐘

食材：

蛋 3 顆

法式黃芥末醬 1 湯匙

油 400c.c.

紅酒醋 1 茶匙

酸黃瓜 25 公克與酸豆 25 公克

洋香菜 6 小株

細香蔥 6 小株

歐芹 6 小株

龍蒿 1 小株

鹽、胡椒粉適量

料理方式：

雞蛋煮至全熟（沸騰後，再續煮 9 分鐘），剝去蛋殼。把蛋黃放在大碗中，用叉子壓碎，並用網篩過篩，加入芥末醬、醋、些許鹽與胡椒粉。清洗香草料、拭乾水分，摘取葉片並切成細末。蛋白切小丁，酸黃瓜與酸豆切細末。緩緩將油一滴滴加入，彷如調製美乃滋醬。然後再放入香菜細末、酸黃瓜細末與酸豆末。最後加入小蛋白丁，就大功告成了！

薑汁醬油

2 人份　　10 分鐘　　5 分鐘

食材：

沙拉油 1 湯匙

麻油 1 茶匙（可有可無）

薑 1 塊（3 至 4 公分）

淡色醬油 2 湯匙

砂糖 1/4 茶匙

料理方式：

以平底鍋熱油，刨除薑皮切絲，略煎薑絲數分鐘。熄火後，加入糖與醬油，充分攪拌。此道醬汁特別適合用來搭配清蒸魚。

阿根廷芹香酸辣醬

4 人份　　20 分鐘　　3 小時

食材：

橄欖油 125c.c.

紅酒醋 60c.c.

非常細嫩的洋蔥 6 小顆（或是春蔥 2 根）

洋香菜半把

芫荽 5 小株

蒜頭 3-4 瓣

新鮮辣椒 1 小段（或是卡宴辣椒粉些許）

鹽、胡椒粉適量

料理方式：

剝去洋蔥與蒜頭外皮，切細末。香菜食材洗淨、瀝乾水分，摘取葉片，切細末。辣椒切小丁。拌打油與醋（或是將油醋倒入廣口瓶中加以搖勻），加入所有食材（辣椒數量依個人口味添加），醃漬數小時後再食用。此道醬汁非常適合搭配優質香腸一起食用。

青醬

🍴 4 人份　　🥄 15 分鐘　　🍲 —

食材：
檸檬 1 顆
細香蔥半把
洋香菜半把
歐芹半把
橄欖油 5 湯匙
酸豆 2 茶匙
鹽適量

料理方式：
刨取半顆檸檬皮細末，榨取檸檬
汁。把香草蔬菜、橄欖油、酸豆與
1 湯匙檸檬汁一起研磨，嚐味道，
必要時以橄欖油加以稀釋。

鰻魚芥末醬

🍴 3 至 4 人份　　🥄 10 分鐘　　🍲 —

食材：
鰻魚 3 尾
摘葉用洋香菜 8 小株
法式黃芥末醬 1 茶匙
橄欖油 4-6 湯匙
檸檬汁適量

料理方式：
鰻魚、洋香菜、芥末醬、橄欖油與
些許檸檬汁一起研磨。把黏在研磨
盆壁緣的醬料刮下，嚐味道，必要
時以檸檬汁加以稀釋，或以橄欖油
稀釋亦可。

塔哈朵檸檬芝麻醬

🍴 200C.C.　　🥄 10 分鐘　　🍲 —

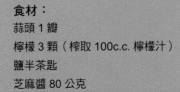

料理方式：
剝除蒜膜、去芽，切細末。榨取檸
檬汁。蒜末、鹽、檸檬汁放入碗中
拌勻，加入芝麻醬，一邊少量分次
加水，一邊攪拌，直到調出油亮濃
稠醬汁。倒入密封容器中放入冰箱
冷藏。

食材：
蒜頭 1 瓣
檸檬 3 顆（榨取 100c.c. 檸檬汁）
鹽半茶匙
芝麻醬 80 公克

青蘋果辣根醬

🍴 6 人份　　🥄 15 分鐘　　🍲 —

料理方式：
青蘋果削皮，刨取果肉。洋香菜洗
淨、瀝乾水分，摘取葉片切成細
末。把蘋果絲、辣根泥、1 湯匙檸
檬汁、糖與些許鹽一起拌勻。蓋上
保鮮膜，放入冰箱靜置冷藏 30 分
鐘。倒入優格或鮮奶油，必要時以
鹽與檸檬調味。灑上洋香菜細末，
佐以牛肉薄片沙拉一起食用。

食材：
罐裝辣根泥（raifort）4 湯匙
青蘋果 1 顆
榨汁用檸檬 1 顆
糖 1 小撮
Fjord 品牌優格或經過拌打的鮮奶
油 3 湯匙
洋香菜 2 小株
鹽適量

藍紋乳酪醬

🍴🍴 **2 人份**　　🔧 **5 分鐘**　　🍲 **5 分鐘**

食材：
藍紋乳酪 100 公克
鮮奶油 150c.c.
Fjord 品牌優格 50c.c.（可有可無）
鹽、胡椒粉適量

料理方式：
乳酪與鮮奶油放入小平底鍋中，緩緩融化乳酪。不停翻攪，煮至沸騰。當醬汁濃度可輕易附著湯匙表面，即可將鍋子離火。若是偏好較為清爽的口感，可加入優格與些許酸味食材。必要時以鹽與胡椒粉調味（請注意：乳酪已含鹽分）。

綠胡椒醬

🍴🍴 **2 至 3 人份**　　🔧 **10 分鐘**　　🍲 **15 分鐘**

食材：
罐裝整顆綠胡椒 2-3 湯匙
白酒醋 100c.c.
紅蔥頭 1 顆
鮮奶油 200c.c.
迪戎黃芥末醬 2 茶匙

料理方式：
將 1 小杯水與醋汁緩緩煮至沸騰。加入紅蔥頭細末，熬煮收汁成 2 湯匙的湯汁。將湯汁過濾，丟棄紅蔥頭末，把綠胡椒放入濃縮的醋汁中，鍋子放回火上，加入鮮奶油與芥末醬，緩緩煮至沸騰，以極微火熬煮收汁 2 至 3 分鐘即可。略微調味後，搭配肉類料理一起食用。

法式貝亞奈司醬

4 人份　　　10 分鐘　　　—

料理方式：

紅蔥頭剝去外皮，切細末，與醋汁、胡椒、龍蒿一起放入小平底湯鍋中，煮至沸騰，熬煮到只剩少許液體。把香草食材與胡椒粒取出。蛋黃放入小碗裡，再把碗放入微滾的水中隔水加熱。一邊攪拌，一邊把濃縮的醋汁倒入蛋黃中，再把小奶油塊逐次放入，不停拌攪。當半量的奶油已拌入，即可熄火，最後在離火狀態，放入剩餘的奶油。醬汁應呈現濃稠油亮，可加點鹽調味。

食材：

紅蔥頭 1 顆
龍蒿醋或白酒醋 50c.c.
胡椒粒 4 顆
龍蒿 3 小株
蛋黃 2 顆
非常軟的奶油 150 公克

韃韃醬

4 人份　　　10 分鐘

食材：

鹽 1 茶匙
蛋黃 1 顆
迪戎黃芥末醬 1 茶匙
橄欖油 100c.c.
植物油 200c.c.
檸檬汁 1 或 2 茶匙
洋香菜 4 小株
酸豆 6-7 顆
酸黃瓜 3-4 根
紅蔥頭 1 顆
番茄醬 2 湯匙
塔巴斯克辣椒醬（Tabasco）1 茶匙
胡椒粉適量

料理方式：

蛋黃放入大沙拉盆中，加入鹽與芥末醬，加以拌打（以手持攪拌棒或攪拌器均可），拌打過程中，將油一滴滴加入，直到醬汁呈現濃稠狀態。當已倒入 1/3 量的油後，即可以細流量慢慢加入，並不停拌打。當醬汁打發，以些許的檸檬汁與胡椒粉調味。放入洋香菜末、酸豆末、酸黃瓜末、紅蔥頭末，再加入番茄醬與塔巴斯克辣椒醬，加以拌勻。

傳統荷蘭蛋黃醬

4 人份　　5 分鐘　　15 分鐘

澄清奶油作法：
將 125 公克奶油加熱融化，以文火爆油 10 至 15 分鐘，再把油倒入裝有紗布的篩網過篩。

食材：
蛋黃 3 顆
融化且溫熱的澄清奶油 125 公克
檸檬汁 3 茶匙
鹽、胡椒粉適量

料理方式：
把蛋黃與檸檬汁放入食物調理機中，拌打成慕斯狀。一邊拌打，一邊一滴滴倒入奶油，最後以細流量把奶油倒入。

義式白醬

600C.C.　　2 分鐘　　15 分鐘

食材：
麵粉 40 公克
奶油 50 公克
鮮奶 600c.c.
鹽、胡椒粉適量
現磨肉豆蔻粉 1 小撮
奶油 1 小球或鮮奶油 1 湯匙

料理方式：
加熱平底湯鍋融化奶油。離火後，把麵粉倒入，用木杓攪拌均勻。再放回火上，以中火加熱，陸續倒入鮮奶（先加 1 湯匙後，再加 2 湯匙），當鮮奶已全拌入醬汁中，以極微火熬煮白醬 7 至 8 分鐘。加入肉豆蔻粉、鹽與胡椒粉。若想調出更濃稠的醬汁，可再加入奶油或鮮奶油。

白酒奶油醬

4 人份　　15 分鐘　　10 分鐘

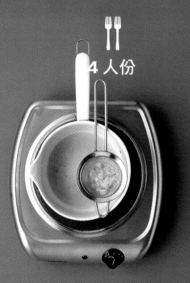

食材：
不甜白酒（麝香白葡萄酒種類）100c.c.
白酒醋 3 湯匙
紅蔥頭 1 顆
冰奶油 125 公克
鹽、胡椒粉適量

料理方式：
酒、醋、紅蔥頭細末全放入小平底湯鍋中，以文火加熱。加點鹽與胡椒粉，熬煮收汁成 3/4 的量。過濾後，再放回鍋中熬煮收汁，並把紅蔥末丟除。離火後分次加入切成小塊狀的奶油。必要時，可將鍋子放回火上加熱，拌勻奶油。無須將奶油融化，變軟即可。品嚐確認味道後，即可佐餐食用。

橙香荷蘭蛋黃醬

4 人份　　10 分鐘　　—

食材：
蛋黃 3 顆
已融化且溫熱的澄清奶油 125 公克
柳橙汁 3 茶匙
鹽、胡椒粉適量

料理方式：
蛋黃與柳橙汁放入食物調理機中，拌打成慕斯狀。一邊拌打，一邊一滴滴倒入澄清奶油，最後以細流量把奶油倒入，接著將些許橙皮細末灑入醬中。

檸檬杏仁奶油

200 公克   **5 分鐘**   —

食材：
烤杏仁細粒 40 公克
刨取細末用檸檬 2 顆
檸檬汁（1 顆檸檬的量）
已軟化的無鹽奶油 200 公克

料理方式：
把所有的食材拌勻，加點鹽與胡椒
粉。用保鮮膜包裹醬料，放入冰箱
冷藏。

私房小祕訣：
把醬料擠出切塊，再用保鮮膜包裹
醬料塊，放入冷凍庫冷凍。

綜合香草奶油醬

200 公克   **10 分鐘**   —

食材：
紅蔥頭 1 顆
洋香菜半把
細香蔥半把
切成細末的蒜頭 2 瓣
已軟化的無鹽奶油 200 公克

料理方式：
香菜食材切細末。把所有的食材拌
勻，加點鹽與胡椒粉。用保鮮膜把
醬料包裹成粗捲狀。

私房小祕訣：
把醬料擠出切塊，再用保鮮膜包裹
醬料塊，放入冷凍庫冷凍。

橙橘奶油

200 公克   **30 分鐘**   —

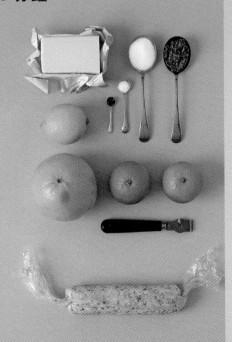

食材：
汆燙過且切成細末的柑橘皮與榨汁
用食材：柳橙 2 顆、柚子 1 小顆與
檸檬 1 顆
法式黃芥末醬 1 湯匙
已軟化的無鹽奶油 200 公克

料理方式：
橙汁與 15 公克糖一起熬煮收汁成
半量醬汁，把醬汁、柑橘細末、1
湯匙芥末醬與奶油一起拌勻。加點
鹽與胡椒粉。用保鮮膜把奶油醬包
裹成粗捲狀，放入冰箱冷藏。

番茄羅勒奶油醬

200 公克   **10 分鐘**   —

食材：
帕馬森乳酪絲 50 公克
切成細末的油漬番茄 60 公克
切成細末的羅勒葉 1 把
法式黃芥末醬 1 湯匙
已軟化的無鹽奶油 200 公克
愛斯柏雷特辣椒粉（piment
d' Espelette）1 茶匙
鹽適量

料理方式：
把所有食材與 200 公克軟化的奶
油攪拌均勻，加入 1 湯匙芥末醬，
加點鹽與 1 茶匙愛斯伯雷特辣椒粉
（piment d' Espelette）增添風味。
用保鮮膜把醬料包裹成粗捲狀。

生番茄醬

4 人份　　20 分鐘　　—

食材：
新鮮番茄半公斤
羅勒葉 6-8 小株
蒜頭（可有可無）
橄欖油適量
鹽、胡椒粉適量

料理方式：
新鮮番茄放入滾水中汆燙 30 秒後剝皮、去籽，切成小塊狀。把番茄丁與羅勒葉拌勻，依照個人喜好，倒入橄欖油、些許胡椒粉、鹽與拍扁的蒜瓣。蓋上保鮮膜，放入冰箱冷藏。

番茄辣椒莎莎醬

4 人份　　15 分鐘
　　　　　+30 分鐘　　—

食材：
果香味重的熟番茄 4 顆
春蔥 2 根（或是洋蔥 1 顆）
青檸檬 1 顆
芫荽半把
龍舌蘭酒些許
紅辣椒 1 小段
鹽、胡椒粉適量

料理方式：
番茄全切小丁。芫荽洗淨、瀝乾水分，摘取葉片。洋蔥剝除外皮，切細末。把洋蔥末與芫荽浸入冰水中。芫荽葉切細末，辣椒（去籽）切小塊。把所有食材拌在一起。調味方式：加點檸檬汁、龍舌蘭酒、鹽與胡椒粉，放入冰箱冷藏 30 分鐘以上，讓味道充分釋放。

番茄三重奏醬

4 人份　　20 分鐘　　40 分鐘

料理方式：

把 250 公克的櫻桃番茄放在烤盤上，淋上 2 湯匙的橄欖油，放入烤箱以 220 ℃烘烤 40 分鐘。將烤好的小番茄連同湯汁與 250 公克的生櫻桃小番茄及剖半且已泡軟的番茄乾一起拌勻。加入洋香菜細末、2 湯匙油、鹽與胡椒粉即可。

食材：

櫻桃小番茄 500 公克
橄欖油 4 湯匙
再次浸水或浸油的番茄乾 50-75 公克
洋香菜 6 小株
鹽、胡椒粉適量

自製番茄醬

2 罐
每罐 250 公克　　20 分鐘　　1 小時 15 分

料理方式：

蒜膜與洋蔥剝去外皮。洋蔥、甜椒與去皮薑塊切成大塊狀。番茄浸入滾水中，剝去番茄皮，切細塊。把番茄、洋蔥、蒜瓣、甜椒放入大炒鍋中，加入半量的醋、檸檬皮細末與檸檬汁，以中火翻炒 15 分鐘。所有拌炒後的食材加以研磨，再倒回小平底湯鍋中，倒入剩餘的醋與鹽。把所有的香料食材（芥末籽、胡椒粒、芫荽籽、丁香、肉桂棒與薑塊）放入紗布中，用棉繩綁緊，放至番茄醬上。以微火熬煮 1 小時，把醬汁熬煮收汁成濃稠狀。取出香料包，大功告成囉！
把醬汁倒入殺菌後的玻璃罐或塑膠保鮮盒中，放入冰箱冷藏。（玻璃罐的保鮮期較長）。當醬汁變冷，

食材：

非常熟的番茄 1 公斤
紅甜椒或黃甜椒 1 顆
洋蔥 1 顆與蒜頭 4 瓣
紅酒醋 8 湯匙
糖 90 公克
檸檬皮細末 1 小撮
檸檬汁些許
鹽 1 滿茶匙
芥末籽 1 茶匙
胡椒粒半湯匙
芫荽籽 1/4 湯匙
丁香半茶匙
肉桂棒 1 小根

羅勒青醬

6 人份　　15 分鐘　　—

食材：
羅勒葉片手抓 6-8 把（約 100 公克）
松子 20 公克
青核桃仁 10 公克
去芽的蒜頭 1 瓣
橄欖油 100c.c.
帕馬森乳酪絲 30 公克
粗鹽、胡椒粉適量

料理方式：
羅勒葉洗淨。把食物調理機的容器
連同刀刃放入冷凍庫 1 小時（以避
免研磨時刀刃溫度過高，讓醬汁過
熱損及香氣）。用平底不沾鍋不停
翻炒乾烤松子後放涼。羅勒葉連同
烤松子、核桃仁、拍扁的蒜瓣、1
小撮鹽與些許胡椒粉放至食物調理
機研磨。30 秒後，再加入帕馬森
乳酪絲，並以細流量倒入橄欖油即
可。搭配莫札瑞拉乳酪塗抹在義式
土司上，或是直接以煮麵水稀釋，
佐麵條一起食用都很棒喔！

水芥菜青醬

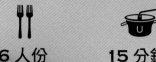

6 人份　　15 分鐘　　—

食材：
芥菜葉手抓 6-8 把（約 100 公克）
炒過的去皮杏仁 20 公克
核桃 10 公克
去芽蒜頭 1 瓣
橄欖油 100c.c.
帕馬森乳酪絲 30 公克
粗鹽、胡椒粉適量

料理方式：
所有食材加以研磨（如同調製羅勒
青醬一樣），用叉子把帕馬森乳酪
拌入。嚐味道，必要時加點橄欖
油。

薄荷青醬

6 人份　　15 分鐘　　5 分鐘

食材：
羅勒葉 50 公克
薄荷葉 50 公克
去皮杏仁 10 公克
松子 10 公克
核桃 10 公克
去芽蒜頭 1 瓣
橄欖油 100c.c.
帕馬森乳酪絲 30 公克
粗鹽、胡椒粉適量

料理方式：
用平底鍋乾炒核桃（均勻拌炒，別
把核桃炒焦了）。除了橄欖油之
外，把所有食材放入研缽中研磨，
再一湯匙一湯匙地把橄欖油加入。

紅青醬

6 人份　　15 分鐘　　—

食材：
蒜頭 1 或 2 瓣
羅勒葉 1 大把
番茄乾 30 公克
帕馬森乳酪 25 公克
橄欖油 60c.c.

料理方式：
剝去蒜膜，摘取羅勒葉片，番茄乾
放入熱水中泡軟，帕馬森乳酪刨成
細末。把吸飽水的番茄乾、蒜瓣、
羅勒葉與橄欖油加以研磨，必要
時，可加入些許浸泡番茄的水。最
後加入帕馬森乳酪粉，略加調味。

莫札瑞拉羅勒青醬

🍴 4 人份　　🥣 5 分鐘　　🍲 —

食材：
羅勒青醬 1 份
莫札瑞拉水牛乳酪 1 球

料理方式：
羅勒青醬與莫札瑞拉乳酪一起打成
泥，倒入足量的莫札瑞拉乳酪水，
以研磨出乳狀質地。塗抹香脆長麵
包或是將香脆長麵包浸入青醬中沾
取食用。

西西里風味青醬

🍴 6 至 8 人份　　🥣 10 分鐘　　🍲 —

食材：
去籽的甜黑橄欖 40 公克
去籽綠橄欖 40 公克
去除鹽分的酸豆 40 公克
番茄乾 40 公克
奧勒岡乾草 1 湯匙
羅勒葉手抓 1 小把
新鮮洋香菜手抓 2 小把
橄欖油 100c.c.

料理方式：
把橄欖、酸豆、番茄乾、奧勒岡乾草、
洋香菜與羅勒葉一起研磨，以細流量倒
入橄欖油，研磨成濃稠油亮醬汁。

食用建議：
可把此醬汁抹在義式土司上，或是倒點
煮麵水加以稀釋，佐麵條食用。

開心果醬

🍴 8 人份　　🥣 10 分鐘　　🍲 10 分鐘

食材：
生開心果 120 公克
芝麻菜 50 公克
佩克里諾乳酪（pecorino ramano）
50 公克
橄欖油 150c.c.
鹽、胡椒粉、肉豆蔻仁適量

料理方式：
把去皮生開心果放入烤箱中以 170 ℃
烘烤 10 分鐘。放涼後，連同芝麻菜、
現刨的佩克里諾乳酪絲一起打成泥。以
細流量倒入橄欖油，研磨成泥醬狀。以
些許鹽、胡椒粉與肉豆蔻粉加以調味。

朝鮮薊醬

🍴 6 至 8 人份　　🥣 30 分鐘　　🍲 —

料理方式：
杏仁放入平底鍋中略烤，再切成粗
粒狀。另取平底鍋加熱 2 湯匙橄欖
油、蒜瓣與半量洋香菜。放入朝鮮
薊花蕾，以大火香煎朝鮮薊雙面。
以鹽調味，加入 50c.c. 水，蓋上鍋
蓋，以文火續煮 10 分鐘。把溫熱
的朝鮮薊、杏仁粒、第 2 瓣蒜頭、
帕馬森乳酪絲與洋香菜細末加以研
磨，以細流量倒入橄欖油，研磨成
油亮濃稠泥狀。

食材：
新鮮或是冷凍的朝鮮薊花蕾 8 份
去芽蒜頭 2 瓣
去皮杏仁 30 公克
洋香菜手抓 1 把
現磨帕馬森乳酪粉 40 公克
橄欖油 70c.c.
鹽、胡椒粉適量

大蒜芥末醬

500C.C.　　**20 分鐘 +
靜置 12 小時**　　**15 分鐘**

食材：
黃芥末籽 100 公克
芥末粉 1 湯匙
白酒醋 250c.c.
剖半的蒜頭 2 瓣
砂糖 1 茶匙
洋香菜細末 2 湯匙
檸檬汁 2 茶匙
海鹽半茶匙

料理方式：
把籽類食材、芥末粉、125c.c. 水放入非金屬碗中，加以覆蓋，靜置一夜。隔天，加熱醋、蒜瓣與糖，以文火攪拌熬煮糖醋水，直到糖完全融化。煮至沸騰後，繼續熬煮 10 分鐘，當蒜瓣變軟時，即代表熬煮完成。把芥末醬連同放涼的糖醋水、洋香菜細末、檸檬汁與鹽攪拌研磨均勻。裝至乾淨且乾燥的熱玻璃罐中，裝至罐口，緊密加蓋，靜置 2 至 4 星期。開罐後，需冷藏存放。

龍蒿芥末醬

250C.C.　　**10 分鐘 +
靜置 12 小時**　　—

食材：
黃芥末籽 70 公克
水 2 湯匙
龍蒿風味醋 125c.c.
檸檬汁 2 茶匙
鹽半茶匙
切成細末的紅蔥頭 2 顆
龍蒿細末 1 湯匙半

料理方式：
把芥末籽放入 2 湯匙水中浸泡 15 分鐘。除了龍蒿細末之外，所有食材拌勻，加以覆蓋，靜置一夜。隔天，把浸泡食材放入食物調理機中研磨成流質，拌入龍蒿細末。裝至乾淨且乾燥的熱玻璃罐中，裝至罐口，緊密加蓋，靜置 2 至 4 星期，讓香氣釋放出來再食用。開罐後，需冷藏存放。

注意事項：
若未挖取使用的話，龍蒿芥末醬可存放 3 個月之久。

蜂蜜芥末醬

 150C.C.　 20 分鐘　 20 分鐘

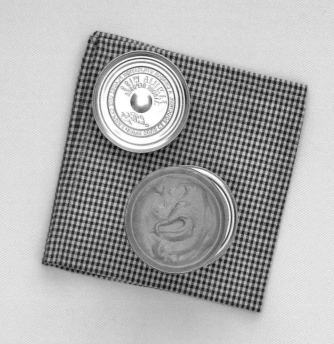

料理方式：
芥末籽放入研缽中，磨成細粉末，磨好後再倒入小平底湯鍋，再加上約 3 湯匙或足以調成醬的水量。加入蜂蜜、糖、醋與油，以文火攪拌熬煮，直到糖完全溶解，醬汁變成光滑流質。再把醬汁倒入乾淨且乾燥的熱玻璃罐中，裝至罐口，靜置 2 星期，待香氣釋放出來後再食用。

注意事項：
亦可使用芥末粉調製芥末醬。

食材：
黃芥末籽 8 湯匙
水 3 湯匙
蜂蜜 2 湯匙
砂糖 125 公克
蘋果酒醋 2 茶匙
油菜籽油 1 湯匙

蘋果醋芥末醬

 300C.C.　 20 分鐘 + 靜置 12 小時　 15 分鐘

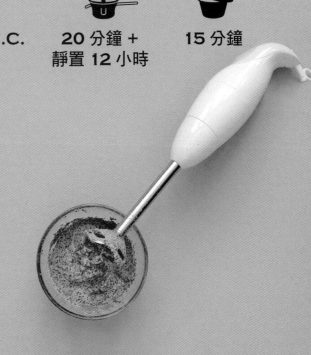

料理方式：
把籽類食材、芥末粉與 3 湯匙水，放入非金屬容器中，加以覆蓋，靜置一晚。隔天先以文火加熱其他食材，當糖溶解，續煮沸騰，以微火熬煮收汁。把所有食材均放入食物調理機中（或手持攪拌棒）研磨成流質。倒入乾淨且乾燥的熱玻璃罐中，裝至罐口，緊密加蓋，靜置 3 至 4 星期。開罐後，需冷藏存放。

食材：
棕芥末籽 35 公克
水 3 湯匙
芥末粉 2 湯匙
蘋果酒醋 60c.c.
砂糖 2 湯匙
肉桂粉半茶匙
牙買加胡椒粉 1/4 茶匙

紅椒糖醋辣醬

 1.5 公升　　 20 分鐘　　 1 小時 45 分

食材：
剖半熟番茄（以羅馬品種 Roma 為佳）1 公斤
紅甜椒 1 公斤
蒜頭 1 顆
紫皮洋蔥 2 顆
紅辣椒 2 大根
砂糖 375 公克
紅酒醋 375c.c.
檸檬汁 60c.c.

料理方式：
以 180 ℃ 預熱烤箱。烘烤所有蔬菜 1 小時，略微放涼。剝除蒜膜，所有蔬菜切成粗塊（辣椒是否去籽，視個人口味而定），再把蔬菜塊放入平底湯鍋中，其他食材也放進去，以文火攪拌熬煮，讓糖溶解，煮至沸騰後，繼續以微火熬煮收汁。裝罐後緊密加蓋，倒放 2 分鐘。靜置 1 個月。開罐後，需冷藏存放。

芫荽糖醋醬

 185C.C.　　 10 分鐘　　 ─

食材：
原味優格 185c.c.
蒜頭 2 瓣
生薑 1 塊
檸檬 2 顆
薄荷葉 15 公克
芫荽葉 30 公克
糖 1 茶匙
海鹽適量

料理方式：
蒜頭切細末。薑去皮，刨取薑泥。榨取檸檬汁。把蒜末、薑泥、檸檬汁、薄荷葉、芫荽葉、糖、鹽與優格放入食物調理機中研磨成均勻醬汁。可當作印度巴巴丹薄餅沾醬或燒肉串調味料使用。

料理方式：

熱油後，把籽類食材放入爆炒，直到芥末籽爆開。加入番茄，煮至番茄開始變軟，再放入葡萄乾、糖、椰棗、醋與鹽，熬煮 20 分鐘，直到醬汁變得濃稠。裝入已殺菌消毒的玻璃罐中，緊密蓋緊。搭配印度三角咖哩餃一起食用。

食材：

葵花籽油 1 湯匙
黑芥末籽 1 茶匙
小茴香籽 1 茶匙
葫蘆巴籽 1 茶匙
茴香籽 1 茶匙
切成丁的熟番茄 1 公斤
葡萄乾 60 公克
棕櫚糖或是黑砂糖 200 公克
切成細末的去籽椰棗 180 公克
白醋 2 湯匙
鹽 1 茶匙

番茄糖醋醬

1.5 公斤　　　20 分鐘　　　40 分鐘

料理方式：

辣椒剖半，用湯匙去籽，並挖除白膜。把辣椒放入食物調理機中，再加入所有的食材與 2 湯匙水磨勻。若此糖醋醬是為了搭配印度什錦炸餅（chaat）使用，則再加 1 或 2 湯匙水加以稀釋。可將此糖醋醬佐以麵包、印度可麗餅或是三角咖哩餃等一起食用。

食材：

青辣椒 2 根
薄荷葉 15 公克
芫荽葉 30 公克
切成細末的蒜頭 1 瓣
切成細末的紫皮洋蔥 1 小顆
檸檬汁 1 湯匙
糖 1 茶匙
海鹽適量

薄荷糖醋醬

125 公克　　　10 分鐘　　　—

李子糖醋醬

| 1.5 公升 | 20 分鐘 | 1 小時 |

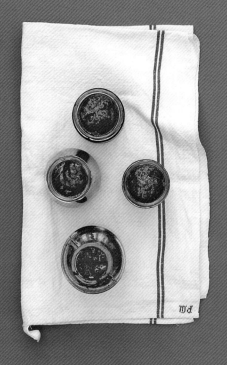

食材：
紅辣椒乾 2 大根
肉桂棒 1 根
大八角 3 顆
切成細末的蒜頭 3 瓣
薑泥 2 湯匙
切成細末的洋蔥 1 顆
去皮去籽切小塊的青蘋果 1 顆
去籽切細末的李子 1.5 公斤
砂糖 500 公克
米醋 375c.c.
醬油 60c.c.

料理方式：
辣椒和香料包在紗布中，把蒜頭、薑和洋蔥放入食物調理機中磨成均勻泥狀。洋蔥泥連同其餘食材與香料包放入小平底湯鍋中，以文火攪拌熬煮至糖溶解。煮至沸騰後，將火候轉小，續煮 40 分鐘，熬成濃稠醬汁。把香料包取出丟棄。小湯鍋離火，用手持攪拌棒把醬汁磨成流質，再裝入乾淨且乾燥的熱玻璃罐中，用耐醋酸的蓋子緊密蓋緊，罐子倒放。貼上標籤，標上日期，靜置數月後再食用。開罐後，需冷藏保存。

綠番茄糖醋醬

| 1 公升 | 20 分鐘 | 40 分鐘 |

食材：
剖半的紅辣椒 2 根
薑 1 小塊
肉桂棒 1 根
綠番茄 1.5 公斤
青蘋果 500 公克
切成細末的紫皮洋蔥 2 顆
砂糖 250 公克
麥芽醋 500c.c.
西洋芹籽 1 茶匙
小茴香籽 1 茶匙
芫荽籽 1 茶匙
黃芥末籽 1 茶匙

料理方式：
辣椒、薑塊、肉桂棒包在紗布中。其餘食材與香料包一起放入小平底湯鍋中，以文火攪拌烹煮，讓糖溶解。煮至沸騰後，續煮 30 分鐘，直到糖醋醬變得濃稠。紗布包取出丟棄。糖醋醬裝罐，用耐醋酸的蓋子緊密蓋緊後靜置。開罐後，需冷藏保存。

料理方式：
四川花椒與白胡椒放入平底鍋中乾炒，炒出香氣。用紗布把花椒、胡椒、大八角、肉桂棒與橙皮包起來。紗布包放入小平底湯鍋中，再放入其餘食材，以文火攪拌烹煮，直到糖溶解，沸騰後，再繼續熬煮30至40分鐘。紗布包取出丟棄，糖醋醬裝罐，用耐醋酸的蓋子緊密蓋緊。靜置數月後再食用。

食材：
四川花椒 1 茶匙
白胡椒粉 1 茶匙
大八角 3 顆
肉桂棒 1 根
切取皮用的柳橙 1 顆
已削皮並切成大塊的青蘋果 1.5 公斤
去皮並切成大塊的西洋梨 500 公克
切成丁的無花果乾 300 公克
去除薄膜並切成細末的紅蔥頭或小顆紅蔥頭 500 公克
米醋 600c.c.
砂糖 500 公克

無花果&西洋梨糖醋醬

1.8 公升　　20 分鐘　　45 分鐘

料理方式：
椰仁粉、薑絲與 2 湯匙的水放入食物調理機中，磨成泥後倒入碗中。以熱油爆炒芥末籽、紅辣椒與咖哩葉，直到芥末籽爆開。把芥末辣油拌入椰仁薑泥中，再以鹽調味。可當作印度烤餅或印度三角咖哩餃的調味料，或是印度巴巴丹薄餅的沾醬。

食材：
現磨椰仁粉 45 公克
薑 1 小塊
黑芥末籽 1 茶匙
紅辣椒乾 1 根
咖哩葉 4 片
葵花籽油 1 湯匙
海鹽適量

椰仁辣醬

125 公克　　5 分鐘　　10 分鐘

椰棗番茄糖醋醬

1.375 公升　　20 分鐘　　1 小時

食材：
紅辣椒乾 3 大根
新鮮咖哩葉 6 片
薑片 4 片
切成小丁的番茄 1.5 公斤
切成細末的洋蔥 500 公克
去籽切成細末的椰棗 250 公克
黑芥末籽 1 茶匙
白醋 150c.c.
砂糖 250 公克
羅望子泥 125c.c.

料理方式：
用紗布把辣椒、咖哩葉、薑片包起來，以棉線綁緊。除了羅望子泥之外的所有食材和紗布包一起放入小平底湯鍋中，以文火烹煮，讓糖溶解，沸騰後，繼續熬煮 40 分鐘，熬煮過程須不時查看，避免醬汁黏住鍋底。取出紗布包丟棄，倒入羅望子泥，重新煮至沸騰，烹煮 5 分鐘。把糖醋醬裝入乾淨且乾燥的熱玻璃罐中，用耐醋酸的蓋子緊密蓋緊。貼上標籤，標上日期，靜置數月後再食用。開罐後，需放入冰箱冷藏保存。

芒果糖醋醬

4 人份　　15 分鐘　　45 分鐘

食材：
熟度適中的芒果 2.5 公斤
切成細末的紫皮洋蔥 1 顆
現磨生薑泥 1 湯匙
棕櫚糖或現磨棕櫚糖粉 125 公克
白醋 150c.c.
印度什香粉（garam masala）半茶匙
小豆蔻粉 1/4 茶匙
辣椒粉半茶匙

料理方式：
削去芒果皮，去籽，果肉切小丁。所有食材放入小平底湯鍋中，以文火烹煮，讓糖溶解，沸騰後，火候轉小，繼續熬煮 40 分鐘，熬煮過程中須不時查看，避免醬汁黏住鍋底。把糖醋醬輕拍加壓裝成滿罐，用耐醋酸的蓋子緊密蓋緊。存放數月後再食用。

料理方式：

大平底湯鍋熱油，放入洋蔥，以中火烹煮 40 分鐘，將洋蔥炒至金黃軟嫩。放入鹽、月桂葉、肉桂棒、百里香葉、醋與糖後，轉文火攪拌熬煮，讓糖溶解。沸騰後繼續熬煮 30 分鐘（須將洋蔥糊熬得濃稠，如糖漿一樣）。把月桂葉與肉桂棒取出。將洋蔥糊裝罐，蓋緊蓋子，罐子倒放 2 分鐘。貼上標籤，標上日期。開罐後，須放入冰箱冷藏保存。

食材：

橄欖油 125c.c.
切成圓薄片的洋蔥 2 公斤
海鹽 1 茶匙
月桂葉 2 片
肉桂棒 1 根
百里香葉 1 湯匙
巴薩米克醋 125c.c.
麥芽醋 250c.c.
砂糖 500 公克

洋蔥糊

1.5 公升	30 分鐘	1 小時 30 分

料理方式：

以熱油分次酥炸辣椒、蒜瓣、紅蔥頭與蝦米（須炸得金黃酥脆）。瀝乾油分後，放入食物調理機中，研磨成流質狀。加熱 80c.c. 的酥炸油，把辣椒醬、蝦醬與糖放入油中，微火熬煮 4 小時（醬汁須煮成暗紅色）。加入羅望子泥後，再熬煮 1 小時，然後裝罐，靜置數月後再食用。

食材：

酥炸用植物油 750c.c.
紅辣椒 12 大根
剝皮且切成薄片的蒜頭 2 顆
切成圓薄片的紅蔥頭或小紅蔥頭 500 公克
蝦米 100 公克
蝦醬 2 湯匙（可有可無）
砂糖或是棕櫚糖 125 公克
羅望子泥 1 湯匙半

辣椒泥

500C.C.	1 小時 30 分	5 小時 30 分

茄子醬菜

900C.C.　　30 分鐘 +　　35 分鐘
　　　　　　靜置時間

食材：
茄子 2 大顆
鹽 3 湯匙
薑黃粉 1 茶匙
辣椒粉 2 茶匙
小茴香粉 1 茶匙
葫蘆巴籽 1 茶匙
葵花籽油 250c.c.
薑蒜泥 3 湯匙（參見 476 頁）
青辣椒 2 小根
咖哩葉 6 片
麥芽醋 250c.c.
黑砂糖或棕櫚糖 2 湯匙

料理方式：
茄子切小丁，放至篩網上，灑上鹽，靜置 30 分鐘。用油炒香薑黃粉、胡椒粉、小茴香粉與葫蘆巴籽，加入薑蒜泥、辣椒與咖哩葉續煮 10 分鐘，再加入茄丁、醋與糖，熬煮 15 至 20 分鐘，直到茄子變軟。把茄子醬菜輕拍加壓裝入熱罐中，蓋上耐醋酸的蓋子。存放數星期後再使用。

醃青檸檬

2 人份　　30 分鐘 +　　5 分鐘
　　　　　靜置時間

食材：
洗淨並拭乾水分的青檸檬 16 顆
鹽 250 公克
葫蘆巴籽 1 茶匙
芥末籽 1 茶匙
葵花籽油 2 湯匙
薑黃粉 2 茶匙
阿魏草根粉（asafetida）1 茶匙
辣椒粉 95 公克
細砂糖 2 湯匙

料理方式：
檸檬對切剖開，再切成 4 瓣，再把每瓣切成 2 小塊。把檸檬塊與鹽放入盆中拌勻。再把檸檬塊裝入 1 公升容量的廣口玻璃瓶中，緊密蓋上蓋子，放置室溫下保存 1 星期。
用熱油爆香籽類食材 1 分鐘。再把籽類食材連同薑黃粉與阿魏草根粉放入研缽中磨成細粉。把香料粉與辣椒粉、糖與檸檬放入非金屬容器中拌勻，再放回罐中，蓋上蓋子。

注意事項：
將醃青檸檬放至室溫下有日照處保存 2 星期後，放入冰箱冷藏 6 個月。

糖醋紅蔥頭醬

750C.C.

30 分鐘

1 小時

料理方式：

茴香與 500c.c. 的水一起煮滾，把茴香煮軟。以小平底湯鍋熱油，放入紅蔥頭炒香 20 分鐘。瀝乾茴香水分，放入紅蔥頭鍋中，煮至金黃上色。加入蒜瓣與香料，續煮 3 分鐘，直到鍋中散發出香氣。倒入酒、醋與糖，滾煮 30 分鐘，直到醬汁變得濃稠。把紅蔥頭醬裝罐，用耐醋酸的蓋子緊密蓋緊，靜置保存。

食材：

切成薄片的茴香 1 公斤
水 500c.c.
橄欖油 3 湯匙
切成細末的紅蔥頭 500 公克
切成細末的蒜頭 4 瓣
茴香籽 1 茶匙
肉桂粉 1 茶匙
小茴香粉 1 茶匙
白酒 125c.c.
麥芽醋 250c.c.
砂糖 250 公克

椒蒜醬番茄

4 人份

15 分鐘

—

料理方式：

甜椒洗淨，切除果蒂、籽與白膜，把甜椒切成極小丁。將蒜仁與橄欖切成細末（或用拍蒜器壓碎）。番茄也切小丁，但無須壓扁。把所有的食材裝入玻璃罐中，放入鹽，以油淹沒，蓋上蓋子，冷藏數天。

食用建議：

搭配肉類或魚類料理、塗抹於麵包上，或是拌入扁豆沙拉中都很對味喔！

食材：

紅甜椒 1 顆
蒜頭 2 瓣
番茄 1 顆
黑橄欖 4-5 顆（可有可無）
橄欖油
鹽適量

杏仁芒果莎莎醬

4 人份　　　15 分鐘　　　6 至 7 分鐘

食材：
整顆的杏仁手抓 1 把
芒果 1 顆
辣椒 1 小段
洋蔥 1 小顆
芫荽 6 小株
檸檬汁適量
橄欖油 1 茶匙
鹽、胡椒粉適量

料理方式：
整顆帶皮的杏仁放入烤箱中以 190℃烘烤 6 至 7 分鐘。略微放涼後，用刀子切細。芒果切小丁。辣椒、洋蔥與芫荽切成細末。把所有食材放在一起，以些許的檸檬汁、1 茶匙橄欖油、些許鹽與些許胡椒粉加以調味。

櫛瓜醬

4 人份　　　15 分鐘　　　20 分鐘

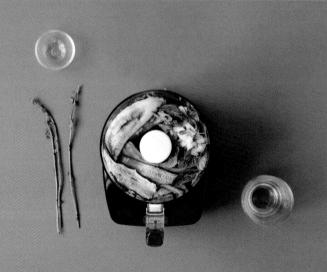

食材：
櫛瓜 3 根
橄欖油 4 湯匙
糖 1 茶匙
紅酒醋 2 茶匙
薄荷葉 2 小株
鹽、胡椒粉適量

料理方式：
以 230 ℃預熱烤箱。薄荷葉洗淨，瀝乾水分，摘取葉片備用。櫛瓜洗淨，縱切成長片狀，放在烤盤上，抹 2 湯匙橄欖油，加點鹽與胡椒粉，烘烤 20 分鐘。把烤好的櫛瓜連同剩餘的橄欖油、薄荷葉、糖與醋放入食物調理機中磨成泥狀。必要時，加以調味，或以水稀釋成理想的稠度。

印度風味大黃瓜酸奶醬

4 人份   15 分鐘   30 分鐘

料理方式：
薄荷葉切成細末狀。刨去大黃瓜皮，縱切剖開，籽挖掉，刨成粗絲狀，再把大黃瓜絲放在篩網上，灑些許的鹽，靜置 30 分鐘，讓大黃瓜出水，並瀝乾水分。把瀝乾水分的大黃瓜絲與原味優格、薄荷葉及些許的檸檬汁一起拌勻，再灑點小茴香粉，就完成囉！建議佐以羊肉咖哩一起食用。

食材：
大黃瓜半根（或小黃瓜 2 至 3 根）
薄荷葉 2 小株
原味優格 2 罐
黃檸檬或青檸檬 1 顆
小茴香粉半茶匙
鹽、胡椒粉適量

番茄薑辣醬

4 人份   15 分鐘   —

料理方式：
把剝好皮（將番茄先放入滾水中汆燙幾秒鐘，再剝除番茄皮）且切小塊的番茄與去除薑皮後研磨出的薑泥、1 湯匙葵花籽油、辣椒細末與些許鹽放入食物調理機中略微研磨（只要研磨一下即可，無須打成流質泥狀），最理想的是用研缽研磨。

食材：
番茄 3 顆
薑 1 小塊
葵花籽油適量
辣椒 1 小根
鹽適量

綠咖哩醬

 100 公克　 5 分鐘　 3 分鐘

食材：
小茴香籽半茶匙
芫荽籽半茶匙
大八角 1 顆
白胡椒粒半茶匙
精鹽 1 茶匙
蒜頭 3 小瓣
檸檬香茅 4 根
切成細末的南薑 2 茶匙
切成細末的新鮮芫荽根 1 湯匙
紅蔥頭 8 顆
小青辣椒 1 根
大青辣椒 6 根
芫荽葉 15 公克
橄欖油些許

料理方式：
小茴香籽、芫荽籽、八角與胡椒粒放入平底鍋中（不加任何油脂）乾炒 3 分鐘。再把上述食材連同鹽及其他粗略切過的所有食材（不包括橄欖油）放入食物調理機中研磨成均勻泥狀。用橡皮刮刀將黏在研磨機盆壁上的泥醬刮下。把泥醬裝罐，最上頭以一層薄薄的油加以覆蓋，以利保存，覆蓋上保鮮膜後，放入冰箱冷藏。

薑蒜泥

 200 公克　 20 分鐘　 ─

料理方式：
削去薑皮，切成大塊狀，再剝除蒜膜，把薑蒜放入食物調理機中或香料食材研磨器裡，研磨成均勻泥狀。把薑蒜泥倒入密封容器中，依照指示使用。

注意事項：
放入冰箱冷藏的薑蒜泥，保鮮度為一天。把剩餘未用的薑蒜泥加以冷凍，要用時，放入略熱的水中解凍即可。若偶爾才使用，可分裝成兩份保存。

食材：
生薑 150 公克
蒜頭 100 公克

鯷魚醬

1 碗	10 分鐘	—

料理方式：
鯷魚、橄欖、洗淨的羅勒葉、橄欖油、蒜瓣與檸檬汁研磨成均勻且質地光滑的醬汁。加點胡椒粉，隨即佐餐食用，或是蓋上保鮮膜，放入冰箱冷藏。

食材：
油漬鯷魚 200 公克
去籽黑橄欖 30 公克
羅勒葉 1 小把
橄欖油 250c.c.
榨汁用檸檬半顆
去芽蒜頭 2 瓣
胡椒粉適量

南法風情橄欖醬

1 碗	5 分鐘	—

料理方式：
把所有食材放入食物調理機中磨成極為均勻的醬汁。隨即佐餐食用，或是蓋上保鮮膜，放入冰箱冷藏。醬汁若是過於濃稠，可用些許橄欖油稀釋。

食材：
去籽黑橄欖 400 公克
油漬鯷魚 12 尾
酸豆 20 公克
去芽蒜頭 1 瓣
雪莉酒醋（vinaigre de Xérès）
30c.c.

印度豆腐乳酪

 400 公克　 **15 分鐘**　 **10 分鐘**

料理方式：
鮮奶放入厚底湯鍋中煮至沸騰。加入檸檬汁，緩緩攪拌，直到鮮奶凝結。在篩網上鋪一條紗布，把凝結鮮奶倒在紗布上，把紗布綁緊，放入容器中，以罐頭加壓紗布，靜置30 分鐘，讓乳酪變硬（壓越久會越硬）。取下紗布，把乳酪放入密封容器中，放進冰箱冷藏，直到熟成食用。

注意事項：
印度豆腐乳酪是一種以牛奶為基底的乳酪，質地柔軟，若以重物加壓，則可讓乳酪變得更為紮實。此乳酪具有牛奶的清爽味道，放在密封容器中，放入冰箱冷藏可存放 3至 4 天。

食材：
未經均質乳化的鮮奶（可用全脂鮮奶取代）2 公升
檸檬汁 2 或 3 湯匙

中東酸奶酪

 250 公克　 **10 分鐘 +
靜置 4 小時**　 **—**

料理方式：
優格與鹽倒進盆中拌勻。把篩網放在另一個盆的上方，盆裡鋪上一條薄巾（或是兩條十字網紗布）。把優格過篩，篩落在紗布中心位置，把紗布四端兩兩綁起。放入冰箱，靜置 4 小時以上，瀝乾水分（靜置越久會越硬）。佐以些許橄欖油、依照個人喜好加點香料粉，抹在土司上品嚐。裝入密封罐，放冰箱冷藏，保鮮期可達 8 天。

食材：
全脂鮮奶優格 500 公克
鹽半茶匙

印度酥油

250C.C. **5 分鐘** **15 分鐘**

料理方式：
以小平底湯鍋融化奶油，放涼，再
以紗布過篩，以去除雜質（可濾出
透明油脂）。把奶油倒入密封容器
中，放置室溫下保存。奶油將會慢
慢變得濃厚。

注意事項：
酥油經得起高溫加熱而不焦化，不
像奶油不耐高溫。酥油是印度料理
與阿育吠陀料理常用的烹飪用油。

食材：
有機奶油 250 公克

印度什香粉

60 公克 **5 分鐘** **5 分鐘**

料理方式：
所有香料食材放入平底鍋中烤出香
氣。把烤過的香料放入香料研磨器
或是食物調理機或是研缽中研磨成
細粉狀，然後過篩，去除粗粒。把
印度什香粉放入密封罐中保存。

食材：
肉桂棒 2 根
丁香 2 茶匙
黑胡椒粒 2 茶匙
茴香籽 2 茶匙
綠小豆蔻 2 茶匙
芫荽籽 2 茶匙
月桂葉 2 片

草莓果醬

 1.25 公升　　 20 分鐘 + 靜置 12 小時　　 30 分鐘

料理方式：
半量的草莓剖半，再把所有的草莓、糖與檸檬汁放在碗中，覆蓋烘焙紙，浸漬一晚。把所有的食材倒入小平底湯鍋，以文火攪拌熬煮至糖溶解，沸騰後，續煮 25 分鐘，煮至果醬成型。將鍋子離火。倒一點點果醬在冷盤中，以手指加壓，若表面已形成一層薄膜，即表示熬煮完成。略微攪拌，以去除泡渣，靜置 10 分鐘。把草莓醬倒入乾淨且乾燥的熱玻璃罐中，緊密加蓋，將罐子倒放。開罐後，需冷藏存放。

食材：
洗淨拭乾水分並去除果蒂的草莓 1 公斤
白砂糖 850 公克
榨汁用檸檬 1 小顆（約 2 湯匙的量）

藍莓果醬

 1.25 公升　　 10 分鐘　　35 分鐘

料理方式：
所有食材與 250c.c. 的水倒入平底湯鍋中。以文火攪拌熬煮至糖溶解，沸騰後，續煮 30 分鐘，直到果醬成型。將鍋子離火。倒一點點果醬在冷盤中，以手指加壓，若表面已形成一層薄膜，即表示熬煮完成。去除泡渣，將藍莓醬裝罐，緊密加蓋，將罐子倒放。貼上標籤，標註日期。開罐後，需冷藏存放。

食材：
藍莓 1 公斤
檸檬汁 2 湯匙
水 250c.c.
白砂糖 800 公克

開心果香蕉醬

 1.5 公升　　 15 分鐘　　 40 分鐘

料理方式：
所有食材除了開心果之外，與 250c.c. 的水倒入小平底湯鍋中，以文火攪拌熬煮至糖溶解，煮至沸騰後，不停攪拌續煮 30 分鐘，直到果醬成型。倒入開心果粒後，鍋子離火。將果醬倒入乾淨且乾燥的熱玻璃罐中，緊密加蓋，將罐子倒放。開罐後，需冷藏存放。

食材：
切成圓片的香蕉 1 公斤
檸檬汁 125c.c.
水 250c.c.
白砂糖 1 公斤
切成粗粒的開心果 75 公克

香茅芒果醬

 1.5 公升　　20 分鐘　　 40 分鐘

料理方式：
除了糖之外，將所有的食材連同 125c.c. 水滾煮 20 分鐘，直到芒果變軟。將鍋子離火，把水果果肉壓扁成流質狀。加入糖，以文火攪拌熬煮到糖溶解。滾煮 15 分鐘，直到果醬成型。把果醬倒入乾淨且乾燥的熱玻璃罐中，緊密加蓋，將罐子倒放。開罐後，需冷藏存放。

食材：
不過熟且切成小塊的芒果 1.5 公斤
刨取外皮用的青檸檬 3 顆
水 125c.c.
檸檬香茅細末 2 湯匙
檸檬汁 2 湯匙
白砂糖 1.5 公斤

石榴晶凍

375C.C. | 20 分鐘 + 靜置 12 小時 | 50 分鐘

料理方式：
石榴剖開，榨取汁液（約 750c.c.）。石榴汁、蘋果與 250c.c. 水緩緩煮至沸騰，將蘋果熬煮變軟。鍋子離火，蘋果壓碎成泥狀。把果泥用多層紗布過濾（不重壓），滴取汁液一晚（秤取滴下汁液）。450 公克糖搭配 600c.c. 汁液。把汁液倒入小平底鍋中，加入糖與檸檬汁，以文火熬煮，沸騰後，續煮 25 分鐘。撈除浮渣後離火。把晶凍倒入乾淨且乾燥的熱玻璃罐中，緊密加蓋。開罐後，需冷藏存放。

食材：
石榴 3 公斤
未削皮且連同蘋果心切塊的青蘋果 3 顆
白砂糖 500-750 公克
檸檬汁 60c.c.

薄荷晶凍

1.2 公升 | 20 分鐘 + 靜置時間 | 40 分鐘

料理方式：
將蘋果連同 1.5 公升的水煮至沸騰。火候轉小，繼續熬煮，把蘋果煮得十分鬆軟。10 小株薄荷放入紗布中，紗布包放入蘋果鍋中，留置 15 分鐘。把果泥用多層紗布過濾（不重壓）滴取汁液一晚。把滴出的汁液與糖放入小平底鍋中，以文火攪拌熬煮。沸騰後，續煮 25 分鐘。撈除表面沫渣後，鍋子離火。把切好的薄荷葉細末平均放入乾淨且乾燥的熱玻璃罐中，將熱晶凍倒入罐中，用木湯匙拌勻，緊密加蓋。開罐後，需冷藏存放。

食材：
未削皮且連同蘋果心切大塊的青蘋果 1.5 公斤
水 1.5 公升
白砂糖 1 公斤
切成細末的薄荷葉 25 公克 + 薄荷 10 小株

油桃果醬

300C.C. | 20 分鐘 + 靜置時間 | 50 分鐘

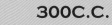

料理方式：
番茄、油桃與 1 公升的水放入小平底湯鍋中滾煮至果肉變軟。將鍋子離火後，用手持攪拌棒把果肉研磨成泥狀。倒入檸檬汁與糖，以文火攪拌熬煮至糖溶解。滾煮 15 分鐘後，再加入百香果一起熬煮至果醬成型。將果醬倒入乾淨且乾燥的熱玻璃罐中，緊密加蓋，將罐子倒放。開罐後，需冷藏存放。

食材：
切成小塊的熟番茄 500 公克
切成小塊的油桃 1 公斤
水 1 公升
榨汁用檸檬 1 顆
白砂糖 1.5 公斤
百香果肉 6 顆

紅醋栗晶凍

300C.C. | 20 分鐘 + 靜置 12 小時 | 50 分鐘

料理方式：
將紅醋栗一顆顆摘下，連同 250c.c. 的水倒入小平底湯鍋中。煮至沸騰。將火候轉小，繼續熬煮 15 至 20 分鐘，直到紅醋栗變軟且體積縮小成泥狀。把果泥用多層紗布過濾（不重壓），滴取汁液一晚（秤取滴下汁液）。取 250 公克糖搭配 250c.c. 汁液。把汁液倒入小平底鍋中，加入糖與檸檬汁，以文火熬煮，讓糖溶解，沸騰後，繼續滾煮 25 分鐘。撈除表面泡渣後，把晶凍倒入乾淨且乾燥的熱玻璃罐中，緊密加蓋。

食材：
紅醋栗 1.5 公斤
水 250c.c.
檸檬汁 2 湯匙
白砂糖 1 公斤

無花果核桃果醬

 1.5 公升　　 20 分鐘 + 靜置 12 小時　　 15 分鐘

食材：
新鮮無花果 1 公斤
白砂糖 800 公克
柳橙皮細末 1 湯匙
檸檬汁 2 湯匙
肉桂棒 2 根
略微拍扁的小豆蔻 4 顆
丁香 3 顆
切成粗粒的核桃仁 100 公克

料理方式：
無花果切小塊，和糖、橙皮細末、檸檬汁一起放入非金屬盆中。用紗布把香料包起，並用棉線綁緊，放入無花果盆，拌勻後，蓋上保鮮膜，浸漬數小時或一整夜。取下保鮮膜，倒入小平底湯鍋，以文火攪拌熬煮至糖溶解，沸騰後，續煮至果醬成型。把紗布包取出，加入核桃仁，將果醬倒入乾淨且乾燥的熱玻璃罐中，緊密加蓋，將罐子倒放。貼上標籤，註明日期。開罐後，需冷藏存放。

注意事項：
若要熬出夠濃稠的果醬，得將無花果與核桃仁切成小丁狀。

蘋果大黃果醬

 600C.C.　　 30 分鐘　　 50 分鐘

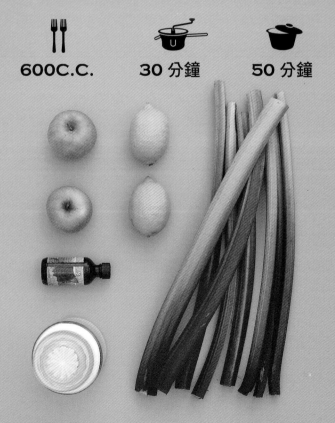

食材：
切成小丁的大黃 750 公克
削皮去籽、切成小丁的青蘋果
250 公克
玫瑰水 2 茶匙
白砂糖 500 公克
檸檬汁 3 湯匙

料理方式：
大黃、蘋果、半量的玫瑰水與185c.c. 的水滾煮 20 分鐘（必須把果肉煮軟）。把水果倒入盆中，壓成流質狀。將蘋果大黃泥過篩至另一個碗中。篩取出的蘋果大黃泥與等量的糖，放入小平底湯鍋中，加入檸檬汁，再把剩餘的玫瑰水加入，以文火攪拌熬煮至糖溶解。沸騰後，繼續攪拌熬煮 10 至 15 分鐘，直到果醬變得濃稠（倒在冷盤時，都能維持其形態）。把果醬倒入乾淨且乾燥的熱玻璃罐中，趁熱緊密加蓋。貼上標籤，註明日期。

葡萄柚果泥

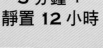

2 公升　　　5 分鐘 +　　　30 分鐘
　　　　　靜置 12 小時

料理方式：
把葡萄柚對半切開，再切成 8 瓣，最後切成 5 公釐厚度的片狀，去籽，把葡萄柚連同檸檬汁與 2 公升水放入非金屬盆中，靜置 1 夜。加入糖後，以文火熬煮，讓糖溶解，繼續滾煮 20 分鐘，讓果泥成型。靜置 10 分鐘後，撈除泡渣。裝罐，緊密加蓋，將罐子倒放。開罐後，需冷藏存放。

注意事項：
料理前，將葡萄柚置於熱水水流下，並用軟毛刷刷洗乾淨。

食材：
粉紅葡萄柚 1 公斤
檸檬汁 80c.c.
水 2 公升
白砂糖 2 公斤

無籽覆盆子果醬

1 公升　　　20 分鐘　　　20 分鐘

料理方式：
覆盆子磨成泥狀，過篩。把果泥連同其他所有食材放入小平底湯鍋，以文火攪拌熬煮，直到糖溶解，沸騰後，繼續滾煮，直到果泥熬得濃稠油亮。撈除泡渣，再繼續滾煮，直到果醬成型。倒一點點果醬在冷盤中，以手指加壓，若表面已形成一層薄膜，表示熬煮完成。去除泡渣，將果醬裝入乾淨且乾燥的熱玻璃罐中，緊密加蓋，將罐子倒放。貼上標籤，標註日期。開罐後，需冷藏存放。此果醬可當作馬芬蛋糕與杯子蛋糕的美味內餡醬使用。

注意事項：
熬煮前，請先將覆盆子洗乾淨，剔除黏在果實上的小葉子。

食材：
覆盆子 1 公斤
榨汁用檸檬 2 小顆
白砂糖 800 公克

草莓果泥

300C.C.　　　15 分鐘　　　—

食材：
草莓 500 公克
糖 2 湯匙
黃檸檬 1 顆
胡椒粉（可有可無）

料理方式：
草莓洗淨，切除果蒂，再剖半。把
草莓放在食物調理機中，加入糖以
及數滴檸檬汁加以研磨。依照個人
口味可灑上數圈現磨胡椒粉，嚐味
道後，可用糖與檸檬汁再調味。

檸檬蛋黃醬

300 公克　　　15 分鐘　　　5 至 10 分鐘

料理方式：
蛋黃打成蛋汁，再以細網過篩，倒
入小平底鍋裡，加入檸檬汁與糖，
以中火加熱熬煮，用橡皮刮刀不停
攪拌 5 至 10 分鐘，烹煮過程需將
黏在鍋緣的蛋汁刮下。用手指劃過
橡皮刮刀，若手指抹痕非常明顯，
即可停止烹煮。在冷卻過程中，蛋
黃醬會持續變得濃稠。離火後，再
加入檸檬皮細末與切成小丁的奶
油。倒入其他容器中，放置冷卻。

食材：
檸檬汁 80 公克（1 或 2 顆檸檬的量）
檸檬皮細末半顆
糖 125 公克
蛋黃 4 顆（不可留下絲毫的蛋白）
奶油 60 公克

保存方式：
當檸檬蛋黃醬已完全冷卻，再倒入
有蓋子的廣口瓶，放入冰箱冷藏，
可維持 2 個星期的鮮度。

芒果果泥

200C.C.　　　10 分鐘　　　—

食材：
芒果 1 顆
檸檬汁適量

料理方式：
削去熟芒果外皮，去籽，把果肉連
同些許的青檸檬汁研磨成泥狀。

注意事項：
若芒果已經非常甜，請酌量加糖。

大黃果泥

300C.C.　　　5 分鐘　　　30 至 35 分鐘

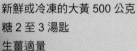

食材：
新鮮或冷凍的大黃 500 公克
糖 2 至 3 湯匙
生薑適量

料理方式：
切成段狀的大黃、糖與些許的現磨
薑泥（可有可無）放入烤箱，以
190℃烘烤 30 至 35 分鐘。加以研
磨後，再以篩網過篩，必要時，加
一點水稀釋，若是甜度不夠，可再
加糖。

百香果蛋黃醬

700C.C.　　15 分鐘　　30 分鐘

料理方式：

蛋與蛋黃一起拌打，過篩後倒入耐熱的非金屬容器中，加糖、橙皮細末、檸檬皮細末、檸檬汁、百香果果粒與奶油。把此容器放在裝有微滾水的小平底湯鍋上方（此容器不能接觸到水）加以攪拌，直到糖溶解、奶油融化。不停攪拌 15 至 20 分鐘，直到蛋黃醬的稠度可以輕易附著湯匙表面（蛋黃醬不能煮滾）。把蛋黃醬倒入乾淨且乾燥的熱玻璃罐中，直到滿罐邊緣，趁熱蓋上蓋子。放入冰箱冷藏 2 個月。

食材：

蛋 4 顆
蛋黃 2 顆
細砂糖 250 公克
檸檬皮細末 2 茶匙
柳橙皮細末 1 茶匙
檸檬汁 2 湯匙
百香果粒 250c.c.
切成小塊的奶油 200 公克

覆盆子蛋黃醬

700C.C.　　15 分鐘　　30 分鐘

料理方式：

覆盆子放到耐熱容器中，研磨成流質泥狀。蛋與蛋黃一起拌打，再篩入覆盆子醬中。把其餘所有食材加入，將此容器放在裝有微滾水的小平底湯鍋上方，攪拌直到糖溶解、奶油融化，持續不停攪拌 15 至 20 分鐘，直到蛋黃醬稠度能夠附著湯匙表面。將覆盆子蛋黃醬過篩，趁熱把覆盆子蛋黃醬倒入乾燥且乾淨的熱玻璃罐中，放入冰箱冷藏 2 個月。可用此蛋黃醬攪拌蛋白雪霜餅碎片與鮮奶油霜一起食用。

食材：

覆盆子 170 公克
蛋 4 顆
蛋黃 2 顆
細砂糖 250 公克
柳橙皮細末 1 茶匙
檸檬皮細末 2 茶匙
檸檬汁 2 湯匙
切小塊的奶油 200 公克

芒果辣醬

600C.C.　　30 分鐘　　50 分鐘

料理方式：

芒果放入小平底湯鍋中，以足量的水加以淹沒，煮至沸騰後，繼續熬煮至果肉變軟，放涼。將果肉磨成濃稠狀。秤取果泥重量，將果泥與等量的糖放入小平底湯鍋，再加入辣椒粉與柑橘皮細末，攪拌熬煮成濃稠且油亮的醬汁。趁熱把芒果醬倒入乾燥且乾淨的熱玻璃罐中，放入冰箱冷藏 2 個月。若要風味更濃，靜置 4 至 6 星期後再開罐品嚐。一年內要吃完喔！。

食材：

去籽且切成大塊的芒果 1 公斤
去籽並切成長薄片的紅辣椒 1 至 2 大根
白砂糖 500-750 公克
青檸檬皮細末 1 湯匙

柑橘椰奶蛋黃醬

600C.C.　　20 分鐘　　45 分鐘

料理方式：

橙皮細末、檸檬皮細末、柳橙汁、椰奶、奶油與糖倒入耐熱的非金屬容器中，將此容器放在裝有微滾水的小平底湯鍋上方，攪拌直到糖溶解。加入蛋黃後，仍持續不停攪拌 30 至 40 分鐘，直到蛋黃醬稠度能夠覆蓋湯匙表面。將蛋黃醬過篩，再略微加熱回溫，趁熱將蛋黃醬裝罐，放入冰箱冷藏 2 個月。

食材：

橙皮細末 1.5 湯匙
青檸檬皮細末 1 湯匙
現榨柳橙汁 250c.c.
椰奶 125c.c.
切成小塊的奶油 200 公克
細砂糖 250 公克
蛋黃 12 顆

杏仁奶油醬

300 公克　　15 分鐘　　—

食材：
杏仁粉 85 公克
已軟化的無鹽奶油 85 公克
糖粉 85 公克
全蛋 1 顆
玉米粉 8 公克
蘭姆酒 8 公克

料理方式：
用木杓拌打奶油。將糖粉與杏仁粉過篩，撒在打軟的奶油裡攪拌。奶油醬看起來必須像是潮濕的沙子（須有些許奶油小顆粒）。加入蛋後，再充分攪拌，當蛋醬已攪拌均勻，再加入玉米粉與蘭姆酒。覆蓋保鮮膜，放入冰箱冷藏。

紅漿果果醬

250 公克　　20 分鐘　　5 分鐘

食材：
冷凍紅漿果 230 公克
糖 20 公克
蜂蜜 6 公克
巴薩米克醋 8 公克

料理方式：
把冷凍水果放在耐熱容器中，再放在裝有滾水的小平底湯鍋內，蓋上保鮮膜，放置解凍約 10 分鐘，每 5 分鐘攪拌一次。撈起水果，滴乾水分，保留滴落果汁備用。將果汁（40c.c.）倒入小平底湯鍋中，加入糖、蜂蜜與醋，以中火攪拌熬煮溶解糖。煮至沸騰，熬煮收汁（當糖漿稠度能夠輕易附著湯匙表面，即表示已熬煮完成）。放置溫涼後，再放入瀝乾水分的果粒。在冷卻過程中，糖漿仍會變得濃稠。把果粒與醬汁略微拌勻。果醬變涼，覆蓋上保鮮膜，放入冰箱冷藏。

甘納錫巧克力醬

300 公克　　10 分鐘　　5 分鐘

料理方式：
鮮奶油煮至沸騰，並倒在切成塊狀的巧克力上。2 分鐘後，再以攪拌棒從中間往外畫圓的方式攪拌均勻。當醬汁變得光滑、油亮且均勻時，就代表甘納錫巧克力醬已大功告成。

注意事項：
這種甘納錫巧克力醬非常便於使用，用來塗抹蛋糕極具覆蓋性。用保鮮膜包好，放入冰箱可保數日鮮度。只要放入微波爐中略微回溫，即可用來調製巧克力派、松露巧克力或是當作蛋糕的糖衣抹醬。

食材：
巧克力塊 150 公克
鮮奶油 150c.c.

造型巧克力片

200 公克　　10 至 20 分鐘　　10 分鐘

料理方式：
以隔水加熱的方式融化 2/3 分量的巧克力，再將剩餘 1/3 的巧克力加入，充分攪拌。把巧克力醬倒在光滑的表面上，用刮刀抹平，讓巧克力醬在室溫下冷卻。以 45 度角持刀，把刀子迅速俐落往前推，推出數片巧克力薄片，再用刨刀刨除巧克力片邊緣的稜角。若要做出吉他彈片的造型，可用湯匙在巧克力上劃出形狀。把造型巧克力片放入保鮮盒中，置於冰箱冷藏。

食材：
白巧克力 200 公克
牛奶巧克力 200 公克
黑巧克力 200 公克

英式香草蛋黃醬

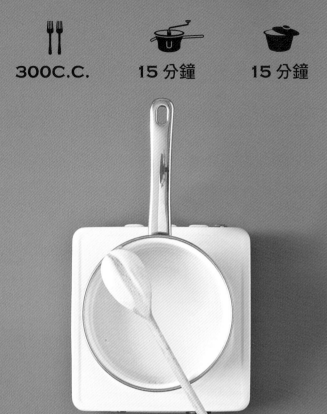		
🍴	🥄	🫕
300C.C.	**15 分鐘**	**15 分鐘**

料理方式：

緩緩加熱鮮奶與剖開去籽的香草莢。放置浸漬 10 分鐘後，再將鮮奶煮至沸騰，取出香草莢。把蛋黃與糖放在盆中，用力拌打，直到蛋黃變白且略微濃稠。將半量滾燙的鮮奶以細流量倒在蛋黃上，一邊傾倒，一邊拌打。把所有食材倒入小平底湯鍋中，以中火熬煮，一邊攪拌，一邊熬煮成濃稠醬汁。將英式蛋黃醬倒入細網篩過篩，再攪拌散熱冷卻。加以覆蓋後，放入冰箱冷藏（最多 24 小時）。

食材：

鮮奶 300c.c.
香草莢 1 根
蛋黃 3 顆
糖 60 公克

注意事項：

必須用湯杓刮到小湯鍋的各個角落，因為角落是溫度最高的地方，最容易讓蛋黃結塊。當蛋黃醬的溫度越高，越容易熬煮濃稠，卻也越可能燒焦結塊。

英式巧克力蛋黃醬

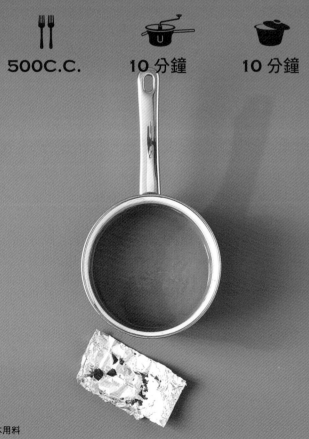		
🍴	🥄	🫕
500C.C.	**10 分鐘**	**10 分鐘**

料理方式：

將鮮奶與香草莢煮至沸騰，放置浸漬 10 分鐘，取出香草莢。把糖與蛋黃一起拌打，將半量滾燙的鮮奶以細流量倒在蛋黃上，不停攪拌。以文火攪拌熬煮，直到蛋黃醬變得濃稠，其稠度足以附著湯杓表面。用手指劃過湯杓，若劃過的抹痕是乾淨的，就代表蛋黃醬已熬煮完成。離火後，加入巧克力，充分攪拌。

食材：

鮮奶 500c.c.
剖開且去籽的香草莢 1 根
蛋黃 5 顆
糖 30 公克
黑巧克力 60 公克

保存方式：

放入冰箱冷藏，可保 2 天鮮度，把蛋黃醬倒入保鮮盒中，先蓋上保鮮膜，避免蛋黃醬表面產生厚皮膜。最後再蓋上蓋子。

卡士達奶油醬

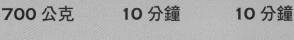

700 公克　　10 分鐘　　10 分鐘

料理方式：
鮮奶倒入小平底湯鍋中煮至沸騰，
利用熬煮鮮奶的空檔，將蛋黃與糖
拌打成濃稠的奶油狀。拌入麵粉，
將半量的滾燙鮮奶倒在蛋黃醬上，
不停拌打，將蛋黃醬再倒回平底湯
鍋中，不停拌打（必須儘量刮除底
部）。拌打滾煮 30 秒至 2 分鐘，
煮至理想中的稠度（當奶油醬越滾
燙，將會越濃稠）。將奶油醬倒在
容器中，讓它釋放出香氣，直接覆
蓋上保鮮膜。等到完全冷卻後，再
放入冰箱冷藏。

食材：
全脂鮮奶 500c.c.
蛋黃 6 顆
糖 100 公克
中筋麵粉（farine T45）50 公克

其他口味食材（任選）：
杏仁糖 36 公克
或是咖啡精 3 茶匙（6 公克）
或是融化的巧克力 120 公克

巧克力卡士達奶油醬

800 公克　　10 分鐘　　10 分鐘

料理方式：
鮮奶煮至沸騰。將蛋黃與糖加以拌
打，再拌入玉米粉，將半量的熱鮮
奶淋在蛋黃醬上，不斷攪拌，把蛋
黃醬倒回小平底鍋中，以中火攪拌
熬煮 2 分鐘（需將奶油醬熬煮濃
稠）。離火後，加入切細的巧克
力，用攪拌棒拌打均勻，直到奶油
醬非常光滑。放置溫熱後，直接以
保鮮膜覆蓋，放入冰箱冷藏或是馬
上使用。

食材：
蛋黃 4 顆
糖 100 公克
鮮奶 500c.c.
玉米粉 20 公克
切成碎塊的黑巧克力 170 公克

含鹽奶油焦糖

200 公克   5 分鐘   10 分鐘

料理方式：
奶油切小塊。鮮奶油倒入小平底湯鍋中，以中火加熱。另取一只厚底小平底湯鍋，倒入水後，加糖，以文火加熱拌打熬煮，直到糖溶解，沸騰後即停止攪拌，讓糖水轉為桃花心木的色調。一口氣倒入熱鮮奶油。拌打均勻，以中火加熱 2 分鐘。離火後，拌入含鹽奶油。拌勻後，放涼（焦糖將變得濃稠）。

食材：
糖 100 公克
水 30 c.c.
鮮奶油 100 公克
含鹽奶油 15 公克

巧克力醬

200 C.C.   15 分鐘   5 分鐘

料理方式：
巧克力切細。加熱鮮奶油，煮至沸騰。將鍋子離火，加入巧克力與奶油拌打，即大功告成。以冷藏方式保存，效果極佳。使用前，只要略微加熱回溫，必要時，稍微拌打一下即可使用。

替代作法：
可依照個人喜好，變換此醬口味。可事先在鮮奶中浸泡 1 根香草莢、2 至 3 顆小豆蔻、1 根肉桂棒或是伯爵茶茶包，或是在最後階段加點蘭姆酒或干邑白蘭地。也可使用含鹽奶油來調理。

食材：
低脂鮮奶油 100 c.c.
黑巧克力 100 公克
奶油 10 公克

蘇格蘭奶油

4 人份   10 分鐘   10 分鐘

料理方式：
把糖、奶油、糖漿與干邑白蘭地緩緩煮溶，加以攪拌，糖必須充分溶解。續煮數分鐘，無須攪拌。將鍋子離火後，緩緩加入鮮奶油（小心不要溢鍋），保持離火狀態攪拌 2 至 3 分鐘，拌成光滑醬汁。加入一小撮鹽。變涼後，放入冰箱冷藏有效保持鮮度。使用前，再以隔水加熱的方式緩緩回溫即可。

食材：
無鹽或含鹽奶油 50 公克
黑砂糖（若無黑砂糖，可用粗紅糖代替）100 公克
龍舌蘭糖漿或金黃糖漿 100 公克
低脂鮮奶油 150 c.c.
干邑白蘭地 1 湯匙

檸香奶油醬

750 C.C.   15 分鐘   20 分鐘

料理方式：
刨取檸檬皮細末，榨取檸檬汁。把蛋打入盆中拌打。以隔水加熱的方式，加熱檸檬皮細末、檸檬汁、糖與切成小塊狀的奶油。一邊攪拌，一邊熬煮，直到糖溶解。加入蛋汁後，緩緩熬煮（切勿煮滾），並不停攪拌。當醬汁稠度足以附著湯匙表面，即大功告成。可用此醬來做速成迷你檸檬派。

食材：
檸檬 4 顆
蛋 4 顆
糖 400 公克
奶油 100 公克

替代作法：
可使用數顆青檸檬或以柳橙取代青檸檬的方法調製。

香堤伊鮮奶油霜

550 公克　　**10 分鐘**　　**—**

料理方式：

準備一個比沙拉盆還大的容器，在
容器裡放一些冰塊與冰水。把秤好
重量的糖粉，放入中型沙拉盆中，
再放入香草籽。把沙拉盆底部浸泡
在冰水裡，把冰冷的鮮奶油倒在糖
與香草莢上。將沙拉盆傾斜擺放，
以便拌入更多的空氣，使用電動攪
拌器以最高速加以拌打。把帶有香
草籽的奶油糖醬，倒入高壓幕斯瓶
中，蓋上蓋子，裝上氣罐，用力搖
晃。

食材：

冰涼鮮奶油 500c.c.
糖粉 50 公克
香草莢 1 根

牛軋雪泡

200C.C.　　**25 分鐘 +
靜置 30 分鐘**　　**—**

料理方式：

牛軋糖磨細，溶解吉利丁並拌勻。
把上述食材過篩後，裝入高壓幕斯
瓶中搖晃，於冰箱靜置冷藏 30 分
鐘，或放至冷凍庫中 10 分鐘，偶
爾要取出加以搖晃。搖晃後壓出。
佐以一球美味的冰淇淋一起享用。

食材：

西班牙軟牛軋糖（turron）100 公克
吉利丁 2 公克（先浸泡於冷水中軟
化，瀝乾水分後，放入 125c.c. 滾
水溶解）

巧克力糖衣抹醬

200 公克　　**5 分鐘**　　**10 分鐘**

料理方式：

奶油與巧克力切成塊狀。以極微火
或以隔水加熱的方式融化巧克力。
用橡皮刮刀拌出巧克力光澤。保持
以極微火或隔水加熱的方式熬煮，
加入糖粉與奶油，讓所有食材在攪
拌過程中融化。離火後，以每次一
湯匙的量加水。若糖衣抹醬不夠濃
稠，可再放回火上，以文火加熱，
充分攪拌。放至溫熱（別讓溫度降
得太低，否則會不好塗抹）。在蛋
糕上塗抹一層厚厚的糖衣抹醬時，
需不時拌打。注意別留下指痕，因
為這種糖衣抹醬不會完全變硬。

食材：

巧克力 100 公克
奶油 40 公克
水 3 湯匙
糖粉 80 公克

原味糖衣抹醬

100 公克　　**5 分鐘**　　**—**

料理方式：

蛋白放到盆中，再加入 100 公克糖
粉。用杓子攪拌 2 分鐘，拌成白色
的鮮奶油醬。再加入檸檬汁，拌打
10 秒鐘。將糖衣抹醬淋在蛋糕上，
用刮刀抹平，等待數分鐘後，糖衣
自會凝固。

保存方式：

放在密封盒中，可冷藏數天或是冷
凍 1 個月。從冰箱取出後，需再加
些許的糖粉加以拌打。

食材：

蛋白半顆
糖粉 100 公克
檸檬汁 1 茶匙

油酥派皮

400 公克　　15 分鐘 +　　　—
　　　　　　30 分鐘

料理方式：
奶油切小塊放入麵粉中，用指尖連同麵粉搓成小屑狀（粗沙粒狀）。在麵粉堆中挖出一個小洞，在洞中央倒入水、糖、鹽與蛋。用指尖拌勻，讓糖與鹽溶解，再將沙粒狀麵粉拌入（此時麵糊的稠度應該十分稀薄）。再慢慢把其餘的粗沙粒麵粉拌入，用整個手掌加壓。不要過分揉麵，做出麵團。用手將麵團壓扁成 3 至 4 公分的厚度，用保鮮膜包裹，放入冰箱冷藏 30 分鐘以上（將麵團壓扁可加速冷卻效果）。取出後再用擀麵棍擀平。

食材：
中筋麵粉（farine T45）200 公克
＋塗抹工作檯面用 10 公克
奶油 100 公克
冷水 20c.c.
糖 20 公克
鹽 2 公克
蛋 1 顆

甜酥派皮

500 公克　　15 分鐘 +　　　—
　　　　　　靜置 1 小時

料理方式：
用攪拌器拌打奶油與糖，打出乳狀質地，加入蛋拌勻，再加入麵粉、杏仁粉與香草精，所有食材均須充分拌勻，但不能過度拌打（在此階段中，麵團必須是柔軟且略微黏手的）。用保鮮膜包裹住麵團，放入冰箱冷藏，讓麵團變得緊實。麵團的冷度必須夠低，才能擀得平。

替代作法：
若要做出巧克力風味的甜酥派皮，在麵粉中加入 10 公克可可粉即可。

保存方式：
用保鮮膜緊緊包裹派皮，放入冰箱冷藏，可有 3 天保鮮期。

食材：
奶油 140 公克
糖 100 公克
蛋 1 顆
麵粉 200 公克
杏仁粉 50 公克
香草精 1 茶匙

基礎酥派皮

4 人份　　15 分鐘 +　　—
　　　　　靜置 1 小時

料理方式：

麵粉、鹽與切成小塊的奶油放在大碗裡，用手指指尖在麵粉中搓揉奶油，讓它結成「小屑狀」。加入冷水，用刀子攪拌，麵粉將會結塊，最後用手把麵粉黏結聚集在一起，做成麵團，切勿過分揉麵。把麵團放在塑膠袋或保鮮膜中，放入冰箱冷藏 1 小時以上。

保存方式：

基礎酥派皮可提前 2 天準備，用冷凍的方式保存，效果極佳。

食材：

麵粉 250 公克
鹽 1 茶匙
冷水 80c.c.
無鹽奶油或含鹽奶油 125 公克（若使用含鹽奶油，則無需準備鹽）
（以上為直徑 23 公分烤模所需食材）

仿千層派皮

200 公克　　20 分鐘 +　　—
　　　　　　靜置 1 小時

料理方式：

麵粉與鹽拌勻，用粗孔刨刀把奶油刨入麵粉中，不時把奶油與麵粉拌一拌。取一支圓刀，輕輕攪拌，讓奶油平均分布在麵粉中。加入水，再用刀子攪拌，讓麵粉凝結成型。最後，用手做出粗麵團，放入冰

食材：

麵粉 350 公克
放至冷凍庫 30 至 45 分鐘的奶油 225 公克
鹽 1 大撮

麵包麵團

麵包 1 顆　　20 分鐘 +　　—
　　　　　　靜置 2 小時

食材：
全麥麵粉 400 公克
鹽 7 公克
新鮮麵包用酵母 12 公克或乾燥泡
打粉 6 公克
溫水 230c.c.
油菜籽油、葵花籽油或無味道的油
2 湯匙

料理方式：
麵粉與鹽混合攪拌，在麵粉堆中央
挖一個小洞，把酵母捏成小片狀，
放至洞中央，倒入 1/3 分量的水稀
釋，靜置 5 分鐘。再加入剩餘的水
與油。若使用的是乾燥泡打粉，則
需先用些許的水溶解。若口味偏好
甜食，可再加些許的糖。用手慢慢
攪和麵粉，直到麵粉成為一個不會
太過緊實，也不會太過黏手的麵團
（必要時，可再加些麵粉或水）。
把麵團放在略撒麵粉的工作檯上，
揉麵 10 分鐘，須揉出麵團筋性。
把麵團放在已抹油的容器中，覆蓋
上抹油的保鮮膜，靜置 1 或 2 小
時。麵團必須膨脹成 2 倍大。在麵
包烤模內部抹油，把麵團壓扁成扁
球狀，再捲成一個長棍狀，把麵團
放入烤模中，覆蓋保鮮膜，表面塗
油，靜置 30 分鐘。以 230℃預熱
烤箱，送入烤箱烘烤 15 分鐘後，
將溫度降至 200℃，續烤 15 至 20
分鐘（敲麵包表面時，會發出空洞
的聲響）。

自製披薩麵皮

披薩 1 塊　　20 分鐘 +　　—
　　　　　　靜置 2 小時

食材：
高筋麵粉（T65）500 公克
溫水 250 - 300c.c.
麵包用新鮮酵母 25 公克或乾燥泡
打粉 16 公克
精細鹽 2 茶匙
糖 1 茶匙＋1 小撮
橄欖油 3 湯匙

料理方式：
酵母捏成小屑片，加入 3 湯匙溫水
與 1 小撮糖，靜置 15 分鐘。麵粉
放入沙拉盆中，將鹽平均沿著邊緣
撒入，酵母放在麵粉中央，再加入
糖、油與溫水。用叉子加以攪拌，
揉麵 5 至 10 分鐘，必要時，可加
入些許的水或麵粉。麵團必須呈現
光滑且柔軟，做成圓球狀。再把麵
團放在大碗中，用刀尖在麵團上方
劃十字，再用濕布加以覆蓋（讓它
不會變乾）。麵團靜置 1 至 2 小時
（麵團必須膨脹成 2 倍大）。揉麵
1 分鐘，再把麵團放入已抹油的烤
盤中，徒手壓平。若要烤出絕佳披
薩，則需蓋住麵團，再次發酵 30
分鐘。

私房小祕訣：
若要讓麵團成功發酵，需將麵團放
置在溫度介於 25-30℃之間，四周
不能通風的悶熱處。

中東拉法奇餅

8 塊　　　10 分鐘　　　10 至 15 分鐘

料理方式：

200 ℃預熱烤箱，將 2 至 3 個烤盤鋪上烘焙紙，把已過篩的麵粉、糖與鹽加以拌勻，加入蛋白、橄欖油與 150c.c. 的水，拌成軟麵糊。再把軟麵糊倒在略撒麵粉的工作檯面，輕輕揉麵，做出一顆柔軟麵團。把麵團切成 8 塊一樣大小的小麵團，再把小麵團擀成薄餅狀，在薄餅上塗蛋白，並撒些許海鹽與迷迭香（或是任何一種提香香草）。把中東拉法奇餅放在事先備妥的烤盤上，以烤箱烘烤 10 至 15 分鐘，直到餅烤得酥脆金黃。佐以乳酪與糖醋醬一起食用。可讓賓客自己動手把拉法奇餅敲成小塊狀。

食材：

麵粉 300 公克
細砂糖 1 茶匙
鹽 1 茶匙
蛋白 1 顆
橄欖油 30c.c.

內餡食材：

蛋白 1 顆
海鹽些許
迷迭香 4 小株

口袋餅

6 片　　　35 分鐘＋　　　12 至 24 分鐘
　　　　　靜置 2 小時

料理方式：

乾燥泡打粉加 1 湯匙水稀釋，靜置 15 分鐘。若是使用新鮮酵母，則無須靜置，可立即使用。麵粉與鹽和勻，加入酵母，再把剩餘的水倒入，充分拌勻。攪拌過程中倒入油，揉麵（必須揉到麵糊不再沾黏手指）。做成麵團狀。在沙拉盆底部倒入些許的油，讓麵團在沙拉盆中滾動，再以保鮮膜覆蓋，放置發酵 45 分鐘至 2 小時。以最高溫加熱烤箱（溫度不得低於 250℃）。把烤架放至烤箱中層，把烤盤放在烤架上。擀平麵團，壓出空氣，切成 6 塊，將 6 塊麵團做成小球狀，以布覆蓋。將麵團放在已撒麵粉的檯面上，擀成（3 公釐厚度）麵皮。再把麵皮放到烤盤上，直到整張麵皮膨脹（如氣球般）且略微上色（2 至 4 分鐘）再取出。把烤餅放進布裡，讓它能夠保持柔軟度。等到烤箱回溫至最高溫，再繼續製作其他烤餅。

食材：

麵包用新鮮酵母 4 公克或乾燥酵母粉 1 茶匙
溫水 135c.c.（35-40 ℃）
高筋麵粉（T55 或 T65）250 公克
鹽 1 茶匙
橄欖油 2 湯匙＋ 1 茶匙

印度圓盤烤餅

6 塊　　　30 分鐘 +　　　20 分鐘
　　　　　靜置 4 小時

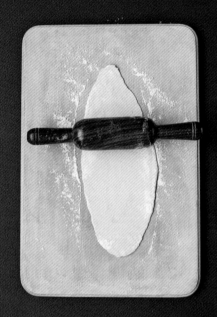

食材：
乾燥酵母粉 1 茶匙
溫水 180c.c.
細砂糖 1 茶匙
低筋麵粉或印度麵粉（maida）
250 公克
泡打粉 1 茶匙
鹽 1 小撮
原味優格 2 湯匙半
橄欖油 2 湯匙
印度酥油 50 公克
切成細末的蒜頭 3 瓣

料理方式：
以 250℃預熱烤箱與位於中層的烤架。把酵母粉與水、糖一起拌勻靜置，直到酵母水變成慕斯狀。把麵粉、泡打粉與鹽放在盆裡，緩緩加入酵母水與優格，加以攪拌成麵團狀。略微揉麵數分鐘，揉成均勻麵團。加以覆蓋，靜置 3 至 4 小時，直到麵團發酵成 2 倍體積。再用略微抹油的雙手，把麵團剝成 6 小顆。把小麵團放在略抹麵粉的工作檯面上，擀成橢圓形大薄餅。把大薄餅放在披薩石上或是烤箱烤盤上 3 分鐘，抹上印度蒜香酥油，趁熱食用。

食用建議：
可將印度豆腐乳酪絲、杏仁粒與蘇丹葡萄乾拌勻當成內餡包在每一個麵皮裡。

印度油炸餅

14 塊　　　30 分鐘　　　20 分鐘

食材：
印度麵粉（maida）或低筋麵粉
125 公克
印度全麥粉（atta）或全麥麵粉
125 公克
印度酥油 1 湯匙
鹽 1 小撮
酥炸用葵花籽油

料理方式：
麵粉倒入盆中，以刀子拌入酥油，再加點鹽。每次以 1 湯匙的量添加水（最多添加 125c.c.），直到拌出一球麵團。把麵團搓揉均勻（用手指加壓後，需能夠再回復原狀）。用湯匙挖取 1 小球麵團放到油裡，翻面時，壓扁成一個薄餅。薄餅無需再翻面。以大平底鍋加熱炸油，把薄餅放入熱油中。當薄餅浮至表面，再將熱油淋在薄餅上。用湯匙背壓住圓薄餅，讓它能浸在油裡，將印度油炸餅翻面，酥炸至整個餅金黃酥脆，放至吸油紙巾上瀝乾油分即可食用。

注意事項：
印度油炸餅皮需放在抹油的工作檯面擀平，而非放在抹上麵粉的檯面上。

印度烤餅

8 片　　　**30 分鐘**　　　**10 分鐘**

料理方式：

麵粉與鹽倒入盆中，再加 125c.c. 水加以攪拌，調成麵糊。繼續每次以 1 湯匙的量添加水，直到拌出一球麵團。把麵團搓揉均勻（用手指加壓後，需能夠再回復原狀）。挖取 1 湯匙的麵團量，擀成一片薄餅皮，數次在餅皮上撒麵粉，讓麵皮不會沾黏。加熱平底不沾鍋烤餅，當餅皮上出現一些泡泡，即可將餅皮翻面，用吸油紙巾加以輕拍按壓，烤至表面膨脹隆起。在餅皮上塗抹印度酥油。用布把已烤好的餅皮包裹起來，保持熱度，再繼續煎烤剩餘餅皮。

私房小祕訣：

調製麵團時，必須緩緩分次加水。若麵團過於黏手，餅皮就會顯得非常厚重。

食材：

印度全麥粉（maida）或全麥麵粉 200 公克
鹽 1 小撮
印度酥油 50 公克

中式包子皮

10 至 12 顆　　**20 分鐘 +
　　　　　　　　　靜置 1 小時**

料理方式：

先做老麵。酵母與糖、水拌勻後，靜置 10 分鐘。加入麵粉後用濕布加以覆蓋。把老麵放在電暖器附近靜置 1 小時。

以 40℃ 預熱烤箱。把麵皮食材加以攪拌，再加入老麵，搓揉出一個均勻且光滑的麵團（揉麵 10 分鐘）。將盆子抹上油，把麵團放在裡頭，用保鮮膜覆蓋，放入已熄火的烤箱中，靜置 1 小時，讓麵團膨脹發麵。麵團體積必須膨脹成 2 倍大。

老麵食材：

酵母 5 公克
溫水 200c.c.
糖 110 公克
麵粉 200 公克

麵皮用食材：

麵粉 300 公克
泡打粉 10 公克
小蘇打粉半茶匙
鹽半茶匙
植物油 1 湯匙
清醋（或檸檬醋）1 茶匙

附錄

目錄索引

✳

主要食材索引

✳

目錄索引

1

前菜　HORS D'ŒUVRES

2

湯品與沙拉　SOUPES & SALADES

3

主菜　PLATS COMPLETS

9

世界之最　BEST OF DU MONDE

義式料理　ITALIENS

亞洲料理　ASIATIQUES

東方風味料理　ORIENTAUX

印度料理　INDIENS

8

麵食與米食　PÂTES & RIZ

10

家傳甜點　DESSERTS MAISON

11

奢華甜點　PÂTISSERIES CHIC

12

基本用料　LES BASIQUES

烹飪調味用料　ASSAISONNEMENTS

醬汁　SAUCES

主要食材索引

（依食材筆劃順序排列）

五味坊 61

世界料理解構聖經

原著書名	Mon cours de cuisine
作　　者	Keda Black, Abi Fawcett, Marianne Magnier-Moreno, Vania Nikolcic, Orathay Souksisavanh, Jody Vassallo, Laura Zavan
攝 影 者	Clive Bozzard–Hill, Pierre Javelle, James Lindsay, Frédéric Lucano, Deirdre Rooney
譯　　者	林雅芬
內文審訂	蘇彥彰

總 編 輯	王秀婷
責任編輯	洪淑暖
版　　權	向艷宇
行銷業務	黃明雪

發 行 人	涂玉雲
出　　版	積木文化
	104台北市民生東路二段141號5樓
	電話：(02) 2500-7696｜傳真：(02) 2500-1953
	官方部落格：www.cubepress.com.tw
	讀者服務信箱：service_cube@hmg.com.tw
發　　行	英屬蓋曼群島商家庭傳媒股份有限公司城邦分公司
	台北市民生東路二段141號11樓
	讀者服務專線：(02)25007718-9｜24小時傳真專線：(02)25001990-1
	服務時間：週一至週五09:30-12:00、13:30-17:00
	郵撥：19863813｜戶名：書虫股份有限公司
	網站：城邦讀書花園｜網址：www.cite.com.tw
香港發行所	城邦（香港）出版集團有限公司
	香港灣仔駱克道193號東超商業中心1樓
	電話：+852-25086231｜傳真：+852-25789337
	電子信箱：hkcite@biznetvigator.com
馬新發行所	城邦（馬新）出版集團 Cite（M）Sdn Bhd
	41, Jalan Radin Anum, Bandar Baru Sri Petaling, 57000 Kuala Lumpur, Malaysia.
	電話：(603) 90578822｜傳真：(603) 90576622
	電子信箱：cite@cite.com.my

封面完稿	曲文瑩
內頁排版	優克居有限公司
製版印刷	上晴彩色印刷製版有限公司

城邦讀書花園
www.cite.com.tw

國家圖書館出版品預行編目資料

世界料理解構聖經 / Marabout編輯部著；林雅芬
譯. -- 初版. -- 臺北市：積木文化出版：家庭傳媒城
邦分松司發行, 民103.01
　　面；　公分
譯自：Mon cours de cuisine

ISBN 978-986-5865-39-9(精裝)

1.食譜

427.1　　　　　　　　　　　　102023621

Mon cours de cuisine
Copyright
© Marabout(Hachette Livre), Paris, 2011
Complex Chinese edition published through Dakai Agency

Authors' names
Author/s Photographer/s names on the title page

2014年1月20日　初版一刷　　　　　　　　　　Printed in Taiwan.
2018年9月10日　初版六刷
售　價／NT$1980
ISBN 978-986-5865-39-9
版權所有‧翻印必究

KENWOOD
CREATE MORE

英國傑伍家電

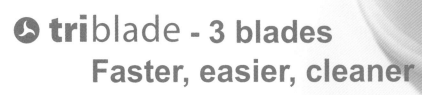

triblade - 3 blades
Faster, easier, cleaner

Triblade攪拌棒以獨家三刀片設計,將效能提升50%,更輕鬆操作。
簡單、方便、快速就能調理出營養均衡的美味佳餚!

手持食物攪拌棒 HB724 (全配組)

全配組六項配件: •不鏽鋼攪拌桿 •鍋用型攪拌桿 •磨蓉器 •0.5L切碎器 •打蛋器 •0.75L調理杯

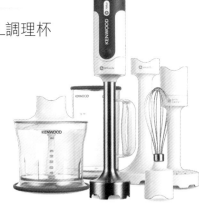

KENWOOD
kMix

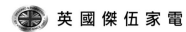
英國傑伍家電

*the **art** of* **living** ®

CREATE MORE WITH KENWOOD...

自1947年以來，英國KENWOOD即致力於製造時尚、高效能的專業廚房電器。

做為食物調理家電領域的專家而言，我們的重點，是確保每項KENWOOD產品都能提昇您對烹飪的享受。

60年來，我們的品牌價值 — 品質、創新、設計，始終貫徹到所有產品上，堅持最佳的材料，最創新的生活體驗搭配永恆的設計，讓每項KENWOOD kMix系列產品，有如藝術品般，妝點您的居家，豐富您的生活樂趣！

當廚房家電遇上創意設計，
就會是一種不同凡響的藝術生活...

國際名設計師 | *Darren Mullen* |

Timer
料理計時器

パスタをゆでる時間をしっかり
管理できるデジタルタイマー

dretec 一眼就愛上的生活設計

以英文DRETEC【DREAM TECHNOLOGY】爲名，傳達「夢想科技」的概念，將日式簡約與精緻設計構想，帶入各類消費性家電商品中。而夢想科技以人性思量爲核心，結合『日本設計』、『實用性』與『完整服務』三大元素，爲愛用者架構一個夢想般、親切又無距離的居家電品，眞正地落實創意生活、品味生活與溫馨生活的優質生存感(sense of aliveness)。

DRETEC夢想科技的構想，得到日本與海外消費者的支持，廣受日本各大平面媒體熱烈報導與日本NHK電視台指定選用(湯溫計)，並成爲日本廚房料理秤、計時器市占率最高的第一品牌。

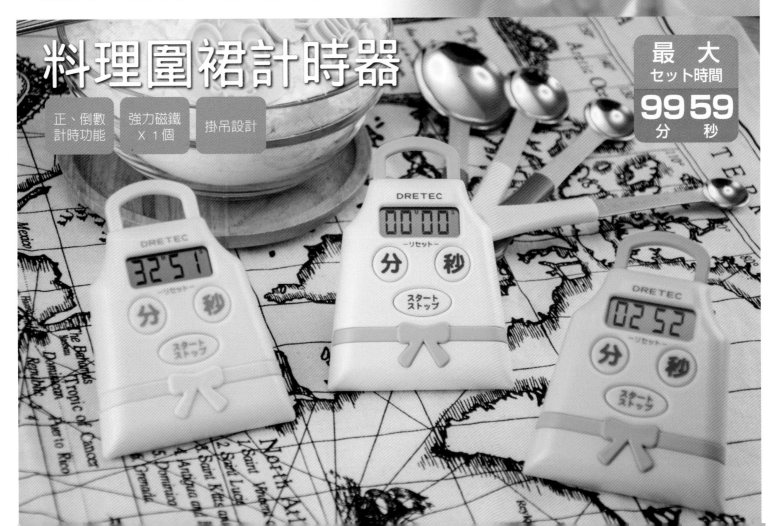

料理圍裙計時器

正、倒數計時功能　強力磁鐵 ×1個　掛吊設計

最　大
セット時間
99 59
分　秒

Cooking **S**cale ☆

お手入れや計量にこだわった
ドリテックのクッキングスケール

For Comfortable Life

最大計量
2kg
表示単位
1g

ポップな柄でキッチンのアクセントに

dretec

キッチンを華やかにするキッチングッズシリーズ
快適な生活をサポートする生活用品シリーズ

最大計量：2kg　最小計量：10g

最大計量
2kg
表示単位
20g

LIFE STYLE GOODS

天然海鹽
MALDON SEA SALT

金字塔型薄片結晶，質地爽脆，因
顯著的鹹味，僅需少量即可。

Jasons超市 ｜微風超市 ｜City Supper超市
｜Hola特力和樂

葛宏德區天然鹽之花
FLEUR DE SEL DE GUERANDE

鹽之花產量稀少，其結晶成倒三角
型，重量輕如薄冰般的漂浮在鹽田
的表面，須經過鹽農手工採集而成
，帶有雪白的色澤，蘊藏細緻的紫
羅蘭芬芳，深受料理界的高度肯定。

Jasons超市 ｜微風超市 ｜City Supper超市
｜Hola特力和樂

法式芥茉醬
DIJON MUSTARD

Jasons超市 ｜微風超市 ｜City Supper超市
｜Hola特力和樂

錫蘭肉桂棒
CEYLAN CINNAMON STICK

聯馥食品網站 ｜PEKOE食品雜貨舖

摩典那巴薩米克酒醋
IL CONTE BALSAMICO VINEGAR

巴薩米克醋是
來自義大利獨
特的地方特產
，僅僅產於北
義 的 摩典那
(Modena)與
雷吉歐-艾米里
亞（Reggio
Emilia），使用
新鮮葡萄榨汁
，經傳統的製
造過程於木桶
內陳年精釀，
才能冠上其稱
號。濃醇芳香的巴薩米克醋不僅可
入菜調味，也用於甜點上。

Jasons超市 ｜微風超市 ｜City Supper超市
｜家樂福

整粒去皮蕃茄罐
MUTTI WHOLE PEELED TOMATOES

罐裝番茄品質最佳的為義大利產地
的 Roma 或 San Marzano 品種番
茄。使用上以原味「去皮整粒番茄
」，且不經任何調味者最適運用於
各式料理上。

微風超市 ｜City Supper超市 ｜Hola特力和樂

蕃茄丁罐
MUTTI FINELY CHOPPED TOMATOES

微風超市 ｜City Supper超市

蕃茄泥罐
MUTTI TOMATO PUREE

聯馥食品網站

油漬風乾蕃茄
MUTTI SEMI-DRY TOMATOES IN OIL

聯馥食品網站

番紅花絲
SAFFRON FILAMENTS

聯馥食品網站

乾羊肚菇
SABAROT DRIED MORELS

聯馥食品網站

N.41斜管麵
CEYLAN CINNAMON STICK

Jasons超市 ｜微風超市 ｜City Supper超市
｜Hola特力和樂 ｜家樂福

N.12義大利麵
DE CECCO N.12 SPAGHETTI

義大利麵為世界最知名及最受歡迎的麵食類型，起源自於義大利南部，是一種長桿圓柱狀，直徑為1.92~2公厘間。適用於番茄醬汁，或奶油白醬、瑪斯卡邦起士白醬等。

🧺 |Jasons超市 | 微風超市 | City Supper超市 | Hola特力和樂

N.24水管麵
DE CECCO N.24 RIGATONI

🧺 |聯馥食品網站

N.88麻花捲麵
DE CECCO N.88 CASARECCIA

🧺 |Jasons超市 | Hola特力和樂

N50.貝殼麵
DE CECCO N.50 CONCHIGLIE RIGATE

🧺 |Jasons超市 | 微風超市 | City Supper超市

雞蛋千層麵
DE CECCO N.112 LASAGNA W/EGG

🧺 |Jasons超市 | 微風超市 | City Supper超市 | Hola特力和樂

卡納羅利義大利米
DE CECCO SUPERFINO RISO CARNAROLI

卡納羅利義大利米被公認為品質最佳的義大利米。因烹煮時米粒能高度吸收湯汁，並且釋放出足夠的澱粉質，因此適用於烹煮各式精緻義式燉飯。

🧺 |Jasons超市 | 微風超市 | City Supper超市

杜蘭小麥粉
DE CECCO SEMOLA FLOUR

杜蘭小麥粉擁有經典的「黃麥稈色」，且顆粒較一般麵粉粗。適合使用於製成傳統手工麵包、義大利寬扁麵、千層麵或其它各式義大利麵條。

🧺 |微風超市 | City Supper超市

玉米粉
POLENTA

🧺 |聯馥食品網站

大溪地香草條
TAHITI VANILLA BEANS

🧺 |微風超市 | 聯馥食品網站

香檳區特級白酒醋
BEAUFOR REIMS CHAMPAGNE VINEGAR

🧺 |聯馥食品網站

拇指餅乾
BONOMI SAVOIARDI

🧺 |Jasons超市 | 微風超市 | City Supper超市

馬卡龍專用杏仁粉
ALMOND POWDER FOR MACARON

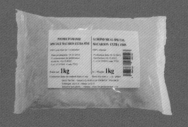

🧺 |聯馥食品網站

特級冷壓初榨橄欖油
EXTRA VIRGINE OLIVE OIL

Jasons超市 | 微風超市 | City Supper超市
Hola特力和樂 | 家樂福

飛塔乾酪
LEMNOS FETTA CHEESE

Jasons超市 | 微風超市 | City Supper超市

瑪芝瑞拉乳酪
GALBANI MOZZAREL-
LA BALL

微風超市 | City Supper超市

水牛瑪芝瑞拉乳酪
ABC MOZZARELLA
BUFFALA MOZZARELLA

「Mozzarella」有「撕掉」的意思，是一種質地柔軟，具有彈性及延展性的乳酪，水牛乳的瑪芝瑞拉乳酪只在義大利南部的坎帕尼亞州生產，適合直接搭配羅勒葉、番茄等做成義式番茄乳酪。

微風超市 | City Supper超市 | 聯馥食品網站

帕尼爾印度乾酪
LEMNOS PANEER CHEESE

Jasons超市 | 微風超市 | City Supper超市

帕馬森乾酪
GALBANI GRANA PADANO

以乳牛牛乳製成，乳脂含量約32%，牛乳經烹煮、熟成緩慢的硬質乳酪，形似大車輪狀，重約30-40公斤，熟成期至少需12個月以上，冰箱裡一定要有一塊，適合刨成細屑狀，灑於各式義大利麵或其他高級義式料理上。

聯馥食品網站

羊乾酪
CHEVRETINE
ARDRECHE

聯馥食品網站

切達乳酪
SCOTCH CHEDDAR

Jasons超市 | 微風超市 | City Supper超市

洛克福藍紋乾酪
ROQUEFORT SOCIETE

微風超市 | 聯馥食品網站

瑞可達鮮酪
GALBANI RICOTTA CHEESE

瑞可達乳酪是一種風味自然、低脂、低卡的新鮮乳酪，因其細緻的口感，通常被視為適合各式甜點其餐點的百搭乳酪，可製成乳酪蛋糕，或用於鹹味餐點如千層麵、披薩、派餅等內餡。

Jasons超市 | 微風超市 | City Supper超市

瑪斯卡邦乳酪
GALBANI MASCAR-
PONE CHEESE

義大利的知名乳酪之一，採牛乳經雙重加熱法，它保留了濃郁乳香，柔滑的新鮮乳酪口感，是義式提拉米蘇的經典食材!

微風超市 | City Supper超市 | 聯馥食品網站

無鹽奶油塊
PRESIDENT
UNSALTED BUTTER

採用鮮奶油製成，擁有80%以上乳脂，適合塗抹在麵包上，或煎牛排，製作烘焙糕點等。

Jasons超市 | 微風超市 | City Supper超市
家樂福

法式酸奶油
CRÈME FRAICHE

 聯馥食品網站

無鹽手工奶油
BORDIER DE BARATTE BUTTER

🧺 微風超市 ｜ 聯馥食品網站 ｜ PEKOE食品雜貨舖

動物性鮮奶油
PRESIDENT CREAM 35.1%

動物性鮮奶油採天然牛乳製成，含有新鮮牛乳的大部分營養成分，口感濃郁、香醇，適合用於裝飾性甜點或夾層內餡，也可用於煮義大利麵的白醬、濃湯等。

🧺 Jasons超市 ｜ 微風超市 ｜ City Supper超市 ｜ 家樂福

原味優格
PASCUAL PLAIN YOGUR

🧺 Jasons超市 ｜ 微風超市 ｜ City Supper超市 ｜ 家樂福

紐麥福奶油乳酪
MEADOW FRESH CREAM CHEESE

🧺 微風超市 ｜ City Supper超市

新鮮芝麻菜
FRESH RIQUETTE (ARUGULA)

🧺 聯馥食品網站

蘇格蘭燻鮭魚
SMOKED SCOTLAND SALMON

🧺 微風超市 ｜ City Supper超市 ｜ 聯馥食品網站

祕魯阿多索莊園調溫巧克力65%
PLANTATION ALTO EL SOL DARK CHOCOLATE 65%

莊園巧克力是僅採用特定可可莊園栽植的可可豆製成，因著莊園坐落的風土生態及氣候，造就獨一無二的可可風味，帶著鮮明個性與細緻，層次豐富的變化。

🧺 聯馥食品網站

單一產區迦納牛奶調溫巧克力40.5%
GHANA MILK ORIGN CHOCOLATE 40.5%

🧺 聯馥食品網站

單一產區古巴調溫巧克力70%
CUBA ORIGIN CHOCOLATE 70%

🧺 聯馥食品網站

可可粉
COCOA POWDER

🧺 聯馥食品網站

冷凍精選覆盆子
FROZEN RASPBERRY MECKER

冷凍歐洲藍莓
FROZEN EUROPE BLUEBERRY

🧺 聯馥食品網站

Gourmet's Partner
聯馥食品
www.gourmetspartner.com